非平衡系の物理学

お茶の水女子大学名誉教授・京都大学名誉教授
理学博士

太田隆夫 著

裳華房

PHYSICS OF NON-EQUILIBRIUM SYSTEMS

by

Takao OHTA, DR. SC.

SHOKABO

TOKYO

JCOPY 〈出版者著作権管理機構 委託出版物〉

はしがき

　非平衡系とは熱平衡状態から遠く離れた系のことをいう．非平衡系の物理学は発展途上の学問であり，学部学生にとってなじみのある言葉ではなく，初学者にその中味を説明するとき常に苦労を強いられる．

　その一つの原因は，完成された分野でないため，その本質を一言で言い表す概念と体系を私たちがもっていないことにある．たとえば，電磁気学ではマクスウェル方程式が基本方程式としてあり，「場」が基本的概念の一つである．それゆえ，マクスウェル方程式を解くことによってすべての電磁気現象が説明できる構造をもっている．また，熱力学ではエネルギー保存とエントロピー増大が原理的法則として確立している．

　もう一つの原因は，非平衡系はその研究対象が多岐にわたることである．地球環境から生命体，神経興奮や化学反応，ミクロには分子モーターなどが含まれる．非平衡系と関係する言葉として最近，「複雑系」という言葉が流行っている．人によってその意味するところは微妙に（ときには大きく）異なってはいるが，非平衡系，あるいは複雑系の科学がめざしているものと従来の物理学との本質的違いを，誤解を恐れず簡単に言い表すと次のようになるだろう．

　　「粒子の動き」はニュートン力学と量子力学で原理的には理解できる．
　　「心の動き」を物理学として定式化することは可能であろうか．

　本書は，大学で物理学を学び始めて間もない学生諸君に，非平衡系の物理学なるものを知らしめようという，一見無謀とも思える試みである．近年，非平衡系や複雑系を平易に解説した良書はたくさん出版されている．しかし，それは熱平衡系近傍を意味する「非平衡系」の統計力学か，もしくは，熱平衡から遠く離れた系の場合には言葉や図を中心とした解説か，計算機シ

ミュレーションに頼っていることが多い．カオスやフラクタル，そして自己組織化臨界現象などのように，複雑な結果の適切な表現方法が重要である場合にはやむを得ないことではある．

しかし，リズムやパルスなどのように比較的複雑ではない非平衡現象は，古典力学や物理数学を修得しつつある学生諸君にとって理解するのはそれほど困難ではなく，また部分的ではあるが，実際に手を動かして研究の最先端に到達することは単なる演習問題を解くよりは有益であると信ずる．本書は，まさにこのことを目的としているのである．もちろん，新しい知識を自分のものにするにはそれなりの努力が必要であり，ときには苦しみがともなうことはいうまでもない．

本書では，リズムとゆらぎを非平衡系を理解する基本的要素としてとり上げた．リズムについては，第3章までと第9章以降を当てている．第3章から直接第9章へ読み進めることができるように構成してあり，また，必要な数学的道具立てはすべて本書で説明しているつもりである．

非平衡系のゆらぎについては，その準備の章も含めて第4章から第8章に述べてある．熱平衡系の熱ゆらぎと質的に異なることを明確にするため，最近の重要な発展である確率共鳴と確率的爪車（あるいは，熱ラチェットともいう）を紹介するのがここでの主眼である．しかし，正直にいってこれらは学部初年級のレベルではなく，3，4年生以上でないと理解できないであろう．

執筆の準備段階から多くの方々のご協力を頂いた．特に，北海道大学電子科学研究所 小林 亮氏，お茶の水女子大学理学部 早瀬友美乃さんには共同研究を通じてお世話になり，広島大学理学部 上山大信氏にはいくつかの図を作成して頂いた．お茶の水女子大学理学部 本山美穂，早瀬友美乃，野々村真規子の諸君，および広島大学理学部 奥薗 透氏からは原稿に対して多くの手厳しいご批判を頂いた．これらの方々に心から感謝したい．

裳華房の小野達也氏から本書の執筆を依頼されたのは4年以上前のことである．斬新な企画ではあるけれども，上に述べたようにかなり厳しい注文で

あり，途中何度も断念しかかった．なんとか形になるところまで漕ぎ着けたのは，その間 小野氏が頻繁な催促はせず，私に過度の心理的負担をかけなかったためである．また，原稿をすみずみまで検討して下さり，文章や図に対して貴重なアドバイスを頂いた．ここに厚くお礼を申し上げる．

2000 年 3 月

太 田 隆 夫

(第 3 版への付記)　第 2 版を細かく検討し，多くの誤りを指摘して下さった信州大学理学部 本田勝也氏，中央大学理工学部 松下 貢氏に感謝いたします．

目　　次

1.　序　　論

§1.1　非平衡と非線形 ・・・・・・1
§1.2　普遍性 ・・・・・・・・・・4
§1.3　能動的秩序 ・・・・・・・・6
§1.4　新しい方法論の必要性 ・・・7

2.　調和振動子とエネルギーの散逸

§2.1　調和振動子 ・・・・・・・12
§2.2　散逸のある調和振動子 ・・16
§2.3　結合調和振動子系 ・・・・18
§2.4　力学系について ・・・・・22

3.　外力のある振動子

§3.1　周期外力のある線形振動子　25
§3.2　時間に依存しない解の安定性
　　　・・・・・・・・・・32
§3.3　パラメトリック振動 ・・・37
§3.4　周期外力のある非線形振動子
　　　・・・・・・・・・・39
§3.5　まとめ ・・・・・・・・・44

4.　熱 平 衡 系

§4.1　熱力学 ・・・・・・・・・45
§4.2　熱とエントロピー ・・・・48
§4.3　熱から仕事へ ・・・・・・53

5. 熱ゆらぎ

§5.1　確率分布　・・・・・・・56
§5.2　ガウス分布　・・・・・・・58
§5.3　デルタ関数の性質　・・・・60
§5.4　ランダムウォーク　・・・・62
§5.5　ブラウン運動と拡散方程式　66
§5.6　熱ゆらぎと散逸の関係　・・70
§5.7　熱平衡近傍でのゆらぎの緩和
　　　　・・・・・・・・・・・74
§5.8　フォッカー‐プランク方程式
　　　　・・・・・・・・・・・77
§5.9　オンサーガの相反定理　・・79
§5.10　まとめ・・・・・・・・・82

6. 自己組織化臨界現象

§6.1　自己組織化　・・・・・・・83
§6.2　臨界現象　・・・・・・・・84
§6.3　レヴィ分布　・・・・・・・87
§6.4　フラクタル　・・・・・・・90
§6.5　時空間スケール不変性　・・94
§6.6　断続平衡　・・・・・・・・96
§6.7　まとめ　・・・・・・・・・98

7. 状態間の遷移

§7.1　準安定状態の崩壊　・・・・99
§7.2　確率共鳴・・・・・・・・104
§7.3　確率共鳴の実験　・・・・109
§7.4　確率的爪車　・・・・・・113

8. 変分原理

§8.1　最小作用の原理　・・・・・121
§8.2　レイリーの散逸関数　・・・123
§8.3　シャノンエントロピー　・・125
§8.4　フォッカー‐プランク方程式
　　　　の変分関数　・・・・・・128
§8.5　まとめ　・・・・・・・・・129

9. リミットサイクル振動

§9.1 エネルギーの注入と散逸・131
§9.2 ホップ分岐・・・・・・・136
§9.3 振幅方程式・・・・・・・137
§9.4 周期外力下の振幅方程式・141

10. 振動性と興奮性

§10.1 生体系のリズム・・・・144
§10.2 ベローソフ-ジャボチンスキー反応・・・・・・・145
§10.3 BZ反応のモデル・・・147
§10.4 振動性・・・・・・・・150
§10.5 興奮性・・・・・・・・152
§10.6 神経膜の興奮・・・・・154
§10.7 双安定性・・・・・・・157

11. 非線形結合振動子

§11.1 結合振幅方程式・・・・158
§11.2 振動の同期・・・・・・159
§11.3 振動の停止・・・・・・162
§11.4 振動停止のシミュレーション・・・・・・・・・・163
§11.5 非一様振動系の振幅方程式・・・・・・・・・・166
§11.6 非平衡散逸系の波・・・169

12. 局在構造

§12.1 拡散不安定性・・・・・174
§12.2 神経ネットワークの局在構造・・・・・・・・・・177
§12.3 神経ネットワークの周期構造・・・・・・・・・・181

13. 界面の運動

§13.1 動かない界面から動く界面へ・・・・・・・・・・184
§13.2 界面の運動・・・・・・187
§13.3 界面間相互作用・・・・192

§13.4 二つの界面の衝突 ・・・198
§13.5 複素ギンツブルグ-ランダウ
方程式における反射 ・200

14. パルスダイナミクス

§14.1 パルスの脈動 ・・・・・203
§14.2 パルス列の脈動 ・・・206
§14.3 伝搬するパルス ・・・207
§14.4 パルスの速度と幅 ・・・210
§14.5 動かないパルスから
動くパルスへ ・・・・212
§14.6 パルス間相互作用 ・・・213
§14.7 衝突のシミュレーション 216
§14.8 まとめ ・・・・・・・218

15. らせん波と同心円波

§15.1 振動系のらせん波 ・・・221
§15.2 興奮系のらせん波 ・・・226
§15.3 同心円波の生成 ・・・・227

16. パルスの自己複製

§16.1 パルスの分裂 ・・・・・232
§16.2 自己相似パターン ・・・235
§16.3 離散モデルによる
自己相似パターン ・・241
§16.4 離散モデルとの対応 ・・243

参考書および引用文献 ・・・・・・・・・・・・・・・・・・246
索　引 ・・・・・・・・・・・・・・・・・・・・・・・251

非平衡系の物理学

§1.1 非平衡と非線形

非平衡系とは何かを，厳密な定義にとらわれず感覚的に理解するため，非常に簡単な例で考えてみよう．図1.1のようにビーカーに水を入れてふたをした系は**熱平衡系**である．たとえば，外界の温度が10℃であれば水の温度も10℃であり，圧力を1気圧とすると系のどの部分においてもその状態が成り立ち，しかも，（個々の水分子は熱エネルギーによって乱雑に動き回っているが）巨視的には時間変化することはない．

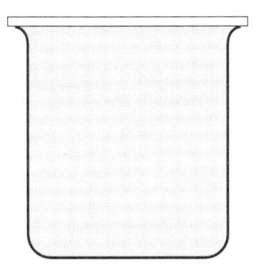

図1.1 熱平衡系の例

図1.2のように，この系を底から暖めてみよう．ふたをした側の温度はある値（たとえば，10℃）に固定する．上部は冷たく下部は熱しているのであるから，下から上に向かって熱の流れがある．日常の経験，たとえば鍋でお湯を沸かす場合から容易に想像できるように，温度差がある値を超えると水は対流を起こし，温度差を一定に保つ限り対流は定常的にいつまでも続く．

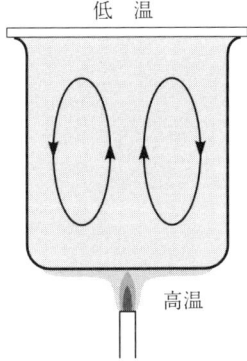

図1.2 対流系

これが**非平衡系**の例である．

対流ができる理由は，下部の温度の高いところでは液体は熱せられて膨張し，密度が小さくなるため浮力が生じ，一方，上部は密度が高いため重力的に不安定な状態が生じるためである．液体には粘性があるため，それが空間的に不均一な速度で動くと構成する分子間に摩擦が生じ，そのため，エネルギーが散逸する．それゆえ，対流を定常的に維持するためには温度差を与え続けなければならない．この例のように，注入されるエネルギーと内部で消費（あるいは散逸）されるエネルギーがバランスして構造が現れる系を非平衡系，あるいは**非平衡開放系**という．

静止した状態から対流への変化が，温度差がある値を超して初めて生じることは重要な点である．上部の温度を T_1，下部の温度を T_2 としてその差 $T_2 - T_1$ が十分小さいとき，熱流 J と温度差との間にはよく知られたフーリエの法則

$$J = \kappa(T_2 - T_1) \tag{1.1}$$

が成り立つ．熱伝導率 κ は温度差に依存しない定数である．このように，水が巨視的には動かず，熱が単に伝導で流れるときには J と $T_2 - T_1$ には線形の関係がある．すなわち，温度差を2倍にすると J も2倍になる．

しかし，対流が起こると熱は伝導以外に水自身の流れによっても運ばれるから比例関係 (1.1) が破綻することは容易に理解できるであろう．このように非平衡系での状態形成には系を非平衡にしている要因（上の例では温度差）とその結果，系が示す運動（上の例では対流）との間の**非線形性**が本質的である．すなわち，単に熱平衡系でない系を非平衡系というのではないことを強調しておこう．

　ほとんどの自然現象や社会現象は非線形であるから，ことさら非線形性を強調することはないという主張がときどきある．しかし，統計物理学の分野では以下のような事情があったため非線形性にこだわったのである．物理学ではある系の性質を調べるとき，その系になんらかのはたらきかけを行い，それに対する応答をみるのは有効な一般的手段であり，熱平衡系に対するはたらきかけと応答の間に線形の関係があるときには，実験と比べうる理論（線形応答理論）が確立している．しかし，この線形関係を超えたところで現れる，熱平衡系を単純に外挿したのでは到達できないまったく異質な状態が非平衡系であることを，上に述べた非線形性は意味しているのである．

　わが国の統計力学研究者たちが非平衡系の物理学に本格的に取り組み始めた 1970 年代の初めには，上のことを強く意識して「非線形非平衡系」という言葉を使っていた．しかし，二つも「非」のつく言葉はいかにも奇異である．その後，この分野の研究が進展するにつれて，「非線形非平衡系」という言い方はあまりされなくなり，今日では非平衡開放系，あるいは**非線形散逸系**という言い方がより一般的に使われている．

　もちろん，既存の理論内においても非線形性は重要である．たとえば，水の密度がなぜ 4℃ で最大になるかを理解するには水分子間の相互作用をまともにとり入れた統計力学的理論が必要である（これは現在でも未解決の熱平衡系の問題である）．また，線形関係の比例定数（(1.1) の熱伝導率 κ がその例）を理論的に計算するときは系を構成している原子や分子間の相互作用を考慮した運動方程式を扱わなければならず，この意味では非線形問題で

ある.

§1.2 普 遍 性

先に述べた容器に入れられた水を下から熱したときの対流現象(**レイリー - ベナール対流**とよばれる)は決して平凡な問題ではない.図1.3は円形の薄い容器による実験(水ではなくCO_2を使用している)を上から見たときに観察されるパターンである.対流のうち,上昇している部分が白,下降している部分が黒い領域である.それらがらせん構造をしていることがよくわかる.しかも,このらせん波は時間と共に生成・消滅をくり返す複雑な運動をする.

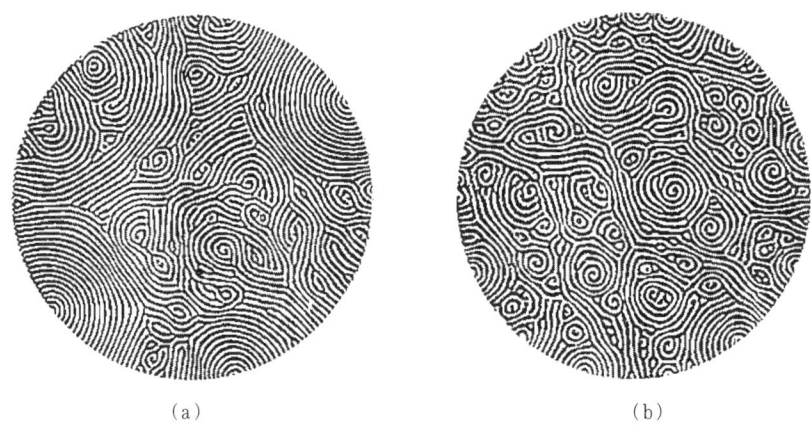

(a)　　　　　　　　　　　　(b)

図1.3　レイリー - ベナール対流のらせん波.温度差が比較的小さい場合(a)と大きい場合(b)との比較.(S. W. Morris, et al. : Phys. Rev. Letters **71**(1993)2026による)

らせん波は化学反応系でも現れる.図1.4は第10章で紹介する**ベローソフ - ジャボチンスキー反応**の例である.いくつかの化学成分をある割合で混ぜた溶液中で自発的に濃度の(単なる,ゆらぎではない)不均一が生じ,そ

§1.2 普遍性

れがらせん波（波長はミリメートルのオーダー）となって伝搬する．もし，系が化学平衡にあればおのおのの化学成分が時間変化することはありえず，その意味で図1.4は非平衡パターンである．

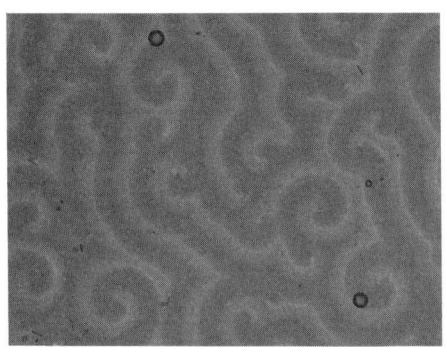

図1.4 ベローソフ-ジャボチンスキー反応のらせん波．
小さな黒丸は反応によって生じたガスによるものである．
（物質工学工業技術研究所 山口智彦氏のご好意による）

図1.5 細胞性粘菌集合体のらせん波
(F. Siegert, C. J. Weijer : Physica **D49** (1991) 224 による)

また，活動している細胞性粘菌（それが図1.1のような熱平衡系でないことは常識的に明白であろう）の集合体もある条件下では図1.5に示すらせんパターンを自発的に形成する．細胞性粘菌は核をもつ単細胞アメーバである．普段は分裂によって増殖しているのであるが，食物が不足するとそれらが10万個くらい集合し，1 mmから2 mmのかたまりになる．これを変形体という．変形体が形成される初期に，中心付近にいる粘菌が ある化学吸引物質を周期的に出すようになる．それが拡散して周りの粘菌に到達するとその粘菌は中心方向に動き始め，さらに吸引物質を放出する．この過程がくり返されて，パルス的な波が中心から外向きに伝搬する．

このように，まったく異なる系において似た現象が見られるのであるから，その背後に共通する法則があるのではないかと考えるのは自然である．実際，物理学では個別の問題に取り組みながらその本質を洞察し，**普遍性**を明らかにすることによって私たちの自然認識は深化してきたのである．もちろん，「似て非なる」ものも数多く存在するであろうから，普遍性を主張するのは慎重でなければならない．

§1.3 能動的秩序

図1.2の対流は非平衡開放系の現象である．これを大規模なスケールで考えると，地球も非平衡開放系である．地球には太陽から絶えずエネルギーが供給され，それが地面や海洋を暖め，大気の運動を引き起こし，そして大気上層で主として熱輻射（赤外線）の形で宇宙空間に熱が捨てられている．地表の温度は約290 K (17°C)であり，大気上面では約250 K (-23°C)である．それゆえ地球大気は（石炭や石油のような化石燃料の燃焼による温度変化を無視すれば，1万年程度の時間スケールでは）定常的な非平衡開放系になっている．さらに，地球上に存在する生命も非平衡開放系であることは論をまたない．このように，地球大気から生体にいたるまで非平衡系物理学の対象

は実に多彩である．さらには，人間の営みから生じる社会現象，たとえば経済学までそれに含めることもある．非平衡系は地球上の現象に限られるわけではない．ダストから恒星が形成され，いくつかの状態を経て最後に超新星として一生を終る星の進化の過程も非平衡である．

多様なパターンは大きく分けると二つの種類があることに気づく．らせん波の場合，パターンとしては上の三つの例，図1.3〜1.5は互いに似ており同程度の数学的表現が可能であろし，このことを探究すること自体にも非平衡科学としての意義がある．実際，過去30年間，非平衡開放系における波の生成と相互作用については，ベローソフ‐ジャボチンスキー反応のらせん波が一つの契機となって多くの実験的，理論的研究が行われてきた．しかし，対流と化学反応における らせん波はその存在に積極的意味があるわけではないのに対し，細胞性粘菌の場合は波を出すことによって情報伝達を行っているのだといわれている．このように非平衡系の秩序構造の特徴は，単なる動的秩序のみならず，機能をもつ，あるいは情報の生成・伝達を行う**能動的秩序**が存在することである．もちろん，後者には常に「生命」がからんでいる．

§1.4　新しい方法論の必要性

エネルギー散逸を考えない古典，あるいは量子力学的世界に慣れ親しんでいる人々には非平衡系で見られる運動形態の奇妙さにとまどうことがしばしばある．系に注入されるエネルギーと系内で消費されるエネルギーがバランスして維持される開放系で生じる運動には，一般にポテンシャルエネルギーの概念は有効でない．すなわち，ある構造の一部分を微小変形させたときのエネルギーの増分を見積ることによって力の大きさと向きを決定する力学でおなじみの方法（仮想仕事の原理）は使えないし，作用・反作用の法則も一般には成り立たない．また，巨視的な状態の安定性を議論するとき，熱平衡

系でしばしば使われる「エネルギー的には得であるがエントロピー的には損である」の論法は非平衡系には適用できない．

このように，非平衡開放系は地球環境から生命までを包括する重要な研究対象であるにもかかわらず，現在のところ，熱平衡系の熱(動)力学や統計力学と対比できる満足すべき理論体系が存在しない．それゆえ，非平衡開放系の物理学をテーマとした本書は，理論が確立している統計力学や量子力学の教科書とは必然的に違ったものとならざるをえない．基本的であると信ずる現象に対するモデルを導入し，それを解析することによって普遍性や一般法則を探る立場をとる．

非平衡系を物理学の問題として捉えるとき，対象にする系に応じていくつかの問題意識が考えられる．

（I）一つは，熱平衡系での秩序構造との違いを際立たせることである．レイリー-ベナール対流でも温度差が比較的小さいときは，図1.6のように対流が周期的に配置したロール構造をとる．その周期は系の厚さ程度であり，通常，センチメートルのオーダーである．一方，熱平衡系の結晶の周期構造は分子間の相互作用で決まり，その周期は普通，1 nm (10^{-9} m) 以下である．

このように熱平衡系の構造と非平衡系の構造の重要な違いは，前者がミク

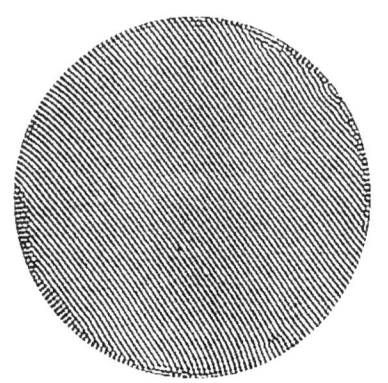

図1.6 レイリー-ベナール対流のロール構造．温度差を大きくしていくと図1.3の複雑なパターンに移行する．
(S. W. Morris, *et al*.: Phys. Rev. Letters **71** (1993) 2026 による)

ロなスケールであるのに対し，後者は一般にマクロである点である．マクロなスケールでは分子間の相互作用が非平衡系の周期に直接関与しているはずはない．ならば，何がロール構造を形成する要因なのであろうか．さらに，温度差を大きくしていくと図1.3のような複雑なパターンに転移する．これらのメカニズムを明らかにすることが問題の一つとなる．

　(II)　ベローソフ-ジャボチンスキー反応では反応物質を入れて放置しておくと図1.4のような らせん波が自発的に形成されるが，濃度の不均一が生じないよう溶液を攪拌し続けると，系全体の色が数十秒の周期で振動する．すなわち，化学反応の振動が起こる．振動，すなわちリズムは図1.1のような孤立した熱平衡系では存在し得ないことは明らかであり，非平衡開放系特有の現象である．このとき問題となるのは，熱統計的な性質ではなく，純力学的なダイナミクスである．すなわち，らせん波のような非平衡系特有のマクロな運動と相互作用を記述する力学は何か，また非平衡系の波とバネの振動・音波・電磁波のような波との違いは何であろうか．

　(III)　熱平衡系では分子は熱エネルギーのため絶えずゆらいでいる．これを**熱ゆらぎ**とよぶ．たとえば，水分子は1気圧，20°Cでは秒速500m以上の速度で動いている．ただし，周りの水分子と衝突するため，まっすぐ動ける距離は10nm以下である．絶対零度では熱ゆらぎはなく，温度を上げていくとそのゆらぎは増大する．このように，熱ゆらぎはその大きさが温度によって規定されている点に特徴がある．また，熱ゆらぎは物質の性質に直接的に反映される．たとえば，エネルギーのゆらぎは比熱と関係があり，密度のゆらぎは圧縮率と関係している．

　一方，非平衡系におけるマクロなスケールのパターンには，ミクロな熱ゆらぎは本質的でない．しかし，このことはゆらぎが重要でないことを意味しているのではない．ゆらぎは，社会現象，自然現象を問わず，予測不可能な要因が潜んでいるところには常に存在する．そのなかで熱平衡系の熱ゆらぎについては物理学的な解明が進んでいるにすぎない．図1.3のらせん波は乱

雑な時間空間的変化を示す．それが熱ゆらぎによるものでないなら，その起源は何か．また，そのゆらぎはどのような性質をもつのであろうか．

生体系を考えると，熱ゆらぎでないゆらぎというものがより明確になるであろう．たとえば，ゾウリムシは絶えず方向を変えながら動き回る．この運動は，水に浮かんだ粒子（花粉）が熱運動している水分子との衝突によって無目的にフラフラと動く**ブラウン運動**とは違うはずである．ブラウン運動は熱平衡系で見られる現象である．そのことは図 1.1 の閉じた系にミクロンの半径をもつ粒子を 1 個浮かべた場合を想像すると容易に納得できる．一方，生きているゾウリムシはそれ自身が非平衡系である．

(IV) 前節で述べたように，生命現象では あるパターンや運動の形態が問題であるのみならず，そこに意味や目的が存在するのが他の非平衡系との本質的な違いである．物理学ではある現象のモデル化を（微分）方程式で行う場合，要素間の相互作用をあらかじめ指定し，初期条件や境界条件を設定して方程式を解くのが伝統的な方法である．しかし，この方法では運動の背後にある意味を記述できず，そのため，合目的性までとり入れた非平衡系の物理学は未発達である．

生体系には状況に応じて要素間の相互作用を自発的に変化させる柔軟性があるが，これも従来の物理学が不得意とするところである．相互作用を系自身が変えていくモデルがないわけではないが，生体を模倣した人工的な系ではなく，現実の生体系に対して有効に適用するためにはさらなる発展が必要である．

上に述べたことは，見方を変えると，生体は環境の情報をとり込んで自分の行動を決める，すなわち情報処理能力があることを意味する．熱力学は熱を仕事に変えることを基本的命題として発展し，体系化された．しかし，これまで何度か述べたように，**マクロ非平衡系**では一般に熱は第一義的重要性をもたない．ならば，非平衡系において「熱」，「仕事をする」に対応する概念は何であろうか．

§1.4 新しい方法論の必要性

　上の議論は熱ゆらぎが非平衡系で常に重要でないことを意味しているわけではない．それは生体系のもう一つの特徴，機能の発現を考えてみるとよくわかる．ゾウリムシはべん毛を動かすことによって移動する．また，筋肉の収縮にはアクチンとミオシンの二つのたんぱく質が関与している．生体で力学的機能をもつ分子を分子モーターとよび，それが作動するためには系が非平衡でなければならない．分子モーターは高分子の集合体からできており，熱エネルギーより少し大きいエネルギーで効率良くはたらく微妙さがある．そのため，分子モーターはレイリー‐ベナール対流のような巨視的な非平衡ではなく，熱に起因したゆらぎを排除できない**ミクロ非平衡系**として扱わなければならない．

　以上四つの基本的問題のうち，(IV) については，いまだ教科書にまとめられるほど物理学的な研究が進んでいない．将来性のある興味深いテーマであるが，本書では以後，ほとんどふれないであろう．

 調和振動子とエネルギーの散逸

　この章では，熱平衡，非平衡の概念から離れて，物理学でもっとも基本的な調和振動子を中心にした振動現象から話を始めよう．

§2.1　調和振動子

　バネに吊るされた質量 m の粒子は平衡位置からのずれを u，バネ定数を k として，運動方程式

$$m\frac{d^2u}{dt^2} = -ku \tag{2.1}$$

に従う．あるいは，ポテンシャルエネルギー $V(u) = (k/2)u^2$ を用いて

$$m\frac{d^2u}{dt^2} = -\frac{dV}{du} \tag{2.2}$$

と書いてもよい．方程式 (2.2) の両辺に du/dt を乗じ，

$$\frac{du}{dt}\frac{d^2u}{dt^2} = \frac{1}{2}\frac{d}{dt}\left(\frac{du}{dt}\right)^2 \tag{2.3}$$

および，

$$\frac{du}{dt}\frac{dV}{du} = \frac{dV}{dt} \tag{2.4}$$

であることに注意すると，(2.2) は

$$\frac{m}{2}\frac{d}{dt}\left(\frac{du}{dt}\right)^2 + \frac{dV}{dt} = 0 \tag{2.5}$$

§2.1 調和振動子

となり

$$\frac{m}{2}\left(\frac{du}{dt}\right)^2 + V(u) \equiv E \tag{2.6}$$

が時間に依存しないことがわかる．すなわち，運動エネルギー（左辺第1項）とポテンシャルエネルギー $V(u)$ の和 E は**保存量**である．

(2.6) は $\omega_0 = \sqrt{k/m}$ とおいて

$$\frac{du}{dt} = \pm\sqrt{\frac{2E}{m} - (\omega_0 u)^2} \tag{2.7}$$

と書くことができる．以下ではプラス符号の場合を考える（マイナスのときも同様にできる）．(2.7) から

$$\int^{u(t)} du \frac{1}{\sqrt{\frac{2E}{m\omega_0^2} - u^2}} = \omega_0 t + \phi \tag{2.8}$$

となり，$u = \sqrt{2E/k}\sin\theta$ と変数変換して積分を実行すると

$$u(t) = A\sin(\omega_0 t + \phi) \tag{2.9}$$

$A = \sqrt{2E/k}$，ϕ は積分定数である．

一般解 (2.9) では ϕ と E が未知定数であり，これらは初期条件から決定される．方程式 (2.1) は2階の常微分方程式であるから，初期条件として u と du/dt の二つの値を設定しなければならない．たとえば，$t = 0$ で $u = 1$, $du/dt = 0$ のとき，(2.9) から $u(0) = A\sin\phi$, $du/dt|_{t=0} = A\omega_0\cos\phi$ であるから $A = 1$, $\phi = \pi/2$ と決定され

$$u(t) = \cos\omega_0 t \tag{2.10}$$

を得る．

方程式 (2.1) は変数 u に関して1次である．このような方程式を**線形方程式**という．線形方程式の重要な性質は，**重ね合せの原理**が成り立つことである．すなわち，$u^{(1)}(t)$ と $u^{(2)}(t)$ が解なら，c_1, c_2 を任意定数としてその1次結合 $c_1 u^{(1)}(t) + c_2 u^{(2)}(t)$ も解である．このことは $u(t) = c_1 u^{(1)}(t) + c_2 u^{(2)}(t)$ を (2.1) に代入することによって直接確かめることができる．

方程式 (2.1) を

$$u(t) = We^{\lambda t} \tag{2.11}$$

とおいて解いてみよう．これを (2.1) に代入すると

$$\lambda = \pm\, i\omega_0 \tag{2.12}$$

を得る．u が実数であることを考慮すると，上の重ね合せの原理により一般解は

$$u(t) = We^{i\omega_0 t} + W^* e^{-i\omega_0 t} \tag{2.13}$$

の形をしているはずである．W^* は W の複素共役である．前と同じ初期条件 $t = 0$ で $u = 1$, $du/dt = 0$ のとき，$W + W^* = 1$, $W = W^*$ であるから

$$u(t) = \frac{1}{2}\left(e^{i\omega_0 t} + e^{-i\omega_0 t}\right) \tag{2.14}$$

を得る．

(2.10) と (2.14) は同じ方程式の同じ初期条件に対する解であるから互いに等しいはずである．すなわち，

$$\cos x = \frac{1}{2}\left(e^{ix} + e^{-ix}\right) \tag{2.15}$$

これを微分して

$$\sin x = \frac{1}{2i}\left(e^{ix} - e^{-ix}\right) \tag{2.16}$$

も得られる．さらに，これら二つの関係式から

$$e^{ix} = \cos x + i\sin x \tag{2.17}$$

が成立することがわかる．これは指数が虚数である指数関数の定義式であると見なしてもよい．(2.17) は**オイラーの公式**とよばれ，物理学で非常に頻繁に出てくる公式である．

一般解 (2.9) では A と ϕ が定数であるから，当然のことではあるが

$$\frac{dA}{dt} = \frac{d\phi}{dt} = 0 \tag{2.18}$$

§2.1 調和振動子

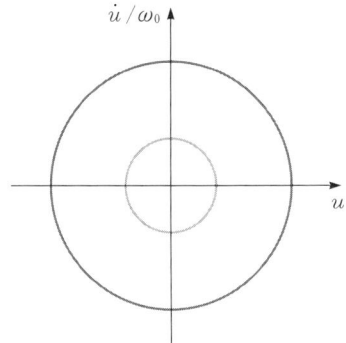

図 2.1 調和振動子の $u\dot{u}$ 平面での軌道

が成り立つ．

方程式 (2.1) の解の軌道を u と $\dot{u}/\omega_0$ 平面上で描くと図 2.1 のように円となる（ドットは時間微分を表す）．全エネルギー $E = (m/2)\dot{u}^2 + V(u) = kA^2$ の大きさに応じてその半径が決まる．ある瞬間に系に外から擾乱を与えて全エネルギーを変化させると，軌道半径が変化する．E は保存量であるから，いったんある軌道から離れるといくら時間が経ってもその軌道にもどることはない．このような性質をもつ解を**中立安定**であるという．

方程式 (2.1) は線形であった．これと対比するため，非線形方程式の例を

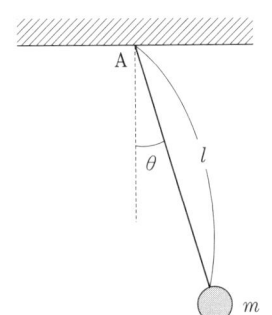

図 2.2 板に吊るされた粒子の運動

挙げておこう．図2.2のように，水平な板の点Aに糸を固定し，他端に質量 m の粒子をとり付ける．重力が下向きに作用するとすると，粒子の運動方程式は鉛直方向と糸のなす角を θ，重力加速度を g，糸の長さを l として

$$l\frac{d^2\theta}{dt^2} = -g\sin\theta \qquad (2.19)$$

となる．(2.19) は $\theta \to c\theta$ の変換に対して不変でないから非線形方程式である．振れの角が小さいときは $\sin\theta \approx \theta$ と近似できて，(2.19) は (2.1) と同じ線形方程式になる．

§2.2 散逸のある調和振動子

バネに吊るされた巨視的 (つまり，十分大きな質量をもつ) 粒子の運動では，現実には周りの空気の存在のため，必ず抵抗が生じ，もともと粒子がもっていたエネルギーは空気との摩擦によって減衰していく．すなわち，**エネルギーの散逸**が起こる．実際，摩擦力は粒子の速度が小さいとき速度に比例する．したがって，運動方程式は

$$m\frac{d^2u}{dt^2} + \gamma\frac{du}{dt} = -ku \qquad (2.20)$$

となる．定数 γ は摩擦抵抗の大きさである．(2.20) で $t \to -t$ とおきかえると

$$m\frac{d^2u}{dt^2} - \gamma\frac{du}{dt} = -ku \qquad (2.21)$$

となり，左辺第2項の符号が変る．このように，散逸があるときには運動方程式は時間反転に対して不変でない．

方程式 (2.20) の解を

$$u \propto e^{\lambda t} \qquad (2.22)$$

とおこう．これを (2.20) に代入すると λ は

$$m\lambda^2 + \gamma\lambda + k = 0 \qquad (2.23)$$

を満たさなければならないことがわかる．摩擦の大きさ γ の値によって振舞が異なる．$4mk > \gamma^2$ では (2.23) の解は複素数 $\lambda = -\kappa \pm i\omega$ となる．$\kappa = \gamma/2m$, $\omega = \sqrt{4mk - \gamma^2}/2m$ である．この二つの λ を (2.22) に代入し，u が実数であるように線形結合をつくると，オイラーの公式 (2.17) を使って

$$u(t) = Ae^{-\kappa t}\cos(\omega t + \phi) \tag{2.24}$$

と書くことができる．一方，$4mk < \gamma^2$ では (2.23) は二つの負の実数解をもち，それらを $\lambda = -\kappa_1, \lambda = -\kappa_2$ とおいて

$$u(t) = A_1 e^{-\kappa_1 t} + A_2 e^{-\kappa_2 t} \tag{2.25}$$

となる．(2.24) の定数 A, ϕ および (2.25) の A_1, A_2 は，もちろん初期条件から決定される．

(2.24), (2.25) の物理的意味は明白である．図 2.3 にそれらの関数形を表示してある．点線は $m = k = 1$, $\gamma = 0.5$, $A = 1$, $\phi = 0$ とおいた (2.24) であり，実線は $m = k = 1$, $\gamma = 3$, $A_1 = A_2 = 0.5$ としたときの

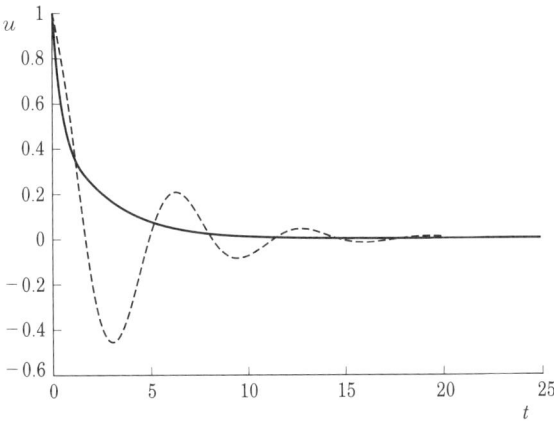

図 2.3 方程式 (2.24)(点線), (2.25)(実線) で表される時間変化

(2.25) である．摩擦の大きさが小さいときは粒子は振動しながら減衰していく．γ が大きいときは振動することなく，単調に平衡値 $u = \dot{u} = 0$ に近づいて静止する．いずれにせよ，散逸がある場合は十分時間が経ったあとで系はポテンシャルエネルギーが最小の状態になって静止する（ポテンシャルに極小が複数個ある系では初期条件によってそのどれかに行きつき，必ずしも最小の状態に移行するとは限らない）．

§2.3 結合調和振動子系

多数の調和振動子が互いに影響を及ぼし合うもっとも簡単なモデルは，図 2.4 のように長さの等しいバネによって粒子がつながっている系である．n 番目の粒子に対する運動方程式は力学的平衡の位置からのずれを u_n として

$$m\frac{d^2 u_n}{dt^2} + \gamma \frac{du_n}{dt} = k\,(u_{n-1} + u_{n+1} - 2u_n) \qquad (2.26)$$

となる．前節と同様，速度に比例する摩擦力を考慮してある．(2.26) は u_n を $cu_n\,(n = 1,\,2,\,\cdots)$ におきかえる変換に対して不変であるから線形方程式である．右辺はポテンシャル

$$V(u_n) = \frac{k}{2}\sum_n (u_{n+1} - u_n)^2 \qquad (2.27)$$

を用いて $-dV/du_n$ と書くことができる．

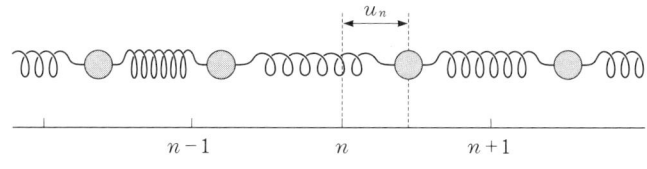

図 2.4　バネでつながれた粒子系

§2.3 結合調和振動子系

粒子の総数を偶数 $N \gg 1$，格子間隔（平衡粒子間距離）を b として周期境界条件 $u_{N+1} = u_1$ を仮定し，フーリエ級数展開

$$u_n = \sum_q \hat{u}_q e^{iqnb} \tag{2.28}$$

の形の解を求めよう．(2.26) をフーリエ係数 $\hat{u}_q$ に対する方程式に書きかえる．u_n は実数であるから $\hat{u}_q{}^* = \hat{u}_{-q}$ が満たされなければならない．周期解の意味のある最小周期は $2b$ であることに注意すると（周期が格子間隔 b であるときは，系全体の一様なずれ，すなわち，周期無限大と同等である），波数 q は

$$q = \frac{2\pi j}{bN} \tag{2.29}$$

($j = 0, \pm 1, \cdots, \pm N/2$) である．(2.28) の両辺に $e^{-iq'nb}$ を乗じ，$n = 1$ から N まで和をとる．そのとき関係

$$\sum_{n=1}^{N} e^{i(q-q')nb} = \frac{e^{i(q-q')b}\left(1 - e^{i(q-q')bN}\right)}{1 - e^{i(q-q')b}} \tag{2.30}$$

において，$(q - q')bN = 2\pi \times 整数$ であるから (2.30) がゼロでないのは分母がゼロのとき，すなわち，$q = q'$ のときのみであり

$$\hat{u}_q = \frac{1}{N} \sum_n u_n e^{-iqnb} \tag{2.31}$$

が成り立つ．

(2.28) を (2.26) に代入しオイラーの公式 (2.17) を使うと，フーリエ係数に対する方程式

$$m\frac{d^2 \hat{u}_q}{dt^2} + \gamma \frac{d\hat{u}_q}{dt} = -2k\left(1 - \cos qb\right) \hat{u}_q \tag{2.32}$$

を得る．解として $\hat{u}_q = W_q\, e^{i\omega(q)t}$ の形を代入すると

$$-\omega(q)^2 + i\frac{\gamma}{m}\omega(q) = -2\omega_0{}^2 (1 - \cos qb) \tag{2.33}$$

摩擦がないとき ($\gamma = 0$)

$$\omega(q) = \omega_0 \sqrt{2(1 - \cos qb)} \tag{2.34}$$

であり，(2.28) は
$$u_n = \sum_q W_q e^{iqnb + i\omega(q)t} \tag{2.35}$$
となり，これは波の伝搬を表現していることがわかる．振動数と波数の関係 (2.34) を**分散関係**という．

波の波長 $\lambda = 2\pi/q$ がバネ間隔 b に比べて十分大きい場合，$\cos qb = 1 - (1/2)(qb)^2$ と展開して (2.34) は
$$\omega(q) = b\omega_0 q \tag{2.36}$$
となる．もとの方程式 (2.26) はこの**長波長極限**（連続極限）で $u_n(t)$ を $u(x, t)$ とおきかえ，偏微分方程式
$$m\frac{\partial^2 u(x, t)}{\partial t^2} + \gamma \frac{\partial u(x, t)}{\partial t} = b^2 k \frac{\partial^2 u(x, t)}{\partial x^2} \tag{2.37}$$
になる．(2.26) から (2.37) への移行は 2 階微分の定義
$$\frac{d^2 f}{dx^2} = \lim_{\varepsilon \to 0} \frac{f(x + \varepsilon) + f(x - \varepsilon) - 2f(x)}{\varepsilon^2} \tag{2.38}$$
を思い起こすと納得できるだろう．

慣性項が無視できるとき ($m = 0$)，方程式 (2.37) は
$$\gamma \frac{\partial u(x, t)}{\partial t} = b^2 k \frac{\partial^2 u(x, t)}{\partial x^2} \tag{2.39}$$
となる．これは**拡散方程式**とよばれ，その意味は第 5 章で説明する．方程式 (2.37) で摩擦項がないとき ($\gamma = 0$)，
$$\frac{\partial^2 u(x, t)}{\partial t^2} = c^2 \frac{\partial^2 u(x, t)}{\partial x^2} \tag{2.40}$$
$$c = \sqrt{\frac{b^2 k}{m}} \tag{2.41}$$
となり，これは**波動方程式**である．右向きに速度 c で伝搬する解 $f(x - ct)$ があれば左に伝搬する解 $f(x + ct)$ もあり，(2.40) は線形方程式であるから，その任意の重ね合せ $C_1 f(x - ct) + C_2 f(x + ct)$ も解であることがこれらを代入することによって確かめられる．図 2.5 では左右から伝搬してき

§2.3 結合調和振動子系

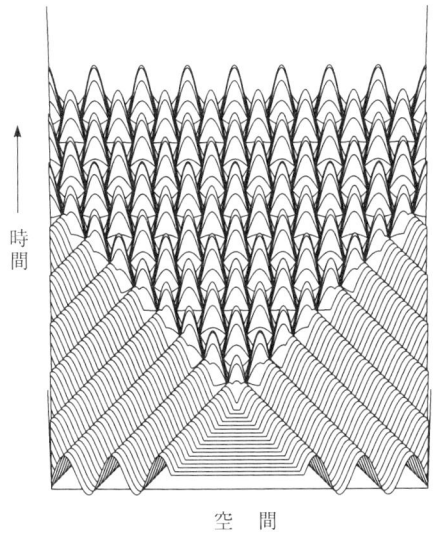

図2.5 波の衝突と干渉

た波の衝突の様子を示している．衝突後，二つの波は干渉して**定在波**（伝搬せずに振動する波）になる．

フーリエ級数展開 (2.28), (2.31) の連続極限の表式を求めておこう．系の大きさ $L = bN \gg 1$ を固定して $b \to 0$ の極限をとる．格子間隔が微小量 b であるから (2.31) の和を積分でおきかえることができ

$$\hat{u}_q = \frac{1}{bN} \sum_n b u_n e^{-iqnb} \quad \to \quad \frac{1}{L} \int dx \, u(x) \, e^{-iqx} \tag{2.42}$$

となる．一方，(2.28) における波数の最小単位は (2.29) から $2\pi/L$ であるから，同様に

$$u_n = \frac{L}{2\pi} \sum_q \frac{2\pi}{L} \hat{u}_q e^{iqnb} \quad \to \quad \frac{L}{2\pi} \int dq \, \hat{u}_q e^{iqx} \tag{2.43}$$

と変換される．$L\hat{u}_q$ をあらためて u_q と書くと，$L \to \infty$ で (2.42), (2.43) は

$$u_q = \int_{-\infty}^{\infty} dx\, u(x)\, e^{-iqx} \tag{2.44}$$

$$u(x) = \frac{1}{2\pi} \int_{-\infty}^{\infty} dq\, u_q e^{iqx} \tag{2.45}$$

となる．(2.44)，(2.45) をフーリエ変換という．

§2.4 力学系について

要素間の相互作用によって時間発展する系をダイナミカル・システム，あるいは**力学系**という．その発展法則は対象とする現象や記述のレベルによって多種多様である．

古典力学はニュートンの運動方程式で表現される．粒子集団の運動は n 番目の粒子の位置を u_n，それに作用する力を f_n として

$$m\frac{d^2 u_n}{dt^2} = f_n \tag{2.46}$$

に従う．(2.46) は時間反転に対して不変であり，全エネルギーが時間と共に変化しないから**保存力学系**とよばれる．†

それに対し，摩擦などによって系のエネルギーが散逸するとき，あるいは，もっと一般にエネルギーが定義できず，時間反転対称性も存在しない系を**散逸力学系**という．その中で，特に慣性項が無視でき，(2.27) のようにポテンシャルが存在するとき方程式は

$$\frac{du_n}{dt} = -\frac{\partial V}{\partial u_n} \tag{2.47}$$

の形になり，これは**変分的な散逸系**とよばれる．V を時間微分すると

$$\frac{dV}{dt} = \sum_n \frac{\partial V}{\partial u_n}\frac{du_n}{dt} = -\sum_n \left(\frac{du_n}{dt}\right)^2 < 0 \tag{2.48}$$

---

† 磁場中の荷電粒子の運動では，時間の符号を変えると同時に磁場の向きを反転することによって方程式は不変になる．このように単に時間反転のみではなく，他の物理量の符号も変えなければならない場合もある．

§2.4 力学系について

であるから，ポテンシャルエネルギーが単調に減少していくように u_n は運動しなければならない．このように，変分的な散逸系では可能な運動に大きな制約があるのが著しい特徴である．

力学系は古典力学で記述される系にとどまらない．わかりやすい例として被食者 X とその捕食者 Y から成る生態系を考えよう（たとえば，X を野ネズミ，Y をキツネとする）．この系に対して以下の仮定をおく．

(ⅰ) 被食者は捕食者がいなければ ある割合で増加するが，その個体数が多くなりすぎるとエサが不足するため増加率は減少する．

(ⅱ) 捕食者は生命の維持を完全に被食者に依存しており，被食者がいなければ死滅する．

x と y がそれぞれ被食者，補食者の個体数を表すとしてその時間変化は

$$\frac{dx}{dt} = Ax \tag{2.49}$$

$$\frac{dy}{dt} = By \tag{2.50}$$

と書くことができる．上に述べた仮定から，X の増加率 A は X 自身および Y の存在によって減少し，Y の増加率 B は X の存在によって大きくなる．すなわち，$A = a - rx - sy$, $B = -b + sx$, a, b, r, s は正の定数である．これらを (2.49)，(2.50) に代入すると

$$\frac{dx}{dt} = ax - rx^2 - sxy \tag{2.51}$$

$$\frac{dy}{dt} = -by + sxy \tag{2.52}$$

である．この連立微分方程式は時間反転対称性がなく，またポテンシャルを微分した形にも書けない．被食者に対してエサが定常的に供給されており（係数 a がそれを表す），捕食者は一定の割合 b で死滅している．したがって，系を貫く物質の流れがあり，非平衡開放系である．

粒子系の力学では根幹にニュートンの運動方程式 (2.46) があり，それは

バネに吊るされた粒子であろうと天体の運動であろうと普遍的に適用される．しかし，上の生態系の例から明らかなように，非平衡開放系では個々の現象や実験事実からモデル方程式を構成しなければならず，ともすれば，現象の数だけモデルが存在することになりかねない．物理学の立場としては，それらに共通する法則は何かを見抜き，一般性のある方程式あるいは基本的表現法を探ることが肝要である．

方程式 (2.51)，(2.52) の特別な場合，すなわち，被食者のエサが無尽蔵にあり，餌不足になることを考えなくてよいときは $r = 0$ として

$$\frac{dx}{dt} = ax - sxy \tag{2.53}$$

$$\frac{dy}{dt} = -by + sxy \tag{2.54}$$

となり，これは**ロトカ-ヴォルテラ方程式**とよばれている．変数変換[†]

$$u = \ln x \tag{2.55}$$

$$v = \ln y \tag{2.56}$$

を行うと方程式 (2.53)，(2.54) は，容易に確かめられるように

$$\frac{du}{dt} = -\frac{\partial H}{\partial v} \tag{2.57}$$

$$\frac{dv}{dt} = \frac{\partial H}{\partial u} \tag{2.58}$$

$$H = s(e^u + e^v) - bu - av \tag{2.59}$$

と書くことができる．H は $u, v \to \pm\infty$ に対して $H \to \infty$ となることに注意されたい．v を位置，u を運動量と見なすと (2.57)，(2.58) はニュートン力学の正準方程式と同じ形をしており（ハミルトニアン (2.59) の運動量依存性はニュートン力学の場合と異なるが）$dH/dt = (du/dt)(\partial H/\partial u) + (dv/dt)(\partial H/\partial v) = 0$ が成り立ち，保存力学系である．

[†] $\ln x$ は底が自然定数 e である対数関数のこと，すなわち $\ln x = \log_e x$ である．

3 外力のある振動子

　この章では振動子に外からエネルギーが注入され，摩擦によって散逸されるときの運動を考察し，線形振動子の共鳴現象および非線形振動子のカオスに言及する．

§3.1　周期外力のある線形振動子

　前章では摩擦のある調和振動子の時間発展を解いた．運動としては単純であり，時間無限大では粒子は静止する．この節では，強制的に外力 $F(t)$ を作用させて時間的振動を維持する場合を考えよう．運動方程式を

$$m\frac{d^2q}{dt^2} + \gamma\frac{dq}{dt} = -kq + F(t) \tag{3.1}$$

と書く（前章では粒子の変位を u としたが，この章では記号 q を使う）．外力 F はその振幅を h，振動数を Ω として

$$F(t) = h\cos\Omega t \tag{3.2}$$

とおく．

　外力によって定常的にエネルギーが注入され，摩擦によってそれが散逸する．したがって，この系はおそらくもっとも簡単な開放系である．方程式 (3.1) は q に関して線形であるため，振幅 h を c 倍したとき q を cq と変換すると不変である．それゆえ，外力 F が q に与える効果は線形であること

がわかる．

以下では記述を簡単化するため方程式 (3.1) の両辺を m で割り，γ/m，h/m をあらためて γ, h とおく．さらに，$k/m = \omega_0{}^2$ として方程式 (3.1) を

$$\frac{d^2q}{dt^2} + \gamma \frac{dq}{dt} = -\omega_0{}^2 q + h \cos \Omega t \tag{3.3}$$

と書く．

前章の (2.13) と同様に，

$$q(t) = W e^{i\omega t} + W^* e^{-i\omega t} \tag{3.4}$$

とおき，オイラーの公式 (2.17) を使うと

$$-W\omega^2 e^{i\omega t} + i\gamma\omega W e^{i\omega t} = -\omega_0{}^2 W e^{i\omega t} + \frac{h}{2} e^{i\Omega t} \tag{3.5}$$

および，これの複素共役の式を得る．(3.5) が任意の時間 t で成り立つためには $\omega = \Omega$ でなければならず，また，そのとき

$$q(t) = \frac{h}{2(\omega_0{}^2 - \Omega^2 + i\Omega\gamma)} e^{i\Omega t} + \text{c.c.} \tag{3.6}$$

となる．c.c. は前項の複素共役を表す．(3.6) には未知定数がない，つまり初期条件が入っていないことに注意されたい．これは (3.6) が十分時間が経ち，初期条件依存性が消え去ったところでの解であるためである．

(3.6) は

$$\omega_0{}^2 - \Omega^2 + i\Omega\gamma = \Gamma e^{i\alpha} \tag{3.7}$$

とおくと次のように書ける．

$$q(t) = \frac{h}{\Gamma} \cos(\Omega t - \alpha) \tag{3.8}$$

実定数 Γ と α は

$$\Gamma = \sqrt{(\omega_0{}^2 - \Omega^2)^2 + (\gamma\Omega)^2} \tag{3.9}$$

$$\cos \alpha = \frac{\omega_0{}^2 - \Omega^2}{\Gamma} \tag{3.10}$$

$$\sin \alpha = \frac{\gamma\Omega}{\Gamma} \tag{3.11}$$

§3.1 周期外力のある線形振動子

図 3.1 振幅 $1/\Gamma$ の Ω 依存性

である.

(3.8) はいくつかの重要な性質をもっている. まず, q は調和振動子の固有振動数 $\omega_0 = \sqrt{k/m}$ ではなく, 外力と同じ振動数 Ω で振動する. 図 3.1 に振幅 $1/\Gamma$ の関数形を $\gamma = 0.5$, $\omega_0 = 1$ として示してある. これからわかるように, 外力の振動数 Ω が固有振動数に等しいとき, q の振幅 $1/\Gamma$ が最大になる. これを**共鳴**(あるいは, 共振)という.

さらに, 外力と q の時間変化には一般に**位相のずれ** α がある. 図 3.2 では $\gamma = 0.5$, $\omega_0 = 1$, $\omega = 0.5$, $h=1$ としたときの $q(t)$ を点線で, 外力 $F(t)$ を実線で表示している. 摩擦によるエネルギー散逸がないとき ($\gamma = 0$) のみ, q は外力と同位相で振動する. 散逸の大きさと位相のずれの間には (3.10), (3.11) から

$$\tan \alpha = \frac{\gamma \Omega}{\omega_0{}^2 - \Omega^2} \tag{3.12}$$

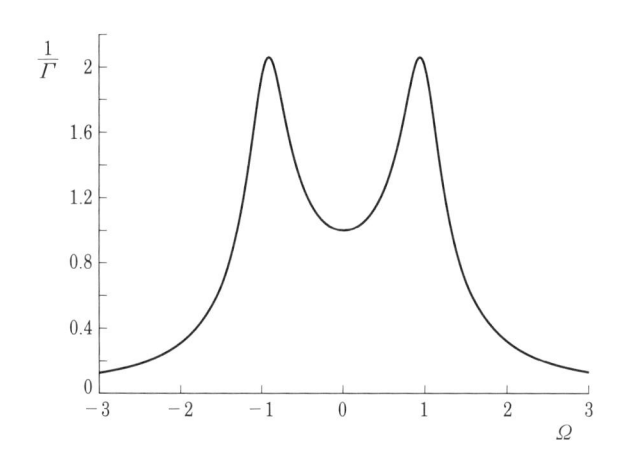

の関係がある.

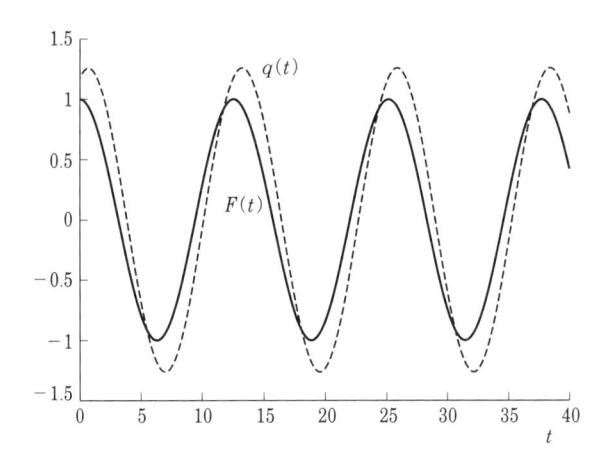

図 3.2　外力(実線)に対する応答(点線)

共鳴は系のもつ振動性を増幅するから有効な実験的手段になる．ある物質の振動的性質を調べるためには，外から周期が可変な外力を加え，得られた応答の周波数依存性から系の固有振動の値を測定すればよい．また，外力と応答の位相差から振動モードの散逸に関する情報が得られる．固有振動とそれの散逸には物質のミクロな構造が反映されているから，このような実験によって構造に対する知見も得られることになる．

第 7 章で述べる確率共鳴との関連のため，$v(t) \equiv \dot{q}(t)$ に対する表式も書いておく．(3.8) を時間で微分すると，$\beta = \alpha - \pi/2$ として

$$v(t) = \frac{h\Omega}{\Gamma} \cos(\Omega t - \beta) \tag{3.13}$$

となる．また，(3.12) より

$$\tan \beta = \frac{\Omega^2 - \omega_0^2}{\gamma \Omega} \tag{3.14}$$

を得る．

上に述べたように，(3.8) は時間が十分経って初期条件依存性がなくなっ

§3.1 周期外力のある線形振動子

たときの解(時間無限大の漸近解)である.もっと一般に,任意の初期条件から出発して漸近解に近づく様子を見るにはどうしたらよいだろうか.§2.1 で述べたように,摩擦力も外力もないときは振幅と位相は初期条件から決定され,それらは時間変化しない.一方,これらがあるときは (3.8) のように時間無限大で振幅と位相は一意的に決まる.それゆえ,振幅と位相の時間変化を求めることが,ここでの目的となる.

方程式 (3.3) の解を次の形に書こう.

$$q(t) = A(t)\cos[\Omega t + \phi(t)] \tag{3.15}$$

あるいは,これを

$$q(t) = a(t)\sin\Omega t + b(t)\cos\Omega t \tag{3.16}$$

と表現した方が以下では便利である.ここで,公式

$$\cos(x+y) = \cos x\cos y - \sin x\sin y \tag{3.17}$$

より

$$a = -A\sin\phi \tag{3.18}$$
$$b = A\cos\phi \tag{3.19}$$

の関係がある.(3.15),(3.16) では振動数として系の固有振動数 ω_0 ではなく外力の振動数 Ω を用いているが,この差は $\phi(t)$ に押し込めることができるので解の形を制限するものではないことに注意されたい.

決定すべき時間発展は $a(t)$ と $b(t)$(あるいは $A(t)$ と $\phi(t)$)の二つであり,与えられている方程式は (3.3) ただ一つである.それゆえ,これらを一意的に決めるにはもう一つ条件が必要である.ここでは計算が簡単になるように条件を設定しよう.すなわち,$a(t)$ と $b(t)$ は次の条件を満たすように選ぶ.

$$\dot{a}(t)\sin\Omega t + \dot{b}(t)\cos\Omega t = 0 \tag{3.20}$$

こうすることによって

$$\dot{q}(t) = \Omega[a(t)\cos\Omega t - b(t)\sin\Omega t] \tag{3.21}$$

$$\ddot{q}(t) = \Omega[\dot{a}(t)\cos\Omega t - \dot{b}(t)\sin\Omega t] - \Omega^2[a(t)\sin\Omega t + b(t)\cos\Omega t] \tag{3.22}$$

となり，微分が大幅に軽減される．特に，(3.22) には a と b に対する 2 階微分が現れないことに注意されたい．

(3.21) と (3.22) を (3.3) に代入し，それを (3.20) と連立させて $\dot{a}$ と $\dot{b}$ を求めると

$$\Omega\dot{a} - b\Omega^2\cos^2\Omega t + \gamma\Omega\cos\Omega t\,(a\cos\Omega t - b\sin\Omega t)$$
$$= (\Omega^2 - \omega_0^2)a\sin\Omega t\cos\Omega t + (h - \omega_0^2 b)\cos^2\Omega t \tag{3.23}$$

$$-\Omega\dot{b} - \Omega^2 b\sin\Omega t\cos\Omega t + \gamma\Omega\sin\Omega t\,(a\cos\Omega t - b\sin\Omega t)$$
$$= (\Omega^2 - \omega_0^2)a\sin^2\Omega t + (h - \omega_0^2 b)\sin\Omega t\cos\Omega t \tag{3.24}$$

を得る．この二つの連立微分方程式を初期値問題として解くと a と b の時間発展がわかり，それから振幅 A と位相 ϕ の時間変化が決定される．

しかし，(3.23) と (3.24) にはいたるところに $\cos\Omega t$ や $\sin\Omega t$ があり，厳密ではあるが大変複雑である．仮定を導入してこれらをもう少し簡単化しよう．

1 周期 $2\pi/\Omega = T$ の間における a と b の変化はゆるやかであるとして，(3.23) と (3.24) の各項を時間平均する．仮定により 1 周期の間での a と b の変化は十分小さいから，時間積分において a と b を定数と見なしてよい．たとえば，

$$\frac{1}{T}\int_0^T dt\,a\sin\Omega t\cos\Omega t = 0 \tag{3.25}$$

$$\frac{1}{T}\int_0^T dt\,a\cos^2\Omega t = \frac{a}{2} \tag{3.26}$$

である．このようにして (3.23) と (3.24) は，それぞれ

$$2\Omega\dot{a} + \gamma\Omega a = (\Omega^2 - \omega_0^2)b + h \tag{3.27}$$

$$2\Omega\dot{b} + \gamma\Omega b = -(\Omega^2 - \omega_0^2)a \tag{3.28}$$

となり，a と b に対する定係数をもつ線形微分方程式が得られる．

§3.1 周期外力のある線形振動子

(3.18)，(3.19) の関係を使うと，(3.27) と (3.28) を振幅と位相に対する式に書きかえることができる．

$$\dot{A} + \frac{\gamma}{2}A = -\frac{h}{2\Omega}\sin\phi \tag{3.29}$$

$$\dot{\phi} = \frac{\omega_0{}^2 - \Omega^2}{2\Omega} - \frac{h}{2A\Omega}\cos\phi \tag{3.30}$$

これの時間変化しない解 ($\dot{A} = \dot{\phi} = 0$) は (3.29) より

$$A = -\frac{h}{\gamma\Omega}\sin\phi \tag{3.31}$$

また，(3.30) より

$$A = \frac{h}{\omega_0{}^2 - \Omega^2}\cos\phi \tag{3.32}$$

であるから

$$\tan\phi = -\frac{\gamma\Omega}{\omega_0{}^2 - \Omega^2} \tag{3.33}$$

を得る．また，$\sin^2\phi + \cos^2\phi = 1$ の関係を使って

$$A^2 = \frac{h^2}{(\omega_0{}^2 - \Omega^2)^2 + (\gamma\Omega)^2} \tag{3.34}$$

となり，確かに (3.8) と一致する ($\alpha = -\phi$)．

　リズムを特徴づける基本量は，振動数，振幅，そして位相である．振幅と位相に対する方程式 (3.29) と (3.30) を導くのに使った重要な仮定は，外力の時間変化に比べて，振幅と位相の時間変化が十分緩やかであることである（これが成り立つ条件は次節で考察する）．二つ以上の物理量のタイムスケールや空間スケールの違いを積極的に利用して現象の本質的性質をとり出す方法は物理学のさまざまな分野で使われている．上で述べた系はそのおそらくもっとも簡単な例である．

　しかし，常にスケールの分離ができるわけではないことに言及しておかなければ誤解をまねくことになろう．特に，非線形系では分離ができないところで，計算機シミュレーションなどで質的に新しい振舞が見られることがし

ばしばあり，あとの章で見ていくように，それが非平衡開放系の魅力であると同時に理論的難しさの要因の一つになっている．

この節の目的は振幅，位相の概念を認識すること，および，あとの章の準備として，時間スケールの異なる量を扱う方法を導入することにあった．最後に，念のために方程式 (3.3) を厳密に解いておこう．$q = q_1 + q_2$ とおき，q_1 は (3.3) で外力がないときの解であるとする．

$$\frac{d^2 q_1}{dt^2} + \gamma \frac{dq_1}{dt} = -\omega_0^2 q_1 \tag{3.35}$$

この方程式の解はすでに (2.24)，(2.25) で得られている．一方，q_2 は方程式 (3.3) を満たす．

$$q_2 = C_1 \cos \Omega t + C_2 \sin \Omega t \tag{3.36}$$

とおいて (3.3) に代入し，$\cos \Omega t$, $\sin \Omega t$ の項をそれぞれ集めると未知係数が

$$C_1 = \frac{h(\omega_0^2 - \Omega^2)}{(\omega_0^2 - \Omega^2)^2 + (\gamma \Omega)^2} \tag{3.37}$$

$$C_2 = \frac{\gamma h \Omega}{(\omega_0^2 - \Omega^2)^2 + (\gamma \Omega)^2} \tag{3.38}$$

と決定される．(3.36)，(3.37)，(3.38) は (3.8) と同等である．

§3.2 時間に依存しない解の安定性

時間に依存しない解が実際に実現する意味のある解であるためには，それが安定でなければならない．時間に依存しない解の安定性を説明しておこう．

まず，1 変数の場合を考える．方程式

$$\frac{dx}{dt} = f(x) \tag{3.39}$$

において $f(x) = 0$ を満たす解が時間に依存しない解である．具体例として

$$f(x) = (x - a)(x - b)(x - c) \tag{3.40}$$

§3.2 時間に依存しない解の安定性

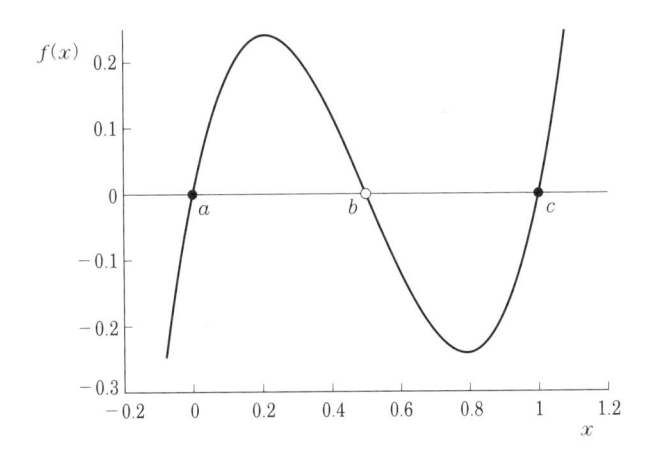

図3.3 $f(x)$の関数形と時間依存しない解

を考えよう.定数 a, b, c には $a<b<c$ の関係があると仮定する.このとき,図3.3に示してあるように,$x<a$ と $b<x<c$ の領域では $f(x)<0$ であり,$a<x<b, x>c$ では $f(x)>0$ である.それゆえ,初期の x の値が $a<x<c$ のとき時間無限大では $x=b$ となり,それ以外では $x=\infty$ か $x=-\infty$ になる.このとき $x=b$ を時間依存しない安定な解とよび,$x=a, x=c$ は不安定な解という.

なお,時間の符号を変える変換 $t \to -t$ を行うと (3.39) の右辺にマイナス符号が付くから,安定な解が不安定になり,不安定な解は安定になることに注意しよう.

次に方程式 (3.27) と (3.28) を例にとり,2変数の場合を説明する.(3.27) と (3.28) で $\dot{a}=\dot{b}=0$ とおくと,a と b の空間で直線を得る.図3.4で実線が $\dot{b}=0$,点線が $\dot{a}=0$ の直線である.二つの直線の交点が時間依存しない解であり,$(\bar{a}, \bar{b})$ と表す.安定性とは,上の1変数の場合から明らかなように,時間無限大でその解に収束するかどうかである.これを調

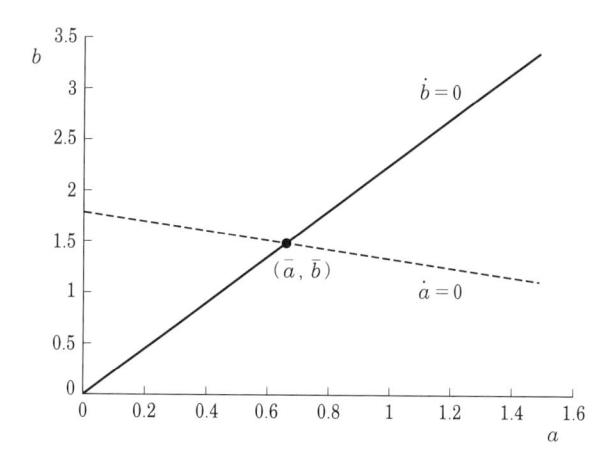

図 3.4 方程式 (3.27) と (3.28) の $\dot{a}=0$ の直線と $\dot{b}=0$ の直線

べるため，$a = \bar{a} + \delta a\, e^{\lambda t}$, $b = \bar{b} + \delta b\, e^{\lambda t}$ とおき，(3.27)，(3.28) に代入すると

$$\lambda\, \delta a = -\frac{\gamma}{2} \delta a + \Lambda\, \delta b \tag{3.41}$$

$$\lambda\, \delta b = -\frac{\gamma}{2} \delta b - \Lambda\, \delta a \tag{3.42}$$

となる．ここで $\Lambda = (\Omega^2 - \omega_0^2)/2\Omega$ とおいた．この連立方程式が $\delta a = \delta b = 0$ でない解をもつ条件は係数行列の行列式がゼロ，すなわち $(\lambda + \gamma/2)^2 + \Lambda^2 = 0$ であり，

$$\lambda = \pm i\, |\Lambda| - \frac{\gamma}{2} \tag{3.43}$$

を得る．時間変化しない解に収束するためには，当然のことではあるが，摩擦係数が正

$$\gamma > 0 \tag{3.44}$$

でなければならない．

§3.2 時間に依存しない解の安定性

(3.43) から a および b の時間変化がゆるやかであるためにはその減衰率 $\gamma/2$ が Ω に比べて十分小さく，また，$|\Lambda| \ll \Omega$ すなわち $|\omega_0^2 - \Omega^2| \ll 2\Omega^2$ であればよいことがわかる．

方程式 (3.27) と (3.28) は線形であるから，安定性が上のように簡単に議論できるが，多変数の非線形方程式の場合には同じ方法がそのまま適用できない．

2 変数の連立微分方程式

$$\frac{dx}{dt} = f(x, y) \tag{3.45}$$

$$\frac{dy}{dt} = g(x, y) \tag{3.46}$$

を例として考えよう．$\bar{x},\ \bar{y}$ をこの方程式の時間依存しない解であるとする．すなわち，$f(\bar{x},\ \bar{y}) = g(\bar{x},\ \bar{y}) = 0$．$f$ と g の少なくともどちらかが非線形であると，図 3.5 (たとえば，実線が $dx/dt = 0$，点線が $dy/dt = 0$ を表

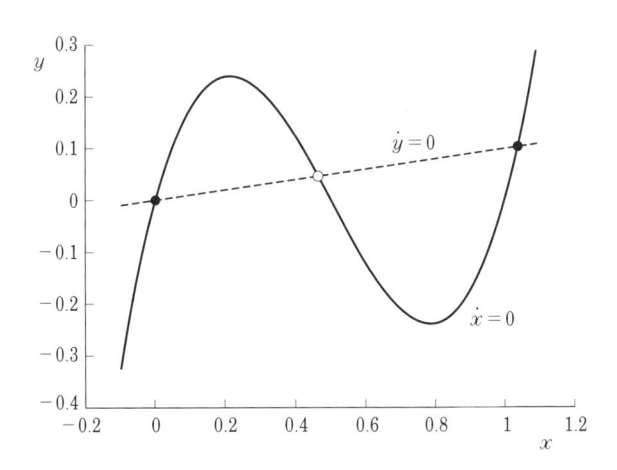

図 3.5　方程式 (3.45) と (3.46) の $\dot{x} = 0$ の曲線と $\dot{y} = 0$ の曲線

す）のように時間依存しない解は一般に複数個存在する．理論的にいえることは，各々の解の近傍を初期値にとったとき時間と共にその解に収束するかどうか，つまり，微小なずれに対する安定性である．これを**線形安定性**という．

$$x = \bar{x} + \delta x \tag{3.47}$$

$$y = \bar{y} + \delta y \tag{3.48}$$

を (3.45) と (3.46) に代入し，右辺をずれ δx と δy に関して展開して 1 次まで残すと

$$\frac{d\delta x}{dt} = c_{11}\delta x + c_{12}\delta y \tag{3.49}$$

$$\frac{d\delta y}{dt} = c_{21}\delta x + c_{22}\delta y \tag{3.50}$$

となる．係数は

$$c_{11} = \frac{\partial f(\bar{x}, \bar{y})}{\partial \bar{x}} \tag{3.51}$$

$$c_{12} = \frac{\partial f(\bar{x}, \bar{y})}{\partial \bar{y}} \tag{3.52}$$

$$c_{21} = \frac{\partial g(\bar{x}, \bar{y})}{\partial \bar{x}} \tag{3.53}$$

$$c_{22} = \frac{\partial g(\bar{x}, \bar{y})}{\partial \bar{y}} \tag{3.54}$$

である．$\delta x = \xi\, e^{\lambda t}$, $\delta y = \eta\, e^{\lambda t}$ とおいて (3.49)，(3.50) に代入すると，固有値 λ に対する方程式

$$\lambda^2 - (c_{11} + c_{22})\lambda + c_{11}c_{22} - c_{12}c_{21} = 0 \tag{3.55}$$

を得る．

時間依存しない解が不安定であるのは次の二つの場合である．

（1） $c_{11}c_{22} - c_{12}c_{21} < 0$

このとき 2 次方程式 (3.55) の二つの解のうち，一つは正であり，他の一つは負である．したがって，時間依存しない解 $\bar{x}$ と $\bar{y}$ は不安定である．

（2） $c_{11}c_{22} - c_{12}c_{21} > 0$　かつ　$c_{11} + c_{22} > 0$

このとき固有値 λ は二つとも正か，あるいは実数部分が正である複素数であるから，時間依存しない解は不安定である．

具体的な例として生態系のモデル方程式 (2.51)，(2.52) に線形安定性解析を適用してみよう．時間変化しない（ゼロでない）解は $\bar{x} = b/s$, $\bar{y} = (a - r\bar{x})/s$ である．この周りで (2.51)，(2.52) を展開すると (3.49)，(3.50) は

$$\frac{d\delta x}{dt} = -r\bar{x}\,\delta x - s\bar{x}\,\delta y \tag{3.56}$$

$$\frac{d\delta y}{dt} = s\bar{y}\,\delta x \tag{3.57}$$

となる．それゆえ，固有値 λ に対する方程式が

$$\lambda^2 + r\bar{x}\lambda + s^2\bar{x}\bar{y} = 0 \tag{3.58}$$

と与えられる．x, y は個体数であり正の量であるから，(3.58) は上の二つの不安定性の条件のどちらも満たさない．それゆえ，時間依存しない解 $\bar{x}$, $\bar{y}$ は線形安定である．

§3.3　パラメトリック振動

§3.1 では外力が運動方程式に足し算の形で付け加わった場合を扱った．この節では別の形の外力の効果を調べてみよう．図 2.2 の振り子が吊るされている水平な板を上下に振動させるとしよう．これは，板と共に動く座標系では重力加速度が時間的に振動すると見なすのと同等である．それゆえ，運動方程式 (2.19) で振幅が小さい場合 ($\sin\theta \approx \theta$) を考え，$g \to g(1 + \varepsilon\sin 2\Omega t)$ とおいて（糸がたるむことはないとして）

$$\frac{d^2\theta}{dt^2} + \gamma\frac{d\theta}{dt} = -\omega_0^2(1 + \varepsilon\sin 2\Omega t)\theta \tag{3.59}$$

となる．系の固有振動数を ω_0, 板の上下振動の大きさを ε, 外から加える

振動数を 2Ω としている((3.59)では糸の長さ l を 1 としている).

外力が和の形で方程式に入っている (3.3) とは違い, (3.59) では積の形で入っている. すなわち, 振動数が周期的に変化するようになっている. このような外力による振動を**パラメトリック振動**という.

§3.1 の後半と同じ方法で (3.59) を解析してみよう. 解を
$$\theta(t) = A(t)\cos\left[\Omega t + \phi(t)\right] \tag{3.60}$$
とおく. (3.20) と同じ精神で A と ϕ に対して関係
$$\dot{A}\cos\left(\Omega t + \phi\right) - A\dot{\phi}\sin\left(\Omega t + \phi\right) = 0 \tag{3.61}$$
を課す. その結果, θ の微分は
$$\dot{\theta} = -A\Omega\sin\left(\Omega t + \phi\right) \tag{3.62}$$
$$\ddot{\theta} = -\dot{A}\Omega\sin\left(\Omega t + \phi\right) - A\Omega\left(\Omega + \dot{\phi}\right)\cos\left(\Omega t + \phi\right) \tag{3.63}$$
となる. (3.62) と (3.63) を (3.59) に代入すると
$$\Omega\dot{A}\sin\left(\Omega t + \phi\right) + A\Omega\left(\Omega + \dot{\phi}\right)\cos\left(\Omega t + \phi\right) + \gamma A\Omega\sin\left(\Omega t + \phi\right)$$
$$= (1 + \varepsilon\sin 2\Omega t)\omega_0^2 A\cos\left(\Omega t + \phi\right) \tag{3.64}$$

これと (3.61) を連立させ, $\dot{A}$ と $\dot{\phi}$ を求めると
$$\dot{A} + A\Omega\sin\left(\Omega t + \phi\right)\cos\left(\Omega t + \phi\right) + \gamma A\sin^2\left(\Omega t + \phi\right)$$
$$= \frac{\omega_0^2 A}{\Omega}\left(1 + \varepsilon\sin 2\Omega t\right)\sin\left(\Omega t + \phi\right)\cos\left(\Omega t + \phi\right) \tag{3.65}$$

$$\dot{\phi} + \Omega\cos^2\left(\Omega t + \phi\right) + \gamma\sin\left(\Omega t + \phi\right)\cos\left(\Omega t + \phi\right)$$
$$= \frac{\omega_0^2}{\Omega}\left(1 + \varepsilon\sin 2\Omega t\right)\cos^2\left(\Omega t + \phi\right) \tag{3.66}$$

を得る. ϕ に対する方程式 (3.66) には振幅 A が入ってこないことに注意しよう. これは線形パラメトリック振動系 (3.59) の特徴である.

(3.65) と (3.66) に対して時間平均を施し，ゆっくりとした変化をとり出そう．A と ϕ の時間依存性を無視して

$$\frac{1}{T}\int_0^T dt\, \sin 2\Omega t\, \sin(\Omega t + \phi)\cos(\Omega t + \phi) = \frac{\cos 2\phi}{4} \quad (3.67)$$

$$\frac{1}{T}\int_0^T dt\, \sin 2\Omega t\, \cos^2(\Omega t + \phi) = -\frac{\sin 2\phi}{4} \quad (3.68)$$

などを使うと (3.65) と (3.66) は，それぞれ

$$\dot{A} + \frac{\gamma}{2}A = \frac{\varepsilon \omega_0^2 A}{4\Omega}\cos 2\phi \quad (3.69)$$

$$\dot{\phi} = \frac{\omega_0^2 - \Omega^2}{2\Omega} - \frac{\varepsilon \omega_0^2}{4\Omega}\sin 2\phi \quad (3.70)$$

と簡単化される．

方程式 (3.70) は $\omega_0 = \Omega$ のとき，時間変化しない安定な解 $\phi = 0$ をもつ．このとき (3.69) は

$$\dot{A} = \left(\frac{\varepsilon \omega_0^2}{4\Omega} - \frac{\gamma}{2}\right)A \quad (3.71)$$

となり，外から加える振動の振幅 ε が不等式 $\varepsilon\omega_0^2 > 2\gamma\Omega$ を満たすほど大きければ，振り子の振幅は時間と共に増大する．これも一種の共鳴である．(3.59) では外から与える振動数を 2Ω としているから，共鳴条件 $\omega_0 = \Omega$ は振り子の固有振動数の 2 倍の振動数であることを意味する．

§3.4　周期外力のある非線形振動子

§3.1 の周期外力の場合にもどろう．外力の振幅を大きくすると，バネの変位も大きくなる．変位が十分大きいときには，復元力と変位の比例関係は一般に破綻する．伸びたときと収縮したときとで力の大きさが同じであるとすると，それは変位 q の奇関数でなければならない．それゆえ，最初に現れる非線形項は q^3 に比例するはずである．この効果を運動方程式にとり込むと

$$\frac{d^2q}{dt^2} + \gamma \frac{dq}{dt} = -\omega_0^2 q - gq^3 + h\cos\Omega t \qquad (3.72)$$

となる．以下では，定数 g は正であると仮定する．すなわち，非線形効果がバネを平衡の位置により強くもどそうとはたらく場合を考える．(3.72) はダフィン方程式とよばれている．振り子の場合 (2.19) では $\sin\theta = \theta - (1/6)\theta^3$ と展開されるから，ここで考えているのとは非線形項の符号が逆であることに注意されたい．

方程式 (3.72) は，次のように 1 階の連立微分方程式に書き直すことができる．

$$\frac{dq}{dt} = p \qquad (3.73)$$

$$\frac{dp}{dt} + \gamma p = -\omega_0^2 q - gq^3 + h\cos s \qquad (3.74)$$

$$\frac{ds}{dt} = \Omega \qquad (3.75)$$

変数 s は，右辺のあらわな時間依存性を消すために導入した．

ダフィン方程式の解は奇妙な振舞をすることが数値計算で知られている．図 3.6(a) は $\gamma = 0.01$, $\omega_0 = 0.01$, $h = 15$, $\Omega = 1$, $g = 2$ のときの q の時間変化である．pq 平面での軌道は図(b) のようにきれいな周期軌道を描く．これは**リミットサイクル振動**とよばれるもので非平衡開放系のリズムそのものであり，あとの章でくわしく議論する．他のパラメータを動かさず $g = 5$ のときの時間変化は，図 3.7(a) のように周期的な変化をしない．pq 平面での軌道は図(b) のように一見，でたらめな軌道となる．[†]

§2.1 での調和振動子では (2.18) のように振幅と位相は時間変化しなかった．このことは pq 平面上の近接した 2 点は時間と共に離れていくことも近づいてくることもないことを意味している．§3.1 の周期外力下での散逸の

[†] 図 3.6, 3.7 はお茶の水女子大学理学部 1998 年卒業，高島江美子，脇坂祐子，渡辺睦美さんによる．

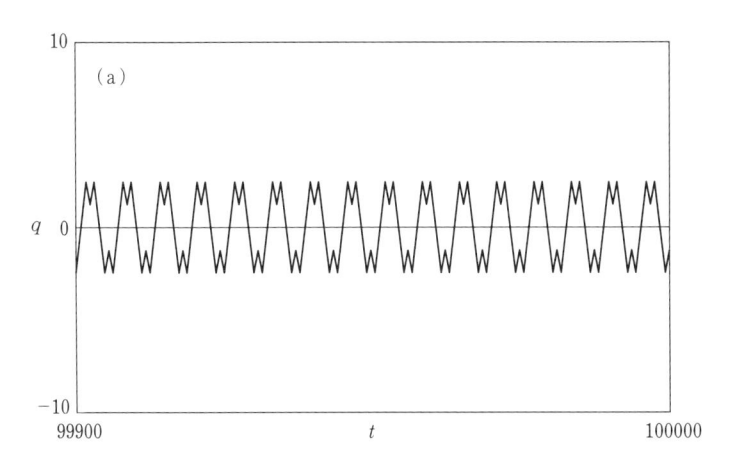

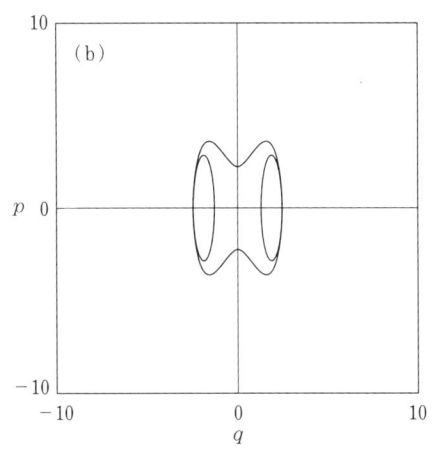

§3.4 周期外力のある非線形振動子

図3.6 (a) ダフィン方程式(3.72)の周期解
(b) pq平面での周期解の軌道

ある調和振動子では振幅と位相は方程式(3.29)と(3.30)に従い，時間依存しない安定な解をもつ．それゆえ，隣接する2点の距離は時間と共に減少していくことがわかる．図3.6のリミットサイクル振動でも，pq平面上の近接した2点の距離が増大していくことはない．しかしながら，解が図3.7の

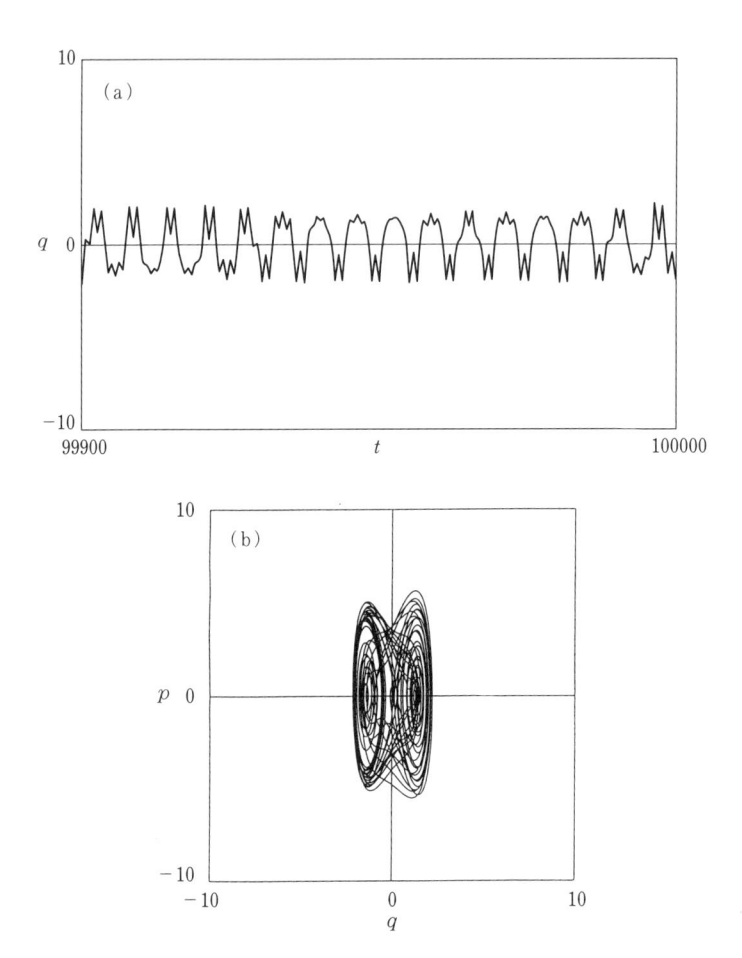

図 3.7 (a) ダフィン方程式のカオス解
(b) pq 平面でのカオス軌道

ような振舞をするときには，隣接した 2 点間の距離は時間と共に指数関数的に増大していくことを数値計算で確かめることができる．つまり，$t = 0$ における微小な差が時間が経つにつれて指数関数的に拡大していく（最終的には図 3.7(b) の軌道内にとどまる）．これを解の**初期値敏感性**，あるいは

軌道不安定性といい，そのような解を**カオス**とよぶ．

　方程式 (3.72) のような常微分方程式は，初期値を決めれば解の時間発展が一意的に決まる**決定論的方程式**である．しかし，初期値敏感性があると，初期値のわずかな誤差がどんどん増幅され真の値と大きくずれてしまう．その意味で予言不可能である．

　カオスは微分方程式でまれに見られる特異な現象ではなく，方程式 (3.73) 〜 (3.75) のような右辺に時間変数を含まない 1 階連立非線形常微分方程式において独立な変数が 3 個以上の場合，ごく一般に現れるものである．古典力学では，よく知られているように，「ラプラスの魔」の議論がある．すなわち，もし，ある時刻の宇宙の全粒子の場所と位置がわかりそれを初期条件としてニュートン方程式を解くことができれば（もし，そのような魔物がいれば），宇宙の未来永劫すべてを予言できる．これに対する常識的反論は，粒子数（変数の数）が膨大なため，それらすべての初期値を決定できないというものである．しかし，カオスはこの認識をもっと強く否定的に変えてしまう．自由度が少数の場合でさえ，非線形方程式では初期設定の微小な差の指数関数的増大のため時間発展が予言不可能となる解を一般に内包しているのである．

　(3.45)，(3.46) のように右辺に時間をあらわに含まない 2 変数 1 階常微分方程式では，非線形であってもカオスは存在し得ない．このことは以下のように定性的に理解できる．まず，微分方程式が意味をもつためには (3.45)，(3.46) の右辺は変数 x, y の 1 価関数でなければならない．それゆえ，x と y の値を決めるとその微分 $dx/dt, dy/dt$ は一意的に決まる．このことは xy 平面上の解の軌道は交差しないことを意味している（図 3.7(b) では 3 変数 p, q, s の描く軌道を pq 平面に射影したものであるから，一見，交差しているように見える）．2 次元平面上の有限の領域を交差せず，また，何度も近くを通るが決してもとにもどることがなく，かつ，袋小路にも入り込まず無限に漂う軌道を描くことは不可能である．

§3.5 まとめ

　第2, 3章で考察したことをまとめておこう．調和振動子は振動運動のもっとも単純なものである．エネルギーが保存するため，一度外乱を与えるとそれをとり去ってももとと同じ振動状態にもどらない性質をもつ．摩擦がある場合にはエネルギーの散逸が生じ，振動は減衰していく．一方，周期的な外力を付け加えると摩擦による散逸と外力による注入がつり合い，系は定常的な振動状態になる．これは線形な開放系である．外力を大きくしていくと振幅が大きくなるため，バネの伸びと力の間の非線形性が無視できなくなる．非線形性が十分強いとき，質的に新しい運動形態，カオスが出現する．

4 熱平衡系

　これまでは決定論的力学系としての簡単な非平衡系を扱ってきた．しかし，対比すべき熱平衡系では多数の自由度をもつ系の巨視的性質を扱わなければならず，必然的に統計的方法が必要になる．非平衡系の統計的考察に入る前に，平衡熱力学のエッセンスを可能な限り簡潔に述べておこう．

§4.1 熱力学

　相互作用している多数の分子や原子から成る孤立した系の巨視的統計的振舞が時間と共に変化しないとき その系を熱平衡系とよび，その状態を**熱平衡状態**という．[†]

　簡単のため，系は古典力学に従うとしよう．系の時間発展は各々の粒子の運動方程式を解くことによって決定される．実際にそれが実行できるかどうかは問わないとして，思考実験的に考えてみよう．系の運動方程式を解くときには，まず全粒子数を決め，各粒子の位置と速度を初期条件で設定する．i 番目の粒子の速度を v_i, 位置を r_i, i, j 粒子間相互作用ポテンシャルを

[†] 孤立した系とは，外界とまったく遮断された系のことである．第1章で熱平衡系を説明した図1.1は外界と物質の出入りはないが，外界の温度が上がれば系の温度もそれと等しくなることを許しており，熱的には遮断されていない．熱的に遮断されているか否かにかかわらず，どちらに対しても同等な熱力学的表現が可能であるが，この節では孤立系を考察の対象とする．

$V(\boldsymbol{r}_i, \boldsymbol{r}_j)$ として，全エネルギー

$$E = \frac{m}{2}\sum_i \boldsymbol{v}_i^2 + \sum_{i,j} V(\boldsymbol{r}_i, \boldsymbol{r}_j) \tag{4.1}$$

が与えられる．第2項の和はすべての粒子対に対してとられる．孤立した系であるから，粒子と境界壁との間に弾性衝突を導入するのが自然である．なぜなら，もし非弾性衝突であれば，衝突によって粒子から壁にエネルギーの移行があり孤立した系とはならない．また，境界の位置を決めることは系の大きさを決めることにほかならない．すなわち，孤立系では全エネルギー，体積，および全粒子数がわれわれが設定できる巨視的パラメータである．それゆえ，この系の巨視的統計的性質を記述するとき，これら3変数が基本的変数となる．

しかしながら，系の巨視的状態はエネルギー，体積，粒子数で一意的に決定されるのであろうか．図 4.1 のように，エネルギー E_1, E_2，体積 V_1, V_2，粒子数 N_1, N_2 の二つの同種粒子の気体が断熱壁で仕切られているとしよう．全体ではエネルギーは $E = E_1 + E_2$，体積は $V = V_1 + V_2$，粒子数は $N = N_1 + N_2$ である．断熱壁が熱を透過する壁に変化すると図 4.2 のように，熱が移動して新しい平衡状態になる．しかし，全エネルギー，体積，粒子数は不変であるから，これらの量では図 4.1 と図 4.2 の状態の区別がつかない．この困難を解消するため，新しい変数 S を導入して これを**エントロピー**と

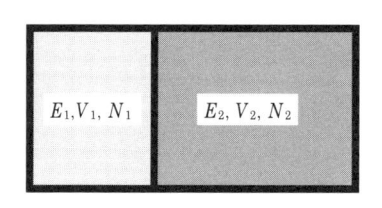

図 4.1 断熱壁で分けられた同じ気体から成る異なる二つの状態

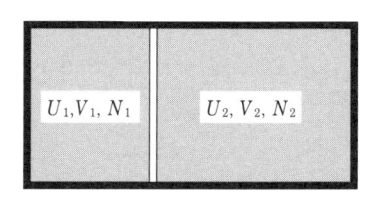

図 4.2 透熱壁では二つの領域は同じ温度になる

名づける．S はもちろん，上に述べた独立変数，エネルギー，体積，粒子数の関数である．

$$S = S(E, V, N) \tag{4.2}$$

エントロピーに対して，次のような要請をおく．

(1) 図4.1の二つの系のそれぞれでの値を加えたものと図4.2の系での値が比較できなければならないから，S は示量変数（相加的な量）でなければならない．

(2) エネルギーを S の関数として定義できるように，S は E の単調（増加）関数である．

(3) 新しい熱平衡状態ではエントロピーは最大の値をとる．

(2)と(3)については説明が必要であろう．まず，(2)の要請から逆関数

$$E = E(S, V, N) \tag{4.3}$$

が定義でき，その微小変化を

$$dE = T\,dS - P\,dV + \mu\,dN \tag{4.4}$$

と表す．これを通して絶対温度 $T = (\partial E/\partial S)_{V,N}$，圧力 $P = -(\partial E/\partial V)_{S,N}$，および化学ポテンシャル $\mu = (\partial E/\partial N)_{S,V}$ が定義される．したがって，要請（2）は絶対温度が熱平衡状態では負の値をとらないことを意味している．

要請（3）は経験事実，「透熱壁で接している二つの系の温度は熱平衡状態では等しい」を保証する．図4.2 での最終平衡状態における二つの系のエネルギーを U_1, U_2 とする．系1から系2へ微小なエネルギー移動 δU_1，2から1へ δU_2 があったとしよう．全体ではエネルギーは一定であるから $\delta U_1 = -\delta U_2$ でなければならない．系全体のエントロピーは要請（1）により

$$S = S(U_1, V_1, N_1) + S(U_2, V_2, N_2) \tag{4.5}$$

と表すことができ，(4.4) より微小変化 δU_1, δU_2 によって

$$\delta S = \frac{1}{T_1}\,\delta U_1 + \frac{1}{T_2}\,\delta U_2 = \left(\frac{1}{T_1} - \frac{1}{T_2}\right)\delta U_1 \tag{4.6}$$

となる．S は最大の値をとっているのであるから，1次の微小変化 δS はゼロでなければならない．(ある関数 $f(x)$ が $x = x_0$ で極値をとるとき，その1次微分 df/dx は $x = x_0$ でゼロである．) それゆえ，$T_1 = T_2$ が結論づけられる．また，これは (4.4) における絶対温度の定義を補強している．

同様に，(4.4) の第2項から，仕切りが可動壁の場合は熱平衡状態では二つの系の圧力が等しくなければならないことがわかるし，第3項からは，仕切りを通して物質が透過できる場合は化学ポテンシャルが等しいことが熱平衡状態の条件であることがわかる．

§4.2 熱とエントロピー

温度の異なる二つの系を接触させると，高温側から低温側へ熱が流れる．また，外から系に仕事を加えると系のエネルギーは増加する．このように熱の出入りと仕事によるエネルギー変化を考えるときは，着目している系とそうでない系とを明確に区別しなければならない．以下では，着目している系を**物体**，それ以外を**外界**とよぶことにする．

物体を構成している粒子の運動エネルギーと粒子間の相互作用によるポテンシャルエネルギーの和を**内部エネルギー**という（以下では粒子数の変化を考えない）．内部エネルギーは物体の状態を指定することによって一意的に決まる量である．すなわち，ある状態から別の状態への移行における内部エネルギーの変化はその道筋に依存せず，最初と最後の状態間の内部エネルギーの差で与えられる．この性質をもつ熱力学的量を**状態量**という．内部エネルギーの関数であるエントロピーも状態量である．それに対して，熱や仕事は状態量ではない．その状態で一意的に決まる量ではなく，その状態に至った過程に依存する．

微小変化においても熱 Q と仕事 W は変化の道筋に依存するから，全微分 dQ, dW の形に書くことができない．それゆえ，以下では Q と W の変

化率で収支を表現することにする．熱 Q も仕事 W もエネルギーの一つの形態であるから，その変化はエネルギー保存則を満たさなければならない．したがって，エネルギー保存則を変化率で表すと

$$\frac{dE}{dt} = \frac{dQ}{dt} + \frac{dW}{dt} \tag{4.7}$$

である．

物体の圧力を P，体積の微小変化を dV とすると，物体が受けた仕事の変化率は

$$\frac{dW}{dt} = -P\frac{dV}{dt} \tag{4.8}$$

である．マイナス符号が付くのは，外界が物体に仕事をすると物体の体積が減る（$dV/dt < 0$）ためである．

(4.7) と (4.8) の変化の過程で物体が時々刻々，熱平衡状態を保持しつつ変化したとすると熱力学関係 (4.4) が成り立つから

$$\frac{dE}{dt} = T\frac{dS}{dt} - P\frac{dV}{dt} \tag{4.9}$$

これと (4.7) を比べて

$$\frac{dQ}{dt} = T\frac{dS}{dt} \tag{4.10}$$

を得る．

比熱の定義が，物体を単位温度上昇させるのに必要な熱量であることを思い起こすと，(4.10) から

$$C_A = T\left(\frac{\partial S}{\partial T}\right)_A \tag{4.11}$$

となる．添字 A は定積比熱のときは V，定圧比熱のときは P である．実験でいろいろな温度で比熱を測定し，(4.11) を積分することによってエントロピーの温度依存性が決定される．このように，熱力学の範囲内では理論的にエントロピー（に限らずエネルギーその他）の関数形を決めることはできず，実験データを援用しなければならない．

二つの熱平衡状態のエントロピーの差を (4.11) から決定する例として，再度，図 4.1 から図 4.2 への変化を考えよう．仕切りで分かれた二つの気体の比熱は同じであり，温度に依らない定数 C であるとする．断熱壁で分かれているときの温度をそれぞれ T_1, T_2 とし，透熱壁に変化して最終熱平衡状態になったときの温度を T_f とする．系全体では仕事も熱の出入りもないからエネルギー保存より，

$$C(T_1 - T_f) + C(T_2 - T_f) = 0 \tag{4.12}$$

が成立する．(4.12) の左辺の各項は，透熱壁で分かれた二つの気体が得た熱量を表す．これから T_f が

$$T_f = \frac{1}{2}(T_1 + T_2) \tag{4.13}$$

と決定される．エントロピーの変化分 ΔS はそれぞれの気体に対して (4.11) を温度で積分して

$$\begin{aligned}\Delta S &= C \int_{T_1}^{T_f} \frac{dT}{T} + C \int_{T_2}^{T_f} \frac{dT}{T} \\ &= 2C\left(\ln T_f - \frac{1}{2}\ln T_1 T_2\right)\end{aligned} \tag{4.14}$$

(4.13) を代入し，相加平均と相乗平均の間のよく知られた不等式

$$\frac{x+y}{2} > \sqrt{xy} \tag{4.15}$$

($x>0, y>0$) を使うと，($T_1 \neq T_2$ では) $\Delta S > 0$ が証明される．

関係 (4.10) が成立するには時々刻々，物体が熱平衡状態であることが必要であった．変化の過程で物体内に不可逆性が存在するとき (4.10) が成り立たないことは以下のように理解できる．図 4.1 の全体を物体と見なそう．図 4.1 から図 4.2 への変化は不可逆過程である．つまり，図 4.1 から図 4.2 へは自然に移行するが，図 4.2 から図 4.1 への変化，すなわち温度が一様な孤立した系が温度差のある二つの部分に自然に分かれることはないというのが経験の教えるところである．上に示したように，図 4.1 から図 4.2 の変化

においてエントロピーは増える（$\Delta S > 0$）のに対し，物体全体は孤立しているのであるから熱の増分はない $\Delta Q = 0$（記号 Δ は図 4.2 における値と図 4.1 での値の差を表す）．すなわち，

$$\Delta S > \frac{\Delta Q}{T} \tag{4.16}$$

である．

以上の議論 (たった一つの例しか提示していないが) でエントロピーの変化は孤立した系が熱平衡状態に向かう方向を定めることがわかった．図 1.1 のように外界と熱のやりとりがあり，その収支がバランスして熱平衡状態を保つ系では，エントロピーに代る概念を以下のように導入することができる．熱的に開いているからエネルギーを独立変数とするのは適切ではなく，T, V, N を独立変数にした方が便利である (以下では粒子数は変化しないとして記号 N を省略する)．内部エネルギー E の S, V 依存性がわかっているとき，T, V を変数とする状態量 $F(T, V)$ へ変換するにはルジャンドル変換を使う．

$$F(T, V) = E - TS \tag{4.17}$$

(4.4) のすぐ下で述べたように

$$T = \left(\frac{\partial E}{\partial S}\right)_V \tag{4.18}$$

の関係がある．E の S 依存性はわかっているのであるから，(4.18) の右辺は S と V の関数である．これを逆に解いて S を T と V の関数として求め，それを (4.17) の $E(S, V)$ および第 2 項の S に代入すると，T, V の関数として F が得られる．(4.4) を使うと (4.17) の全微分は

$$\begin{aligned} dF &= T\,dS - P\,dV - T\,dS - S\,dT \\ &= -S\,dT - P\,dV \end{aligned} \tag{4.19}$$

となる．これから関係

$$S = -\left(\frac{\partial F}{\partial T}\right)_V \tag{4.20}$$

が成立する．(4.17) で定義される F は**ヘルムホルツの自由エネルギー**とよばれる．(4.17) より $E = F + TS$ であるから (4.20) を使って

$$E = F - T\left(\frac{\partial F}{\partial T}\right)_V = -T^2\left(\frac{\partial}{\partial T}\frac{F}{T}\right)_V$$

$$= \left(\frac{\partial}{\partial\left(\frac{1}{T}\right)}\frac{F}{T}\right)_V \tag{4.21}$$

と表すことができる．これは内部エネルギー E とヘルムホルツの自由エネルギーを結ぶ関係式である．

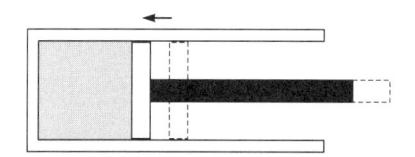

図 4.3 透熱壁で囲まれたピストン中の気体

ヘルムホルツの自由エネルギーは等温可逆過程における仕事と関係がある．図 4.3 のように透熱壁で囲まれたピストンの中に気体が入っている場合を考えよう．外界の温度は一定 T であるとする．ピストンを押して気体の体積が微小量 $-dV$ 変化したとき気体に対してなされた仕事は，気体の圧力を P として $dW = -P\,dV$ である．一方，(4.19) より等温可逆変化 ($dT = 0$) では $dF = -P\,dV$ であるから

$$dF = dW \tag{4.22}$$

が成り立つ．

ヘルムホルツの自由エネルギーは，温度と体積が一定のもとで起こる不可逆過程において，系の変化の方向を決定する．(4.7) と (4.16) から

$$T\frac{dS}{dt} > \frac{dQ}{dt} = \frac{dE}{dt} - \frac{dW}{dt} \tag{4.23}$$

であるが，$T = $ 一定，$V = $ 一定 の条件では，$dW/dt = -P\,dV/dt = 0$，

$T\,dS/dt = d(TS)/dt$ であるから
$$0 > \frac{dE}{dt} - T\frac{dS}{dt} = \frac{dF}{dt} \tag{4.24}$$
と書くことができる．すなわち，等温定積で起こる不可逆過程では自由エネルギーが減少し，熱平衡状態で最小値をとる．

性質 (4.24) は散逸系の決定論的方程式（たとえば，(2.48)）においてポテンシャルエネルギーが減少することに対応しており，そのため自由エネルギーを**熱力学ポテンシャル**ということがある．実際，第 5 章で議論するように，熱平衡状態の近傍でのゆらぎのダイナミクスを定式化するとき，性質 (4.24) は重要な役割を果たす．

T, P を独立変数とする熱力学ポテンシャル G は
$$G = F + PV \tag{4.25}$$
で定義される．これを**ギブスの自由エネルギー**という．

ヘルムホルツの自由エネルギーの定義 (4.17) より，内部エネルギー E とエントロピー S は互いに競合する関係にあることがわかる．有限温度では，内部エネルギーが小さくエントロピーが大きいほど自由エネルギーの値は小さくなる．絶対零度でのみ，自由エネルギー最小は内部エネルギー最小と同等である．

エントロピーについては，第 8 章でミクロな立場から再度，議論する．

§4.3 熱から仕事へ

熱平衡状態にある孤立した物体がもっている熱を，他に何の変化も起こさず，仕事に変えることはできない．このことをわかりやすく説明するため，ファインマンは図 4.4 のような思考実験的装置を考えた．断熱壁で作られた箱に羽根の付いた回転軸がとり付けられており，箱の外側にある軸の他端には爪車が付いている．爪車にはそれが一方向にのみ回転できるような「爪」

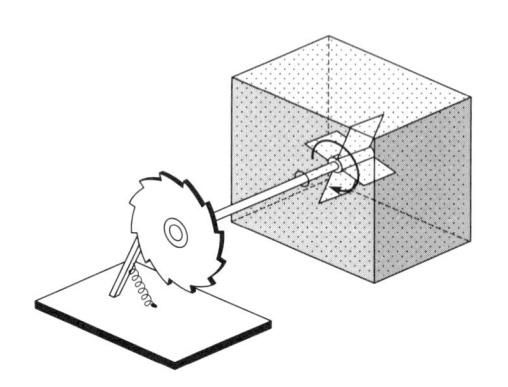

図 4.4　ファインマンが考案した気体の入った箱と爪車

が接触している．箱の中の分子は熱運動でランダムに飛び回っているとしよう．ある瞬間，羽根の一方の面に衝突する分子の数が他方の面に衝突する数よりも多ければ回転軸にトルクがはたらき爪車が回転する．爪のため逆回転は禁止されているから，もし，爪車が一方向にのみ回転するなら熱ゆらぎから仕事がとり出せることになる．しかし，爪と爪車の衝突が弾性的なら爪車の山を越えたあと爪は振動し続けることになり，爪車を有効に押さえることができない．それゆえ，非弾性衝突でなければならず，そのため衝突のたびに熱が発生し，爪，爪車，バネの温度が上昇していく．時間が十分経つと爪は熱運動でパタパタと動き始め，爪車の一方向のみの運動をとり出せなくなる．このことは箱の中の分子がもつ熱エネルギーが爪車などへ流失することを意味し，温度の異なる二つの物体を接触させたときと同様，箱の中の気体と爪車などとは最終的に同じ温度になるはずである．したがって，図4.4の装置が有効にはたらくためには，爪と爪車を冷やし続けなければならない．

　以上の考察から，熱を仕事に変えるためには高温の系と低温の系の二つが不可欠であること，すなわち，全体として非平衡でなければならないことが結論づけられる．非平衡系でのゆらぎから仕事をとり出すことについては，第7章で考察する．

§4.3 熱から仕事へ

　非平衡系であれば仕事がとり出せることについては，簡単な例がいくつも考えられる．たとえば，図1.2のようにきれいな対流が起こっている系では，対流の中心付近に水車を置けば，それは一方向にのみ回転するであろう．

5 熱ゆらぎ

　熱平衡状態を理解するには，むしろ，熱平衡の周りでの熱ゆらぎのダイナミクスを考察し，その静的極限としてとらえた方がわかりやすい．また，同時に非平衡系のゆらぎと対比するために，熱ゆらぎのもつ重要な性質を議論しておこう．

§5.1　確率分布

　ある事象が起こるプロセスに不確定な要素が含まれていると，結果を100％予測できない．サイコロを振るとき，投げ出す速度や机に対するサイコロ面の向きなどのほんの少しの違いが机に落ちたあとのサイコロの運動に大きな差を与え，どの目が出るか明確に言えなくなる．§3.4で述べたダフィン方程式に従って運動している粒子にも同様なことがいえる．ある時刻の粒子の位置と速度を観測すると，ダフィン方程式は決定論的方程式であるから，それを数値的に解くことによってその後の任意の時刻での粒子の位置が予言できると思われるかもしれない．しかし，観測には必ず誤差がある．もし，カオス解が生じるパラメータ領域であれば初期の小さな差が時間と共に指数関数的に増大するから，十分時間が経ったあとでは，実際に粒子の到達する場所と計算結果には大きな食い違いが生じるため，粒子がどこにいるかを正確には予言できなくなる．

§5.1 確率分布

これらは初期値敏感性によるものであるが，時間発展の情報量が不完全にしか与えられていない場合にもその過程は確率的になる．すなわち，観測している物理量が軌道不安定でない力学に従っていても，その系が予測できない外乱に定常的にさらされていると，外乱の性質に依存した確率的なデータしか得られない．

確率分布なる概念を導入するため，N 個の異なる事象 $(1, 2, \cdots, i, \cdots, N)$ が得られる試行を考えよう（サイコロを振る場合は $N = 6$ である）．この試行を M 回くり返したとき，結果 i が出現した回数を M_i とする．このとき

$$p_i = \lim_{M \to \infty} \frac{M_i}{M} \tag{5.1}$$

を i が出現する確率という．当然，p_i は正であり，規格化条件

$$\sum_{i=1}^{N} p_i = 1 \tag{5.2}$$

が成立しなければならない．物理量 E が事象に付随しており事象 i での値を E_i とすると，E の平均値は

$$\langle E \rangle = \sum_{i=1}^{N} E_i \, p_i \tag{5.3}$$

で定義される．

実際の実験では観測量はサイコロ投げのような離散的な値ではなく，連続的実数値であると見なされる場合がほとんどである．観測量 x が微小区間 x と $x + dx$ の間にある確率を $P(x)\,dx$ で表す．規格化条件は

$$\int_{-\infty}^{\infty} dx \, P(x) = 1 \tag{5.4}$$

である（x が有限の範囲 $a < x < b$ しかとりえない場合には，$x < a$, $x > b$ で $P(x) = 0$ と見なす）．x の平均値は

$$\langle x \rangle = \int_{-\infty}^{\infty} dx \, x \, P(x) \tag{5.5}$$

で定義する．

確率論の分野では $P(x)$ を確率密度とよび，

$$Q(x) = \int_{-\infty}^{x} dy\, P(y) \tag{5.6}$$

を分布関数とよぶようである．しかし，本書では (5.6) はほとんど使わないので，$P(x)$ を確率分布関数とよぶことにする．

§5.2　ガウス分布

確率論でもっとも基本的，かつ重要な確率分布は**ガウス分布**であり

$$P(x) = C \exp\left[-\frac{A}{2}(x-x_0)^2\right] \tag{5.7}$$

で定義される．A は正の定数である．定数 C は規格化条件から決定され

$$1 = \int_{-\infty}^{\infty} dx\, P(x) = C\sqrt{\frac{2\pi}{A}} \tag{5.8}$$

$C = \sqrt{A/2\pi}$ となる．平均値 $\langle x \rangle$ は

$$\langle x \rangle = \int_{-\infty}^{\infty} dx\, x\, P(x) = \int_{-\infty}^{\infty} dx'\, (x' + x_0)\, P(x' + x_0) = x_0 \tag{5.9}$$

平均からのずれ $\delta x = x - x_0$ の 2 乗平均（分散）は

$$\langle (\delta x)^2 \rangle = \langle (x - x_0)^2 \rangle = \int_{-\infty}^{\infty} dx\, (x - x_0)^2\, P(x) = \frac{1}{A} \tag{5.10}$$

で与えられる．$A = 1$, $x_0 = 0$ としたときの関数形を図 5.1 に示す．

(5.8) の計算には，よく知られた公式

$$\int_{-\infty}^{\infty} \frac{dx}{2\pi} \exp\left(-\frac{A}{2}x^2\right) = \frac{1}{\sqrt{2\pi A}} \tag{5.11}$$

を使った．念のため，これを証明しておこう．求めるべき積分を X とおくと

$$X^2 = \left[\int_{-\infty}^{\infty} \frac{dx}{2\pi} \exp\left(-\frac{A}{2}x^2\right)\right]^2$$

§5.2 ガウス分布

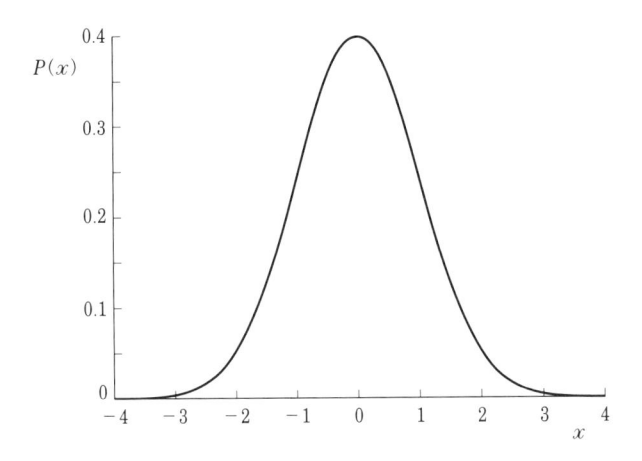

図 5.1 ガウス分布

$$= \int_{-\infty}^{\infty} \frac{dx}{2\pi} \int_{-\infty}^{\infty} \frac{dy}{2\pi} \exp\left[-\frac{A}{2}(x^2 + y^2)\right] \tag{5.12}$$

である．極座標 $x = r\cos\theta$, $y = r\sin\theta$ に移行し，$r + dr$ と r，および $\theta + d\theta$ と θ で囲まれる微小面積が $dr \times r\,d\theta$ であることに注意すると (5.12) は

$$X^2 = \frac{1}{(2\pi)^2} \int_0^\infty dr \int_0^{2\pi} d\theta\, r \exp\left(-\frac{A}{2} r^2\right)$$

$$= \frac{1}{4\pi} \int_0^\infty dz \exp\left(-\frac{A}{2} z\right) = \frac{1}{2\pi A} \tag{5.13}$$

となり，(5.11) が証明される．また，(5.11) からもう一つの有用な公式

$$\int_{-\infty}^{\infty} \frac{dx}{2\pi} \exp\left(-\frac{A}{2} x^2 + Bx\right) = e^{B^2/2A} \int_{-\infty}^{\infty} \frac{dx}{2\pi} \exp\left[-\frac{A}{2}\left(x - \frac{B}{A}\right)^2\right]$$

$$= \frac{1}{\sqrt{2\pi A}} e^{B^2/2A} \tag{5.14}$$

を得る．

N 個の変数 x_i ($i = 1, \cdots, N$) に対するガウス分布は，簡単のため，x_i はその平均からのずれを表すとして

$$P(\{x_i\}) = C \exp\left(-\frac{1}{2}\sum_{i,j} A_{ij} x_i x_j\right) \tag{5.15}$$

である. $P(\{x_i\})$ は $P(x_1, x_2, \cdots, x_N)$ の略記である. 規格化 $\int P(\{x_i\})\,dx_1\,dx_2 \cdots dx_N = 1$ が行えるためには, 対称行列 A_{ij} の固有値はすべて正でなければならない. 2乗平均は直交変換で行列 A_{ij} を対角化すると容易に計算できる.

$$\langle x_i x_j \rangle = (A^{-1})_{ij} \tag{5.16}$$

A^{-1} は A の逆行列である. もし, $\langle x_i x_j \rangle = \langle x_i \rangle \langle x_j \rangle$ ($i \neq j$) であれば x_i と x_j は統計的に独立であり, $\langle x_i x_j \rangle \neq \langle x_i \rangle \langle x_j \rangle$ であれば x_i と x_j の間に相関があるという. $\{x_i\}$ が統計的に独立であることは $P(\{x_i\}) = P(x_1)\,P(x_2) \cdots P(x_N)$ と同等である.

§5.3 デルタ関数の性質

以下の節ではデルタ関数が頻繁に出てくるので, その性質をまとめておこう.

デルタ関数 $\delta(x)$ は以下のように定義される.

$$f(a) = \int_c^b \delta(x-a)\,f(x)\,dx \tag{5.17}$$

ここでは $f(x)$ は連続な実関数であるとする. a, b, c ($c < a < b$) は定数である. デルタ関数を適当な連続関数の極限として定義する方が感覚的にわかりやすいであろう. その一つの例は

$$\delta(x) = \lim_{\varepsilon \to 0} \frac{e^{-|x|/\varepsilon}}{2\varepsilon} \tag{5.18}$$

である. $\varepsilon\,(>0)$ が小さいときの関数形を図 5.2 に示す.

$$\int_c^b dx \lim_{\varepsilon \to 0} \frac{1}{2\varepsilon}\,e^{-|x-a|/\varepsilon} f(x) = \lim_{\varepsilon \to 0} \frac{1}{2} \int_{-\frac{a-c}{\varepsilon}}^{\frac{b-a}{\varepsilon}} dy\,e^{-|y|} f(a+\varepsilon y)$$

§5.3 デルタ関数の性質　　　　　　　　　　　　　　　　　61

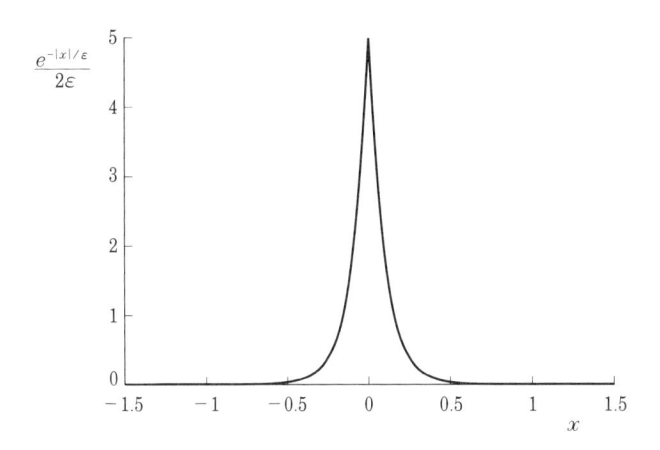

図5.2　$\dfrac{e^{-|x|/\varepsilon}}{2\varepsilon}$ の関数形

$$= \frac{1}{2}\int_{-\infty}^{\infty} dy\ e^{-|y|}\,f(a)$$
$$= f(a) \tag{5.19}$$

となり (5.17) が成り立つ．(ただし，(5.19) では $f(x)$ が $x \to \pm\infty$ で強く発散しないことが必要である．) なお，デルタ関数の定義として，ガウス分布で分散がゼロの極限

$$\delta(x) = \lim_{\varepsilon \to 0} \frac{1}{\sqrt{2\pi\varepsilon}} \exp\left(-\frac{x^2}{2\varepsilon}\right) \tag{5.20}$$

をとってもよい．

　デルタ関数を積分で表現すると便利である．公式

$$\int_0^{\infty} dx\ \frac{\cos ax}{x^2 + \kappa^2} = \frac{\pi}{2\kappa}\,e^{-|a|\kappa} \tag{5.21}$$

を使って容易に計算できるように

$$\frac{1}{2\pi}\int_{-\infty}^{\infty} dy\ \frac{e^{iyx}}{y^2 + \left(\dfrac{1}{\varepsilon}\right)^2} = \frac{\varepsilon}{2}\,e^{-|x|/\varepsilon} \tag{5.22}$$

であるからこれの両辺に $1/\varepsilon^2$ を乗じ，そのあと $\varepsilon \to 0$ の極限をとると，

(5.18) と比較してデルタ関数が

$$\delta(x) = \frac{1}{2\pi}\int_{-\infty}^{\infty} e^{iyx}\, dy \qquad (5.23)$$

と表現される．さらに，

$$\delta(cx) = \frac{1}{2\pi}\int_{-\infty}^{\infty} e^{iycx}\, dy = \frac{1}{2\pi|c|}\int_{-\infty}^{\infty} e^{izx}\, dz = \frac{1}{|c|}\delta(x) \quad (5.24)$$

の関係が成立する．これらの表現は，このあと何度も使用することになる．

§5.4 ランダムウォーク

 なぜ自然界には，ゆらぎがガウス分布に従う現象が数多く見られるのであろうか．その理由を考察しよう．

 具体的な例で考えた方がわかりやすいであろうから，ブラウン運動をとり上げよう．ブラウン運動は周知のように水に浮かんだ花粉粒子に周りの水分子が衝突してフラフラと動く現象である．これを数学的に理想化した場合はランダムウォークの問題といわれる．すなわち，図 5.3 のように 1 次元格子上の粒子が単位時間ごとに等確率で右か左に 1 格子動くとする．右に動くか左に動くかは，それ以前の運動にはよらない，すなわち，時々刻々の運動には相関がないと仮定する．このような条件を設定したとき，最初に原点にいた粒子は有限時間経ったあとどこにいるだろうか．その確率を計算しよう．

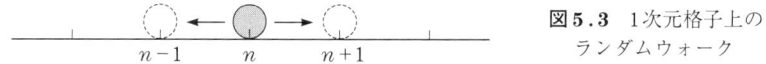

図 5.3 1 次元格子上のランダムウォーク

 時刻 i における粒子の位置を x_i，i から $i+1$ の間の粒子の変位を $\xi_i = \pm 1$ で表すと，x_i の時間発展は

$$x_{i+1} = x_i + \xi_i \qquad (5.25)$$

となる．ただし，$x_1 = 0$ とした．これから，時刻 $N+1$ における粒子の位

§5.4 ランダムウォーク

置 $x_{N+1} = x$ は

$$x = \sum_{i=1}^{N} \xi_i \tag{5.26}$$

である．$\xi_i = \pm 1$ がそれぞれ等確率 1/2 で出現するのであるから $\langle \xi_i \rangle = 0$,
すなわち，$\langle x \rangle = 0$ である．一方，運動には相関がない ($\langle \xi_i \xi_j \rangle = \langle \xi_i \rangle \langle \xi_j \rangle$
$= 0, i \neq j$) としているのであるから，

$$\langle x^2 \rangle = \sum_{i,j=1}^{N} \langle \xi_i \xi_j \rangle = \sum_{i=1}^{N} \langle \xi_i^2 \rangle = N \tag{5.27}$$

を得る．

ξ_i は確率的な量（確率変数）であるから，(5.25) で生成される x_i も確率変数である．$x = x_{N+1}$ の分布はデルタ関数を使って

$$P(x) = \left\langle \delta\left(x - \sum_{i=1}^{N} \xi_i\right) \right\rangle \tag{5.28}$$

と定義される．〈　〉は確率変数 ξ_i の分布

$$f(\xi_i) = \frac{1}{2}\delta(\xi_i - 1) + \frac{1}{2}\delta(\xi_i + 1) \tag{5.29}$$

に関する平均を表す．

(5.28) の意味は次のように理解できるであろう．すなわち，分布 $P(x)$ を得るには各ステップでの ξ_i に関して平均する必要があるが，そのときステップの和には条件 (5.26) が課されていることを考慮しなければならない．それゆえ，

$$P(x) = \int_{-\infty}^{\infty} d\xi_1 \cdots d\xi_N \, \delta\left(x - \sum_{i=1}^{N} \xi_i\right) f(\xi_1) \cdots f(\xi_N) \tag{5.30}$$

であり，これは (5.28) そのものである．

デルタ関数の積分表示 (5.23) を使うと (5.30) は

$$P(x) = \int_{-\infty}^{\infty} \frac{dk}{2\pi} e^{ikx} \langle e^{-ik\xi_1} \rangle \langle e^{-ik\xi_2} \rangle \cdots \langle e^{-ik\xi_N} \rangle \tag{5.31}$$

となる．

$$\langle e^{-ik\xi_1} \rangle \equiv e^{\hat{f}(k)} \tag{5.32}$$

で関数 $\hat{f}(k)$ を定義すると (5.29) より

$$e^{\hat{f}(k)} = \int_{-\infty}^{\infty} d\xi_1\, e^{-ik\xi_1} f(\xi_1) = \frac{1}{2}(e^{-ik} + e^{ik}) = \cos k \quad (5.33)$$

と計算され，(5.31) に代入して

$$P(x) = \int_{-\infty}^{\infty} \frac{dk}{2\pi}\, e^{ikx} (\cos k)^N = \int_{-\infty}^{\infty} \frac{dk}{2\pi}\, e^{ikx} e^{N \ln(\cos k)} \quad (5.34)$$

を得る．指数関数の肩 $N \ln(\cos k)$ は $k = 0$ 以外では負であるから，十分大きな N では $k = 0$ の近傍を除いて指数関数の値はほとんどゼロである．（正確には $k = 2\pi \times$ 整数 の近傍からの寄与がある．これについては次の段落で吟味する．）それゆえ，k に関する積分を実行するとき $k \sim 0$ での展開形 $\ln(\cos k) = -k^2/2 - k^4/12 + O(k^6)$ を使ってよい．さらに，$\sqrt{N} k = q$ とおくと

$$P(x) = \frac{1}{\sqrt{N}} \int_{-\infty}^{\infty} \frac{dq}{2\pi}\, e^{iqx/\sqrt{N}} \exp\left(-\frac{q^2}{2} - \frac{q^4}{12N}\right)$$

$$\approx \frac{1}{\sqrt{N}} \int_{-\infty}^{\infty} \frac{dq}{2\pi}\, e^{iqx/\sqrt{N} - q^2/2} \left(1 - \frac{q^4}{12N} + \cdots\right) \quad (5.35)$$

となる．$x \sim \sqrt{N}$ のスケールに着目するとき，$N \to \infty$ では q^4 以上の項を無視することができる．このようにして (5.34) の k に関する積分が実行でき，x の分布が $\langle x \rangle = 0$ のガウス分布

$$P(x) = \int_{-\infty}^{\infty} \frac{dk}{2\pi}\, e^{ikx} e^{-Nk^2/2} = \frac{1}{\sqrt{2\pi N}} \exp\left(-\frac{x^2}{2N}\right) \quad (5.36)$$

になる．ここでは 1 次元のランダムウォークを考えたが，上の方法は何次元にも拡張できる．

$k/2\pi$ が整数になる寄与をすべて考慮するため (5.34) を

$$P(x) = \sum_{n=-\infty}^{\infty} \int_{(2n-1)\pi}^{(2n+1)\pi} \frac{dk}{2\pi}\, e^{ikx + N \ln(\cos k)} \quad (5.37)$$

と表現し，$q = k - 2\pi n$ と変換すると

$$P(x) = \sum_{n=-\infty}^{\infty} e^{i2\pi nx} \int_{-\pi}^{\pi} \frac{dq}{2\pi}\, e^{iqx + N \ln(\cos q)} \quad (5.38)$$

§5.4 ランダムウォーク

となる．ポアソンの総和則 †

$$\sum_{n=-\infty}^{\infty} e^{i2\pi nx} = \sum_{m=-\infty}^{\infty} \delta(x-m) \tag{5.39}$$

を使い，$y = x/\sqrt{N}$ とおくと

$$P(x) = \frac{1}{\sqrt{N}} \sum_{m=-\infty}^{\infty} \delta\left(y - \frac{m}{\sqrt{N}}\right) \int_{-\pi}^{\pi} \frac{dq}{2\pi} e^{iqx + N\ln(\cos q)} \tag{5.40}$$

$N \gg 1$ では m に関する和が積分におきかえられ

$$\frac{1}{\sqrt{N}} \sum_{m=-\infty}^{\infty} \delta\left(y - \frac{m}{\sqrt{N}}\right) \to \int_{-\infty}^{\infty} dz\, \delta(y-z) = 1 \tag{5.41}$$

となり，また，このとき (5.40) の積分領域は $-\infty$ から ∞ に拡げてよい．それゆえ，上の $k = 0$ 近傍のみを考えた結果 (5.36) は変更を受けない．

　上の導出をたどってみると，$N \to \infty$ の極限でガウス分布になるためには出発した分布 $f(\xi_i)$ の形には敏感には依存しないことがわかる．要点は (5.32) で定義した関数 $\hat{f}(k)$ が減少関数であり，k^2 に関してテイラー展開可能であればよい．たとえば，ステップの大きさが ± 1 のみに制限されたランダムウォークではなく，ξ_i が -1 から $+1$ の間を一様に分布しているとき

$$\begin{aligned}
\langle e^{ik\xi_i} \rangle &= \frac{1}{2} \int_{-1}^{1} e^{ik\xi_i}\, d\xi_i \\
&= \frac{1}{k} \sin k \\
&= 1 - \frac{k^2}{6} + O(k^4) \approx e^{-k^2/6}
\end{aligned} \tag{5.42}$$

となるから，$\hat{f}(k) = -k^2/6$ は上で述べた条件を満足しており，このときも $P(x)$ はガウス分布になることがわかる．

　この事実は，ガウス分布の次のような著しい性質を生み出す．ステップの

---

† ポアソンの総和則は第 12 章で導出する．

分布が分散を σ とするガウス分布

$$f(\xi_i) = \frac{1}{\sqrt{2\pi\sigma}} \exp\left(-\frac{\xi_i^2}{2\sigma}\right) \tag{5.43}$$

のとき，(5.33) で定義された $\hat{f}(k)$ は $\hat{f}(k) = -\sigma k^2/2$ であるから，当然，$P(x)$ もガウス分布

$$P(x) = \frac{1}{\sqrt{2\pi\sigma N}} \exp\left(-\frac{x^2}{2\sigma N}\right) \tag{5.44}$$

になる．すなわち，ガウス分布に従う確率変数の和もまたガウス分布になる．

以上のことからわかるように，関数 $\hat{f}(k)$ が k^2 が小さいところで解析的である（すなわち，テイラー展開可能な）分布 $f(\xi_i)$ から出発すれば，$f(\xi_i)$ の詳細な形にはよらず，x の分布は N が大きいとき必ずガウス分布になる．このことが，自然界のランダムな事象にガウス分布が普遍的に現れる原因である．さらに，ガウス分布に従う独立な変数の和もガウス分布に従うという**自己相似構造**がある．このような性質をもつ分布を**不変分布**，あるいは**安定分布**という．不変分布については次の章であらためてくわしく論じることにする．

§5.5　ブラウン運動と拡散方程式

前節では時刻 N でのブラウン粒子の位置の分布関数を計算したが，分布関数の発展方程式も容易に導出することができる．時刻 n に格子点 x にいる確率を $P(x, n)$ とする．x にブラウン粒子が到達するのは，時刻 $n-1$ に $x-1$ にいるか，$x+1$ にいるかのどちらかであって，その各々から確率 $1/2$ で x に移動するから

$$P(x, n) = \frac{1}{2}\left[P(x-1, n-1) + P(x+1, n-1)\right] \tag{5.45}$$

が成立する．これを

§5.5 ブラウン運動と拡散方程式

$$P(x, n) - P(x, n-1)$$
$$= \frac{1}{2}\left[P(x-1, n-1) + P(x+1, n-1) - 2P(x, n-1)\right] \tag{5.46}$$

と書き，x と n の両方に対して連続極限をとると $n \to t$ として

$$\frac{\partial P(x, t)}{\partial t} = \frac{1}{2}\frac{\partial^2 P(x, t)}{\partial x^2} \tag{5.47}$$

になる．

同等の方程式を少し異なる状況設定で導こう．ランダムウォークする互いに独立な粒子が多数存在するときは，粒子密度の時間変化が問題となる．前節では離散的な時間発展で考えたが，漸化式 (5.25) に対応する微分方程式

$$\gamma \frac{dq_i}{dt} = \xi_i(t) \tag{5.48}$$

を導入しよう．i 番目の粒子の位置を q_i としている．γ はブラウン運動でいえば，花粉が動くときに周りの水との間で生じる摩擦の大きさを表す．ランダム力 ξ_i は時間的な相関のない平均がゼロのガウス分布に従うと仮定する．

$$\langle \xi_i(t)\, \xi_j(s)\rangle = 2M\delta_{ij}\,\delta(t-s) \tag{5.49}$$

係数 M はランダム力の大きさを表す定数である．

(5.48) は簡単に解くことができ

$$q_i(t) = q_i(0) + \frac{1}{\gamma}\int_0^t ds\, \xi_i(s) \tag{5.50}$$

となる．(5.49) と (5.50) から

$$\langle (q_i(t) - q_i(0))^2\rangle = \frac{1}{\gamma^2}\int_0^t ds \int_0^t ds'\, \langle \xi_i(s)\, \xi_i(s')\rangle$$
$$= 2\frac{M}{\gamma^2}\, t \tag{5.51}$$

を得る．これは時間が離散的な場合の (5.27) に対応するものである．

$$D = \frac{M}{\gamma^2} \tag{5.52}$$

を拡散係数という．関係 (5.51) は，時間 t の間にブラウン粒子が動く距離の2乗平均が時間に比例することを表している．もし，粒子が一方向にのみ進めば t^2 に比例するはずであり，(5.51) は粒子が行きつもどりつする帰結である．

粒子の濃度 $c(x, t)$ は粒子数を N として

$$c(x, t) = \frac{1}{N}\sum_{i=1}^{N}\langle\delta(x - q_i(t))\rangle \tag{5.53}$$

と定義される．平均は $\{\xi\}$ に関する平均である．

濃度 $c(x, t)$ の従う発展方程式は次のようにして導出することができる．デルタ関数の積分表現 (5.23) を使い，ξ_i に関する平均を実行すると (5.53) は

$$c(x, t) = \frac{1}{N}\sum_i \frac{1}{2\pi}\int_{-\infty}^{\infty} dy \exp\left[iyx - iy\, q_i(0)\right]\left\langle\exp\left[-\frac{iy}{\gamma}\int_0^t ds\,\xi_i(s)\right]\right\rangle$$

$$= \frac{1}{N}\sum_i \frac{1}{2\pi}\int_{-\infty}^{\infty} dy \exp\left[iyx - iy\, q_i(0)\right]\exp\left(-\frac{M}{\gamma^2}y^2 t\right) \tag{5.54}$$

となる．この計算では B を純虚数とし，和を積分でおきかえた公式 (5.14) を使った．(5.54) の両辺を t で微分した表式

$$\frac{\partial c}{\partial t} = -\frac{M}{\gamma^2}\frac{1}{N}\sum_i\frac{1}{2\pi}\int_{-\infty}^{\infty}dy\, y^2 \exp\left[iyx - iy\, q_i(0) - \frac{M}{\gamma^2}y^2 t\right] \tag{5.55}$$

に恒等的関係 $y^2 \exp iyx = -\partial^2/\partial x^2 (\exp iyx)$ を使うと，c に対する偏微分方程式

$$\frac{\partial c}{\partial t} = D\frac{\partial^2 c}{\partial x^2} \tag{5.56}$$

を得る．これは (5.47) と同型である．

方程式 (5.56) は $x \leftrightarrow -x$ のおきかえに関して不変である．この左右対称性はブラウン粒子の右へのゆらぎと左へのゆらぎが等確率であることの反映である．最初，一ヶ所に集まっていた多数のブラウン粒子は時間と共に散らばっていき，それらが再度一ヶ所に集まることは確率的にありえない．すなわち，ブラウン粒子集合体の時間変化は不可逆である．このため (5.56)

§5.5 ブラウン運動と拡散方程式

は時間に関して1階微分方程式であり，$t \leftrightarrow -t$ の変換に対して符号を変える性質をもつ．

方程式 (5.56) は (2.39) と同じ形をしていることに注意されたい．バネでつながれた粒子の運動では，摩擦があるとき，時間無限大で粒子は等間隔に並んで静止する．一方，互いに独立にブラウン運動する粒子の濃度は，以下で示すように，時間無限大では一様になる．すなわち，どちらの場合も空間不均一を解消する方向に時間発展し，しかも全粒子数は保存するから，長波長の極限で同じ方程式によって記述されるのである．

無限に広い1次元空間で方程式 (5.56) を解くには，$c(x, t)$ をフーリエ変換するのが便利である．すなわち，

$$c_q(t) = \int_{-\infty}^{\infty} dx\, c(x, t)\, e^{iqx} \tag{5.57}$$

を導入すると，(5.56) は c_q に対する常微分方程式

$$\frac{dc_q}{dt} = -Dq^2 c_q \tag{5.58}$$

になる．ここで，無限遠で $c = \partial c/\partial x = 0$ を仮定し

$$\int_{-\infty}^{\infty} dx\, \frac{\partial^2 c(x, t)}{\partial x^2} e^{iqx} = \int_{-\infty}^{\infty} dx\, c(x, t) \frac{\partial^2 e^{iqx}}{\partial x^2}$$
$$= -q^2 c_q(t) \tag{5.59}$$

の関係を使った．$t = 0$ でブラウン粒子が $x = 0$ にのみ存在するとき $c(x, 0) = \delta(x)$ であり，そのフーリエ変換は (5.17) と (5.57) より $c_q(0) = 1$ であるから，方程式 (5.58) の解は

$$c_q(t) = e^{-Dq^2 t} \tag{5.60}$$

である．これの逆フーリエ変換を行うと

$$c(x, t) = \int_{-\infty}^{\infty} \frac{dq}{2\pi} e^{-Dq^2 t - iqx} = \frac{1}{\sqrt{4\pi Dt}} \exp\left(-\frac{x^2}{4Dt}\right) \tag{5.61}$$

となり，濃度はガウス分布で与えられ，$t \to \infty$ では x によらなくなる．このことは個々のブラウン粒子が拡散によって散らばっていくことを表してお

り，そのため (5.56) を **拡散方程式**という．

以上のように，無限に広い空間での拡散方程式は初等的に解くことができる．しかし，最近，「持続性」とよばれる次のような問題が話題になっている．[1,2,3] 時刻 $t=0$ で，濃度が空間の各点において平均値の周りでガウス分布をしていたとしよう．そのとき，ある点 x における c の値が時刻 t まで平均値より大きい確率 $p_0(t)$ はいくらか，という問題である．計算機シミュレーションによると，$p_0(t)$ はベキ乗則 $p_0(t) \sim t^{-\theta}$ に従い，1次元では $\theta \approx 0.1207$ である．この結果に対する近似的な理論解析は行われているが，指数 θ の厳密な計算はない．

§5.6　熱ゆらぎと散逸の関係

1個のブラウン粒子の運動をニュートン力学の立場から定式化し直しておく．1次元運動する質量 m のブラウン粒子を考える．粒子にはたらく力は摩擦力 $-\gamma(dq/qt)$ と周りの水分子による揺動力 ξ である．それゆえ，運動方程式は $\dot{q}=v$ として

$$m\dot{v} + \gamma v = \xi(t) \tag{5.62}$$
$$\langle \xi(t)\,\xi(s) \rangle = 2M\,\delta(t-s) \tag{5.63}$$

となる．係数 M は (5.49) と同じくゆらぎの大きさを表す．前節の方程式 (5.48) は (5.62) で $m=0$ とした場合である．

方程式 (5.62) のように確率変数 ξ で表現される力をもつ運動方程式を**ランジュバン方程式**という．注意すべきことは，(5.62) の摩擦力 $-\gamma v$，揺動力 ξ のどちらも水分子の存在に起因していることである．したがって，摩擦の大きさ γ と揺動力の大きさ M の間には何らかの関係があると期待できる．その関係をこの節では考察する．

速度の**相関関数** $\langle v(t_1)\,v(t_2) \rangle$ を計算しよう．フーリエ変換

§5.6 熱ゆらぎと散逸の関係

$$v_\omega = \int_{-\infty}^{\infty} dt \, v(t) \, e^{i\omega t} \tag{5.64}$$

を定義すると (5.62) の解は

$$v_\omega = \frac{\xi_\omega}{-i\omega m + \gamma} \tag{5.65}$$

と書くことができる．ξ_ω も (5.64) と同様に定義され，その相関 (5.63) はフーリエ変換で

$$\langle \xi(t_1)\, \xi(t_2) \rangle = \frac{1}{(2\pi)^2} \int_{-\infty}^{\infty}\!\!\int_{-\infty}^{\infty} d\omega_1 \, d\omega_2 \, \langle \xi_{\omega_1} \xi_{\omega_2} \rangle \, e^{-i\omega_1 t_1 - i\omega_2 t_2} \tag{5.66}$$

と表される．一方，デルタ関数の積分表示 (5.23) より

$$2M\,\delta(t_1 - t_2) = \frac{2M}{2\pi} \int_{-\infty}^{\infty} d\omega \, e^{-i\omega(t_1 - t_2)} \tag{5.67}$$

であるから，(5.66) と (5.67) が等しいためには

$$\langle \xi_{\omega_1} \xi_{\omega_2} \rangle = 2\pi \, \delta(\omega_1 + \omega_2) \langle \xi_{\omega_1} \xi_{-\omega_1} \rangle \tag{5.68}$$

であり，$\langle \xi_{\omega_1} \xi_{-\omega_1} \rangle = 2M$ でなければならない．(5.65) から $\langle v_\omega v_{-\omega} \rangle$ を作り，$\kappa = \gamma/m$ とおいて

$$\widehat{G}(\omega) \equiv \langle v_\omega v_{-\omega} \rangle = \frac{2M}{m^2} \frac{1}{\omega^2 + \kappa^2} \tag{5.69}$$

を得る．この逆フーリエ変換によって，相関関数が

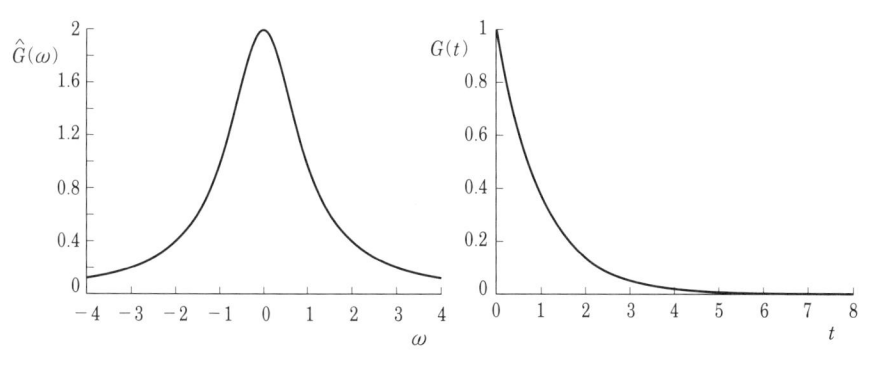

図 5.4　$\widehat{G}(\omega)$ の関数形

図 5.5　$G(t)$ の関数形

$$G(t_1 - t_2) \equiv \langle v(t_1)\, v(t_2)\rangle = \frac{2M}{m^2} \frac{1}{2\pi} \int_{-\infty}^{\infty} d\omega \frac{1}{\omega^2 + \kappa^2} e^{i\omega(t_1 - t_2)}$$

$$= \frac{M}{m\gamma} e^{-\kappa|t_1 - t_2|} \quad (5.70)$$

と計算される．これは十分時間が経って初期値依存性がなくなった漸近的な表式である．(5.69) と (5.70) の関数形を $M = m = \gamma = 1$ として，それぞれ図 5.4 と図 5.5 に表示してある．(5.70) の積分は留数定理を使うか，あるいは公式 (5.21) を使うと簡単に計算できる．

(5.70) は時間の差 $|t_1 - t_2|$ の関数である．これは相関 $\langle v(t_1)\, v(t_2)\rangle$ が時間の並進に対して不変であることを意味する．すなわち，$\Delta t = t_1 - t_2$ とおいて

$$\langle v(t_1)\, v(t_2)\rangle = \langle v(\Delta t + t_2)\, v(t_2)\rangle = \langle v(\Delta t)\, v(0)\rangle \quad (5.71)$$

$$\langle v(t_1)\, v(t_2)\rangle = \langle v(t_1)\, v(t_1 - \Delta t)\rangle = \langle v(0)\, v(-\Delta t)\rangle \quad (5.72)$$

$\langle\ \rangle$ の中は入れかえてよいから，$\langle v(\Delta t)\, v(0)\rangle = \langle v(-\Delta t)\, v(0)\rangle$ が成り立つことがわかる．しかしながら，摩擦力 $-\gamma v$ のある方程式 (5.62) は時間反転に対して，一見したところ不変でないから，上の性質が成立するのは奇妙に思えるかもしれない．

この原因をくわしくみるため，(5.70) を別の方法で導出する．まず，次の形の方程式

$$\frac{dx}{dt} = A(t)\, x + B(t) \quad (5.73)$$

の解は $t = t_0$ で $x = x_0$ として

$$x(t) = x_0 \exp\left[\int_{t_0}^{t} ds\, A(s)\right] + \int_{t_0}^{t} ds\, B(s) \exp\left[\int_{s}^{t} ds'\, A(s')\right] \quad (5.74)$$

である．実際 (5.74) を微分して (5.73) になることを容易に確かめることができる．なお，公式 (5.74) は本書で何度も使用することになる．

(5.74) より，(5.62) の解は初期条件を時刻 $t = 0$ で $v = v(0)$ とおいて

§5.6 熱ゆらぎと散逸の関係

$$v(t) = v(0)\, e^{-\kappa t} + \frac{1}{m}\int_0^t ds\, e^{-\kappa(t-s)}\, \xi(s) \tag{5.75}$$

である．(5.75) で $t = t_1$ とおいたものと $t = t_2$ とおいたものから

$$\langle v(t_1)\, v(t_2)\rangle = \langle v(0)^2\rangle\, e^{-\kappa(t_1+t_2)}$$
$$+ \frac{1}{m^2}\int_0^{t_1} ds \int_0^{t_2} ds'\, e^{-\kappa(t_1+t_2-s-s')}\langle \xi(s)\, \xi(s')\rangle \tag{5.76}$$

を得る．ここで $v(0)$ は任意に設定できる値であるから，時刻 $s > 0$ での揺動力 $\xi(s)$ とは統計的に独立であること $\langle v(0)\,\xi(s)\rangle = \langle v(0)\rangle\langle \xi(s)\rangle = 0$ を使った．

揺動力の性質 (5.63) より，$t_1 > t_2$ として

$$\langle v(t_1)\, v(t_2)\rangle = \langle v(0)^2\rangle\, e^{-\kappa(t_1+t_2)} + \frac{2M}{m^2}\int_0^{t_2} ds\, e^{-\kappa(t_1+t_2-2s)} \tag{5.77}$$

ここで s に関する積分の上限が t_2 になっていることに注意されたい．これは，(5.76) では $\langle \xi(s)\, \xi(s')\rangle = 2M\,\delta(s-s')$ のため $s = s'$ のみが積分に寄与し，$t_2 < s < t_1$ の領域では $s = s'$ を満たさないからである．$t_2 > t_1$ のときは，積分区間が $0 < s' < t_1$ となる．

$t_1 > t_2 \gg 0$ のとき（しかし，差 $t_1 - t_2$ は有限），(5.77) の第 1 項は無視でき，第 2 項から

$$\langle v(t_1)\, v(t_2)\rangle = \frac{M}{\gamma m}\, e^{-\kappa(t_1-t_2)} \tag{5.78}$$

を得る．$t_2 > t_1$ のときは t_1 と t_2 を交換すればよい．すなわち，(5.78) は (5.70) と同等である．

速度の相関は (5.78) のように時間と共に指数関数的に減衰してゼロに近づく．しかし，時々刻々の速度そのものがゼロにいきつくわけではない．摩擦力は確かに速度を減らす作用をする．一方，揺動力は粒子を動かすようにはたらく．それゆえ，この相反する二つの効果がバランスして粒子の運動は

平均速度ゼロの周りでふらふらと動き続ける定常なダイナミクスになる．このことが $\langle v(t_1)\,v(t_2)\rangle$ が $t_1 \leftrightarrow t_2$ のおきかえに対して不変になる原因である．

上の結果(5.78)で $t_1 = t_2$ とおいて，ブラウン粒子の平均運動エネルギー

$$\frac{1}{2}\,m\langle v^2\rangle = \frac{M}{2\gamma} \tag{5.79}$$

を得る．粒子は温度 T の周りの分子と衝突をくり返し熱平衡に達しているから，(5.79)はエネルギー等分配則によって $k_\mathrm{B}T/2$ と等しいはずである．k_B はボルツマン (Boltzmann) 定数である†(3次元系では $(3/2)\,k_\mathrm{B}T$ である)．それゆえ，揺動力の大きさ M は摩擦係数 γ と次の関係が成り立たなければならない．

$$M = \gamma k_\mathrm{B} T \tag{5.80}$$

熱ゆらぎの大きさ M と散逸の大きさ γ の間の関係であるから，これを**揺動散逸定理**という．この関係を最初に示したのはアインシュタインである．

さらに，(5.79)を使うと (5.78) は

$$\langle v(t_1)\,v(t_2)\rangle = \langle v^2\rangle\, e^{-\kappa|t_1-t_2|} \tag{5.81}$$

と書くことができる．係数 $\langle v^2 \rangle$ の v は (5.75) の初期値 $v(0)$ とは論理的に何の関係もないことに注意されたい．

§5.7　熱平衡近傍でのゆらぎの緩和

熱力学的量 $x_1, x_2, \cdots, x_n$ が熱平衡からずれたときそれが熱平衡状態の値に緩和する過程は，熱力学ポテンシャルによって表現される．たとえば，(4.24) で示したように自由エネルギー $F(\{x_i\})$ は時間の単調減少関数であ

---

† 　$k_\mathrm{B} = 1.3803 \times 10^{-16}\,\mathrm{erg\,K^{-1}}$ である．それゆえ，$T = 300\,\mathrm{K}$ で $k_\mathrm{B}T \approx 4 \times 10^{-14}\,\mathrm{erg}$ である．それに対し，地球上で 1g の物体を 1cm 持ち上げるのに必要なエネルギーは約 1000 erg である．

る．

$$\frac{dF}{dt} = \sum_i \frac{dx_i}{dt} \frac{\partial F}{\partial x_i} \leq 0 \tag{5.82}$$

(5.82) が成り立つためには

$$\frac{dx_i}{dt} = -\sum_j L_{ij} \frac{\partial F}{\partial x_j} \tag{5.83}$$

とおき，係数行列 L_{ij} の対称部分が正値行列であればよい．すなわち，$L_{ij} = L_{ij}{}^S + L_{ij}{}^{AS}$ （$L_{ij}{}^S = L_{ji}{}^S$, $L_{ij}{}^{AS} = -L_{ji}{}^{AS}$）として $L_{ij}{}^S$ の固有値が正でなければならない．

　(5.83) は散逸力学系の方程式 (2.47) の熱力学版である．このように，熱平衡への緩和は熱力学ポテンシャルの存在のため，変分的な方程式で書かれるのが特徴である．第2章で非平衡系のモデルの例として被食者と捕食者から成る生態系の方程式を書き下したが，そこにはポテンシャルの概念が現れないことに注意されたい．このように非平衡系の発展方程式にはポテンシャル極小のような指導原理が知られていないため，個々の現象に応じて方程式を書き下さなければならず，その意味で理論が系統的でないようにみえる．したがって，力学系としての非平衡系の普遍的性質を探るには，第9章以下で議論するように，別のアプローチが必要である．

　さて，前節で議論してきたブラウン運動に対するランジュバン方程式を (5.83) に応用しよう．これまでは1個のセミマクロの粒子に注目し，周りのより速く運動する分子との相互作用は揺動力としてとり入れた．この考え方を拡張して，巨視的な系において，ゆっくり変化するいくつかの自由度 $x_1, x_2, \cdots, x_n$ があるとき，それ以外の速く変化する自由度の効果を揺動力として考慮することができるであろう．すなわち，方程式 (5.83) に揺動力を加えて

$$\frac{dx_i}{dt} = -\sum_j L_{ij} \frac{\partial \hat{F}}{\partial x_j} + \xi_i \tag{5.84}$$

とする．ξ_i はこれまでと同じく $\langle \xi_i \rangle = 0$

$$\langle \xi_i(t)\,\xi_j(0)\rangle = 2M_{ij}\,\delta(t) \tag{5.85}$$

を満たすガウス分布に従う.† ただし，(5.85) では $i \ne j$ に対して相関がある場合を考慮してある．M_{ij} は正値対称行列である．(5.84) では x_i が確率変数になっているからその関数 $\hat{F}$ も確率的な量であり，平均量であるもとの自由エネルギーとは意味が異なるからハットを付けてある．

なお，ここでは変数 x_i は時間反転に対して符号を変えず，(5.84) の第1項は純粋に散逸的な効果のみを表す場合を考えていることに注意されたい．たとえば，調和振動子に対するランジュバン方程式

$$m\ddot{q} + \gamma\dot{q} = -kq + \xi(t) \tag{5.86}$$

$$\langle \xi(t)\rangle = 0 \tag{5.87}$$

$$\langle \xi(t_1)\,\xi(t_2)\rangle = 2M\,\delta(t_1 - t_2) \tag{5.88}$$

は時間に関して1階微分の連立方程式

$$\dot{q} = v \tag{5.89}$$

$$\dot{v} = -\frac{k}{m}q - \frac{\gamma}{m}v + \frac{\xi(t)}{m} \tag{5.90}$$

に書くことができる．v は速度であるから $t \to -t$ のおきかえに対して符号を変えることを考慮すると，方程式 (5.89)，(5.90) は時間反転によって

$$\dot{q} = v \tag{5.91}$$

$$\dot{v} = -\frac{k}{m}q + \frac{\gamma}{m}v + \frac{\xi(t)}{m} \tag{5.92}$$

となり，(5.91)，(5.92) の右辺第1項は不変である．方程式 (5.84) では (不必要に記述を複雑にするのを避けるため) この性質をもつ項がないとしている．

ブラウン粒子で得られた揺動散逸関係 (5.80) は一般化された方程式

---

† 速い変数と遅い変数の分離が十分でなければ，熱揺動力 ξ_i は時間相関をもつ．同時に (5.84) の第1項も変更を受ける．しかし，非平衡系との対比を議論するときそのような事情は重要でないので，以後，いっさい考えない．

(5.84) ではどうなるのであろうか. 以下の節ではこのことを心に留めて熱ゆらぎの性質を調べていこう.

§5.8 フォッカー - プランク方程式

熱平衡の近傍でのゆらぎの一般的性質を調べるには，確率微分方程式 (5.84) を直接解くよりも，x_i の分布関数に対する方程式を作り，それを解析する方が便利である.

x_i に対する方程式 (5.84) から分布 $P(\{x_i\}, t)$ の従う方程式を導出しよう. まず，

$$g(\{y_i\}, \{\xi_i\}, t) = \prod_i \delta(y_i - x_i(t)) \tag{5.93}$$

とおく. $\prod_i A_i = A_1 A_2 \cdots A_i \cdots A_N$ である. (5.93) は変数 $\{x_i(t)\}$ が値 $\{y_i\}$ をとる確率密度を表している. $g(\{y_i\}, \{\xi_i\}, t)$ を揺動力 ξ_i に関して平均すると y_i の確率分布 $P(\{y_i\}, t)$ を得る. すなわち,

$$P(\{y_i\}, t) = \langle g(\{y_i\}, \{\xi_i\}, t) \rangle \tag{5.94}$$

(5.94) はブラウン粒子の濃度分布に対する方程式 (5.54) を得るときに ξ_i に関して平均したのと同じ操作である. $g(\{y_i\}, \{\xi_i\}, t)$ を時間で微分すると

$$\frac{\partial g}{\partial t} = -\sum_i \frac{\partial}{\partial y_i} \dot{x}_i g = -\sum_i \frac{\partial}{\partial y_i} \left[-\sum_j L_{ij} \frac{\partial \widehat{F}\{y_i\}}{\partial y_j} + \xi_i \right] g \tag{5.95}$$

となる. この方程式を形式的に積分すると

$$g(t + \Delta t) = g(t) - \int_t^{t+\Delta t} ds \sum_i \frac{\partial}{\partial y_i} \left[-\sum_j L_{ij} \frac{\partial \widehat{F}}{\partial y_j} + \xi_i(s) \right] g(s) \tag{5.96}$$

を得る. Δt が小さいとして第2項を摂動的に取扱い,

$$g(t) = g^{(0)}(t) + g^{(1)}(t) + g^{(2)}(t) + O((\Delta t)^3) \tag{5.97}$$

と展開し，Δt の各オーダーでそろえると

$$g^{(0)}(t+\Delta t) = g^{(0)}(t) \tag{5.98}$$

$$g^{(1)}(t+\Delta t) = g^{(1)}(t) - \int_t^{t+\Delta t} ds \sum_i \frac{\partial}{\partial y_i}\left[-\sum_j L_{ij}\frac{\partial \widehat{F}}{\partial y_j} + \xi_i(s)\right]g^{(0)}(s) \tag{5.99}$$

$$g^{(2)}(t+\Delta t) = g^{(2)}(t) - \int_t^{t+\Delta t} ds \sum_i \frac{\partial}{\partial y_i}\left[-\sum_k L_{ik}\frac{\partial \widehat{F}}{\partial y_k} + \xi_i(s)\right]g^{(1)}(s) \tag{5.100}$$

となる．(5.100) の最後の項に含まれる $g^{(1)}(s)$ に (5.99) を代入し，(5.98) 〜 (5.100) の両辺をそれぞれ加えると Δt に関して 1 次まで正しい表式

$$\begin{aligned}g(t+\Delta t) = g(t) &- \int_t^{t+\Delta t} ds \sum_i \frac{\partial}{\partial y_i}\left[-\sum_k L_{ik}\frac{\partial \widehat{F}}{\partial y_k} + \xi_i(s)\right]g(s) \\ &+ \int_t^{t+\Delta t} ds \int_t^s ds' \sum_{i,j} \frac{\partial}{\partial y_i}\left[-\sum_l L_{il}\frac{\partial \widehat{F}}{\partial y_l} + \xi_i(s)\right] \\ &\times \frac{\partial}{\partial y_j}\left[-\sum_k L_{jk}\frac{\partial \widehat{F}}{\partial y_k} + \xi_j(s')\right]g(s')\end{aligned} \tag{5.101}$$

を得る．次に (5.101) の両辺を ξ_i について平均する．このとき関係

$$\langle \xi_i(s)\, G(x_j(t))\rangle = 0 \tag{5.102}$$

($s > t$) を援用する．$G(x_j(t))$ は $x_j(t)$ の任意の関数である．時間相関のないランダム力 ξ_i がそれ以前の x_j の値に影響を与えることはありえないので (5.102) は妥当なものである．その結果，$\langle \xi_i(t)g(s)\rangle = 0$，$\langle \xi_i(s)\xi_j(s')g(t)\rangle = \langle \xi_i(s)\,\xi_j(s')\rangle\langle g(t)\rangle$ が成立し，(5.85) を使うと $\Delta t \to 0$ の極限で (5.101) は

$$\frac{\partial P}{\partial t} = \Big(\sum_{i,j} M_{ij}\frac{\partial^2}{\partial y_i\,\partial y_j} + \sum_{i,j} L_{ij}\frac{\partial}{\partial y_i}\frac{\partial \widehat{F}}{\partial y_j}\Big)P \tag{5.103}$$

となる．(5.101) の最後の項のうち，$\xi_i(s)$, $\xi_j(s')$ を含んでいない部分は $O((\Delta t)^2)$ であるから $\Delta t \to 0$ では無視できることに注意されたい．(5.103) を**フォッカー‐プランク方程式**という．

関係 (5.102) を使用しなくてもフォッカー‐プランク方程式 (5.103) を導

くことは可能であるが，かなり高等な技術を必要とするのでここでは簡便な方法を採用した．

§5.9　オンサーガの相反定理

フォッカー–プランク方程式 (5.103) の平衡解 $\partial P_{eq}/\partial t = 0$ を求めよう．(5.103) は連続の式の形

$$\frac{\partial P}{\partial t} = -\sum_i \frac{\partial J_i}{\partial x_i} \tag{5.104}$$

$$J_i = -\sum_j \left(M_{ij} \frac{\partial}{\partial x_j} + L_{ij} \frac{\partial \widehat{F}}{\partial x_j} \right) P \tag{5.105}$$

に書くことができる．(5.105) において，もし，

$$k_B T L_{ij} = M_{ij} \tag{5.106}$$

が成り立つなら，規格化条件から決まる比例定数を C として

$$P_{eq} = C \exp\left(-\frac{\widehat{F}}{k_B T}\right) \tag{5.107}$$

を得る．このように熱平衡分布は $\widehat{F}$ で表現される．重要なことは，このとき確率の流れがゼロ，$J_i = 0$ となることである．このことは，(5.106)，(5.107) を使って

$$\begin{aligned}J_i &= -\sum_j \left(M_{ij} \frac{\partial}{\partial x_j} + L_{ij} \frac{\partial \widehat{F}}{\partial x_j} \right) P_{eq} \\ &= -\sum_j \left(-\frac{M_{ij}}{k_B T} \frac{\partial \widehat{F}}{\partial x_j} + L_{ij} \frac{\partial \widehat{F}}{\partial x_j} \right) P_{eq} = 0\end{aligned} \tag{5.108}$$

と示される．(5.106) はランジュバン方程式 (5.84) の係数 L_{ij} と揺動力の大きさ M_{ij} の間に関係をつけるものであり，ブラウン運動の揺動散逸定理 (5.80) を一般化したものである．さらに，M_{ij} はその定義 (5.85) より対称行列であるから，係数 L_{ij} も対称行列でなければならない．これを**オンサーガの相反定理**という．

方程式 (5.104) の平衡解は，必ずしも $J_i = 0$ を満たさなければならない

わけではない．x_i $(i = 1, 2, 3)$ の 3 変数系で考え，ベクトル表記

$$\frac{\partial P}{\partial t} = -\nabla \cdot \boldsymbol{J} \tag{5.109}$$

において，あるベクトル $\boldsymbol{A}$ が存在して $\boldsymbol{J} = \nabla \times \boldsymbol{A}$ と書けるとき (5.109) の右辺は常にゼロになる．上に示した確率の流れゼロは，揺動散逸定理 (5.106) が成立するときにのみ実現するものである．

オンサーガの相反定理は熱平衡近傍におけるゆらぎを規定する上でその根幹をなすものである．背後にある物理を明確にするため，熱平衡からのずれが小さく，$\widehat{F}$ が x_i に関して 2 次である場合を考えてみよう．

$$\widehat{F} = \frac{1}{2} \sum_{i,j} a_{ij} x_i x_j \tag{5.110}$$

a_{ij} は対称行列であり，平衡状態では分布 (5.107) の分散

$$\langle x_i x_j \rangle = \sigma_{ij} \tag{5.111}$$

との間に

$$\sum_k \sigma_{ik} a_{kj} = \delta_{ij} \tag{5.112}$$

の関係がある（公式 (5.16) を使った）．ランジュバン方程式 (5.84) は x_i に関して線形

$$\frac{dx_i}{dt} = -\sum_j \Gamma_{ij} x_j + \xi_i \tag{5.113}$$

$$\Gamma_{ij} = \sum_l L_{il} a_{lj} \tag{5.114}$$

になる．(5.113) の両辺に $x_j(0)$ を乗じ $\langle \xi_i(t) \, x_j(0) \rangle = 0$ $(t > 0)$ を使うと，時間相関関数 $S_{ij}(t) = \langle x_i(t) \, x_j(0) \rangle$ に対する方程式

$$\frac{dS_{ij}(t)}{dt} = -\sum_k \Gamma_{ik} S_{kj}(t) \tag{5.115}$$

を得る．$S_{ij}(t)$ の平均操作は熱平衡分布 (5.107) で行う．熱平衡状態の周りのゆらぎは $\langle x_i(0) \, x_j(0) \rangle = \sigma_{ij}$ を満たすから，これを初期条件にして (5.115) の解は

§5.9 オンサーガの相反定理

$$S_{ij}(t) = \sum_k (e^{-\Gamma t})_{ik}\, \sigma_{kj} \tag{5.116}$$

と書くことができる．ここに

$$(e^{-\Gamma t})_{ik} = \sum_{n=0}^{\infty} \frac{(-t)^n}{n!} (\Gamma^n)_{ik} \tag{5.117}$$

である．関係 (5.112), (5.114) を使うと行列表記で

$$\Gamma\Gamma \cdots \Gamma\sigma = LaLa \cdots aLa\sigma = LaLa \cdots aL \tag{5.118}$$

となる．行列の積に対する転置行列の性質 $(AB)^T = B^T A^T$ と a と L が対称行列であることから，(5.118) の $LaLa \cdots aL$ が対称行列であり，それゆえ，S_{ij} 自体が対称行列であることが結論される．すなわち，

$$\langle x_i(t)\, x_j(0) \rangle = \langle x_j(t)\, x_i(0) \rangle \tag{5.119}$$

が成立する．

　系を支配するニュートン方程式にもどって時間相関関数の性質 (5.119) を解釈すると，それはミクロな力学の可逆性の反映であることがわかる．図 1.1 のような閉じた系では，個々の分子はミクロなレベルではニュートンの運動方程式に従って時間変化する．ニュートンの運動方程式は時間反転に対して不変であるから，時刻 t_1 でのある物理量 x_i と時刻 $t_1 + t$ における別の物理量 x_j の積 $x_i(t_1)\, x_j(t_1 + t)$ を時間平均したもの $\overline{x_i(t_1)\, x_j(t_1 + t)}$ とその時間順序を逆にした平均 $\overline{x_i(t_1 + t)\, x_j(t_1)}$ とは同じはずである．それゆえ，時間平均と (5.119) での統計平均との同等性を仮定すると，性質 (5.119) はミクロな可逆性の帰結であると結論できる．

　図 1.2 のように系を下から上に貫く定常的な熱の流れがあるときは，力学の可逆性は成り立たない．なぜなら，この系をミクロに記述するなら，分子は下の境界との衝突において ある一定の運動エネルギーを獲得し，上の境界との衝突では運動エネルギーをとり去るように条件を設定しなければならない．時間を反転すると明らかにこのプロセスは逆転し，下の境界は高温で上の境界は低温であるとした境界条件が成り立たなくなる．したがって，この系は境界条件を固定したとき時間反転不変性をもたず，力学の可逆性は成

り立たない．

§5.10 ま と め

　この章では熱平衡状態における熱ゆらぎの統計的性質を考察した．第4章までは熱平衡状態に対するはっきりとした定義を与えていなかったが，§5.9の結果から，熱平衡状態とは「フォッカー‐プランク方程式において確率の流れが存在しない平衡解で表される状態」と主張することができる．また，確率の流れが存在しないことと揺動散逸関係やオンサーガの相反定理は互いに関係していることを示した．このように，熱平衡状態近傍での熱ゆらぎについてはその性質がよく理解されている．

　これに対して，非平衡系のゆらぎはその素性がよくわかっていない場合が多い．その例を第6章で述べ，第7章では非平衡系で見られるゆらぎの奇妙なはたらきを議論する．

6 自己組織化臨界現象

　ある種の非平衡開放系では自発的に臨界状態になるという主張がなされており，それを**自己組織化臨界現象**とよぶ．自己組織化臨界現象はまったく異なる二つの概念「自己組織化」と「臨界現象」をくっつけた造語である．まず，その各々の説明を行い，その後，自己組織化臨界現象について述べよう．

§6.1　自己組織化

　時間空間的に一様な状態からなんらかの秩序や空間パターンが自発的に発現することを，系がその状態に**自己組織化**したという．元来は生体系で見られる高度な秩序形成，すなわち発生や分化にともなう機能の発現，また多数の神経細胞の複雑な結合とそれによる情報処理や記憶能力の獲得を意味していたように思われる．しかし，最近では第1章で述べたリズムや，らせん波など非平衡開放系に現れる動的秩序に対しても使われるようになった．さらには，熱平衡系で形成される秩序構造にもこの言葉を用いることがある．

　脂肪酸分子（図 6.1(a)）は親水性の頭部と疎水性の尾部から成り，水中では親水性の部分を水に接触させたミセル（図(b)）を形成する．リン脂質は疎水性の尾部が2本鎖でできており（図 6.2(a)），水中では親水性の頭部を水に向けた二重層構造に配列し，それが閉じた小胞（ヴェシクル）を形成する（図(b)）．二重膜の厚さは数 nm であり，小胞の大きさは通常，数十 nm

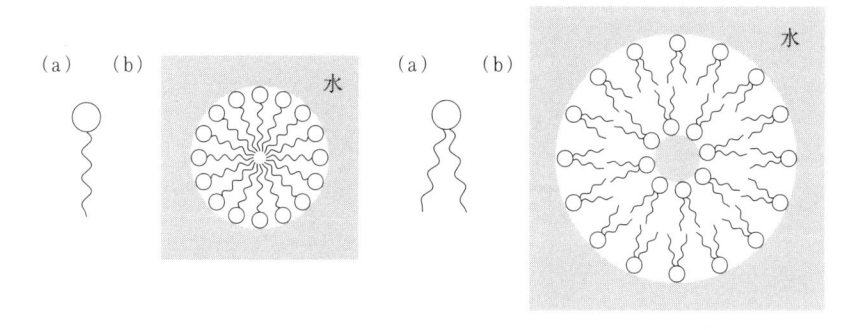

図 6.1 (a) 脂肪酸分子の概念図
(b) ミセルの概念図

図 6.2 (a) リン脂質の概念図
(b) ヴェシクルの概念図

である．これらは適当な温度や濃度で自発的に生じる熱平衡状態での安定秩序である．（つまり，図1.1に脂肪酸を加えると適当な条件下でミセルやヴェシクルが形成される．）

このように「自己組織化」は非平衡系以外の分野でも使われているので注意を要する．しかしながら，研究者間で排他的になる必要はない．周知のように，脂質二重膜は細胞膜の基本構成要素である．熱平衡状態で安定な構造を，生体系の基本単位である（けれども，分子のスケールに比べると十分大きな）細胞を構成するのに利用している生命の巧妙さに思いを馳せるべきであろう．

§6.2 臨界現象

これまでは1個の調和振動子の運動や相互作用のないブラウン運動を扱ってきた．しかし，実際には分子や系を構成する要素間の相互作用は重要なはたらきをする．熱平衡系でもっともドラスティックな例として臨界現象がある．

§6.2 臨界現象

相互作用としてもっとも単純なものは，空間のある点の状態が周りの状態に近づこうとするものであろう．単純立方格子の各格子点に，状態を指定する物理量 u_n が定義されているとしよう．[†] $\boldsymbol{n} = (n_1, n_2, n_3)$ は格子点の位置を指定する整数の組である．u_n はある温度 T_c より高温ではその平均がゼロ，低温では有限の値をとると仮定する．これらのことをとり入れた簡単（ではあるが，平凡でない）なモデルは，方程式

$$\frac{du_n}{dt} = M\left[\left(\frac{1}{z}\sum_\delta u_{n+\delta} - u_n\right) + a(T_c - T)u_n - gu_n^3\right] + \xi_n(t) \tag{6.1}$$

で表現される．M, a, g は正の定数である．かぎ括弧の中の第1項が周りとの相互作用を表す．z は最近接格子点の数（単純立方格子では $z = 6$）であり，和はこの最隣接格子点に関するものである．熱揺動力 ξ_n はこれまでと同様，平均がゼロ，2体相関が

$$\langle \xi_n(t)\,\xi_m(t')\rangle = 2Mk_\mathrm{B}T\delta_{nm}\,\delta(t-t') \tag{6.2}$$

のガウス分布に従う確率変数である．ここでは揺動散逸定理を適用し，(6.1) の第1項全体の係数を M，熱ゆらぎの大きさを $Mk_\mathrm{B}T$ とおいている．

もし，すべての格子点で u_n が同じ値であれば，（熱揺動力 ξ の効果を考えないとき）かぎ括弧の中の第2，第3項から $T > T_c$ では時間変化しない安定な解は $u_n = 0$ であり，$T < T_c$ では $u_n^2 = a(T_c - T)/g$ となる．

上の方程式 (6.1) は実体に基づいた説明をしていないから理解し難いかもしれない．しかし，そのためには熱平衡系の相転移について述べなければならず，本書の目的から大きく逸脱する．もし，磁性体の相転移について いくばくかの知識があれば，u_n は各格子点での磁化を表し，T_c 以上では常磁性体，T_c 以下では強磁性体であると解釈すればよい．

$T > T_c$ の場合を考え，(6.1) の非線形項を無視する．格子点の総数を

[†] これまでほとんど1次元系で話を進めてきたが，ここで突然3次元系を考えるのは，臨界現象では次元性が本質的であるというやむをえぬ事情のためである．

N^3，周期境界条件を仮定し，§2.3 のフーリエ展開を 3 次元に拡張する．

$$u_n = \sum_q \widehat{u}_q e^{iq \cdot n} \tag{6.3}$$

波数 q は格子間隔を b として

$$q = \left(\frac{2\pi j_x}{bN}, \frac{2\pi j_y}{bN}, \frac{2\pi j_z}{bN}\right) \tag{6.4}$$

$(j_x, j_y, j_z = 0, \pm 1, \cdots, \pm N/2)$ である．逆変換は

$$\widehat{u}_q = \frac{1}{N^3} \sum_n u_n e^{-iq \cdot n} \tag{6.5}$$

である．展開係数 $\widehat{u}_q$ を使って

$$\frac{1}{z}\sum_\delta u_{n+\delta} - u_n = -\sum_q J(q)\widehat{u}_q e^{-iq \cdot n} \tag{6.6}$$

$$J(q) = 1 - \frac{1}{z}\sum_\delta e^{-iq \cdot \delta}$$

$$= 1 - \frac{1}{3}(\cos q_x b + \cos q_y b + \cos q_z b) \tag{6.7}$$

を導入すると (6.1) は

$$\frac{d\widehat{u}_q}{dt} = M[-J(q) + a(T_c - T)]\widehat{u}_q + \hat{\xi}_q(t) \tag{6.8}$$

となり，これは第 5 章の方程式 (5.62) と同型であるから，ただちに熱平衡の近傍でのゆらぎの同時刻相関

$$\langle \widehat{u}_q \widehat{u}_{-q} \rangle = \frac{k_B T}{J(q) + a(T - T_c)} \tag{6.9}$$

を得る．長波長の極限（連続極限）では (6.7) を波数で展開して

$$J(q) = \frac{b^2 q^2}{6} \tag{6.10}$$

$$\langle \widehat{u}_q \widehat{u}_{-q} \rangle = \frac{\chi_0}{q^2 + \kappa^2} \tag{6.11}$$

となり

$$\kappa = \kappa_0 \sqrt{\frac{T - T_c}{T_c}} \tag{6.12}$$

$\chi_0 = 6k_B T/b^2$, $\kappa_0 = \sqrt{6aT_c/b^2}$ である．(6.11) をフーリエ逆変換すると，

連続極限をとったあとなので u_n の代りに $u(\boldsymbol{r})$ を用いて空間相関関数が

$$\begin{aligned}\langle u(\boldsymbol{r})\,u(\boldsymbol{0})\rangle &= \frac{1}{(2\pi)^3}\int d\boldsymbol{q}\,\langle \hat{u}_q \hat{u}_{-q}\rangle e^{i\boldsymbol{q}\cdot\boldsymbol{r}}\\ &= \frac{\chi_0}{(2\pi)^3}\int_0^\infty dq \int_0^\pi d\theta \int_0^{2\pi} d\phi\,\frac{q^2 \sin\theta}{q^2+\kappa^2} e^{iqr\cos\theta}\\ &= \chi_0 \frac{e^{-\kappa r}}{4\pi r}\end{aligned} \quad (6.13)$$

と計算される．

(6.13) はゆらぎの空間相関が $1/\kappa$ 程度の距離まで及ぶことを表している．$T \to T_c$ では**相関距離** $1/\kappa$ は発散し，同時に (6.11) より，ゆらぎの 1 格子点当りの大きさ $\langle \hat{u}_0 \hat{u}_{-0}\rangle \propto \kappa^{-2}$ も発散することがわかる．また，空間相関はベキ乗則 $\langle u(\boldsymbol{r})\,u(\boldsymbol{0})\rangle \sim 1/r$ に従い，ある点がゆらいだ効果が長距離まで及ぶようになる．これを**臨界現象**とよぶ．

(6.1) の非線形項を無視し，$T = T_c$ ではかぎ括弧の中の第 2 項も存在しないのであるから，結局，揺動力のある拡散方程式を解いていることになり，ベキ乗則が現れるのは当然である．ただし，$T \to T_c$ では方程式 (6.1) の非線形項が無視できなくなり，これを考慮すると発散の強さを表す指数（たとえば，$1/\kappa \sim (T - T_c)^{-1/2}$ の $1/2$ や空間相関のベキ乗則の指数 1) は変更を受ける．これが熱平衡臨界現象の難しいところであった．

§6.3 レヴィ分布

熱ゆらぎは一般にガウス分布に従う．その最大の理由は，温度の存在にある．実際，揺動散逸関係 (5.79) によって，揺動力の分散は温度に比例することがわかるし，(5.78) から速度の分散も温度に比例する．このことは，等分配則によって各々の自由度が $k_\mathrm{B} T$ の熱エネルギーをもつことの一般的帰結である．

しかしながら，自然界に存在するゆらぎとして熱ゆらぎはむしろ特殊なも

のであることを強調しておくことは，熱平衡系と非平衡系の統計的性質の本質的違いを理解するために重要であろう．もちろん，非平衡系でもガウス分布するゆらぎは数多くある．（たとえば，人間の身長は平均値の周りに十分良い精度でガウス分布する．そして，これが熱平衡系でないことは明らかである．）しかし，そうでないゆらぎが ある種の非平衡系ではかなり普遍的に見られるのである．

§5.4 のランダムウォークの問題でガウス分布を得るには

$$P(x) = \int_{-\infty}^{\infty} \frac{dk}{2\pi} e^{ikx + N\hat{f}(k)} \tag{6.14}$$

における関数 $\hat{f}(k)$ が $k = 0$ の周りで k^2 でテイラー展開できることが必要であった．この条件をはずすとどのような分布になるだろうか．

$$\hat{f}(k) = -c\,|k|^\beta \tag{6.15}$$

$0 < \beta < 2$ とおいてみよう．(6.15) を (6.14) に代入すると，$|x|$ が十分大きいところでベキ乗分布

$$P(x) \cong \frac{1}{|x|^{1+\beta}} \tag{6.16}$$

を得る．小さい x では (6.14) で $e^{ikx} = 1 + ikx - (1/2)(kx)^2 + \cdots$ と展開したとき各項の積分が有限の値をもつことからわかるように，$P(x)$ は $x = 0$ の近傍でテイラー展開可能な関数である．

(6.15) と (6.16) の関係をあいまいさなしに初等的に導くには以下のようにすればよい．$P(x)$ として

$$P(x) = \frac{1}{(x^2 + a)^{(1+\beta)/2}} \tag{6.17}$$

$a > 0$ を考える．$x \gg 1$ では (6.17) は確かに (6.16) になる．$x \gg 1$ のとき e^{ikx} は k の関数として非常に短い周期で振動するから，積分に寄与するのは k が小さいところであることに注意して，(6.17) の逆フーリエ変換が $e^{-c|k|^\beta}$ になることを示そう．

§6.3 レヴィ分布

$$P_k \equiv \int_{-\infty}^{\infty} dx \, \frac{e^{-ikx}}{(x^2+a)^{(1+\beta)/2}}$$

$$= 2\int_{0}^{\infty} dx \, \frac{1}{(x^2+a)^{(1+\beta)/2}} - 2\int_{0}^{\infty} dx \, \frac{1-\cos kx}{(x^2+a)^{(1+\beta)/2}} \quad (6.18)$$

$\beta > 0$ であるから右辺第 1 項の積分は収束し，その値は k によらない正定数であり C_0 とおく．第 2 項で $y = kx$ と変数変換し，k が小さいとき

$$2\int_{0}^{\infty} dx \, \frac{1-\cos kx}{(x^2+a)^{(1+\beta)/2}} = 2k^\beta \int_{0}^{\infty} dy \, \frac{1-\cos y}{(y^2+ak^2)^{(1+\beta)/2}}$$

$$\cong 2k^\beta \int_{0}^{\infty} dy \, \frac{1-\cos y}{y^{1+\beta}} \quad (6.19)$$

被積分関数は正であるから，$0 < \beta < 2$ で積分は有限の正の値になり，それを C_1 とおく．以上のことから

$$P_k \cong 2C_0 - 2C_1 k^\beta \cong 2C_0 \exp\left(-\frac{C_1}{C_0} k^\beta\right) \quad (6.20)$$

となり，これは (6.15) と整合する．

(6.16) の著しい性質は，$\beta < 2$ であるために分散 $\langle x^2 \rangle$ が発散することである．

$$\langle x^2 \rangle \propto \int_{-\infty}^{\infty} \frac{x^2}{|x|^{1+\beta}} \, dx \quad \to \quad \infty \quad (6.21)$$

このことが，温度によってゆらぎの大きさに上限がある熱平衡系の分布との違いである．ベキ乗分布 (6.16) を**レヴィ分布**という．

ステップの分布 $f(X)$ がレヴィ分布であるランダムウォークの原点からの距離 x の分布もまたレヴィ分布であることは，以下のようにして容易に理解できる．すなわち，

$$f(X) = \int_{-\infty}^{\infty} \frac{dk}{2\pi} e^{ikX} e^{-c|k|^\beta} \quad (6.22)$$

であるから，(5.34) と同様にして

$$P(x) = \int_{-\infty}^{\infty} \frac{dk}{2\pi} e^{ikx} e^{-Nc|k|^\beta} = \frac{1}{N^{1/\beta}} \int_{-\infty}^{\infty} \frac{dq}{2\pi} \exp\left(\frac{iqx}{N^{1/\beta}} - c|q|^\beta\right)$$

$$= \frac{1}{N^{1/\beta}} f\left(\frac{x}{N^{1/\beta}}\right) \qquad (6.23)$$

となり，ガウス分布のとき $(\beta = 2)$ と同様に，レヴィ分布に従う独立な確率変数を足し合わせた量もレヴィ分布になる．すなわち，レヴィ分布は安定(不変)分布である．

非平衡系のさまざまな現象のうち，ゆらぎがレヴィ分布になるものが出現する原因を明らかにするのは重要な未解決問題である．

§6.4 フラクタル

不変分布の意味をもっとくわしく知るために，2次元のブラウン運動で考えてみよう．図 6.3 はランダムウォークの漸化式 (5.25) において ξ が -1 から 1 の間を一様分布するとき，原点から出発して $i = 10000$ までの軌跡で

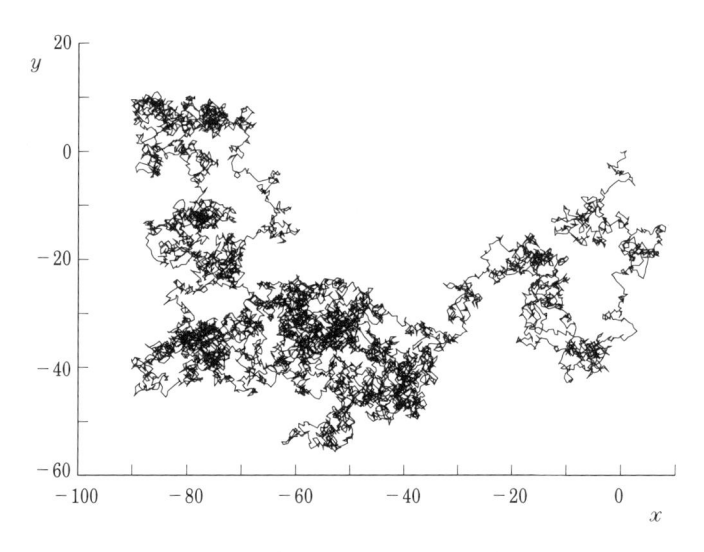

図 **6.3** 2次元ランダムウォークの軌跡

§6.4 フラクタル

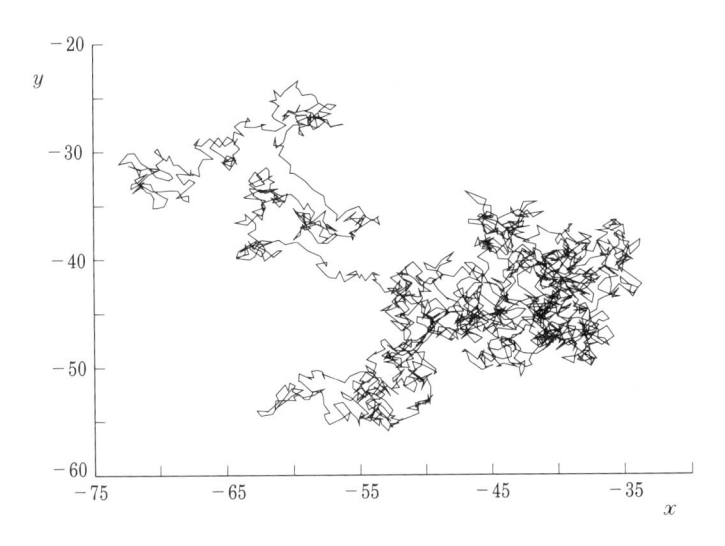

図 6.4 図6.3の軌跡のうち，$i=5000$ から $i=6000$ までの軌跡

ある．一方，図6.4はそのうち，$i=5000$ から $i=6000$ までの軌跡をとり出して描いたものである．図6.3と図6.4では座標スケールが異なることに注意されたい．不変分布であることは，図6.3と図6.4の軌跡が統計的に区別がつかないことを意味している．このように，あるパターンの一部分を拡大したときそれがもとのパターンと（統計的に）同じになり，拡大したパターンの一部分をさらに拡大する操作をくり返してもこの性質が保持されるとき，そのパターンは自己相似構造をもつという．ステップ数が無限の極限では2次元（以上の）ランダムウォークの軌跡は自己相似である．もちろん，不変分布であるレヴィ分布に従うランダムウォークの軌跡も自己相似構造をもつ．

ランダムウォークは確率的に生成されるからパターンは乱雑である．しかし，自己相似構造は規則正しいパターンに対しても（少なくとも人工的には）容易に作ることができる．図6.5のように，正三角形を4個の正三角形

図 6.5 シェルピンスキー・ガスケット

に分割し,真中の三角形をとり去る.この操作を残った正三角形に対してくり返してできるパターンをシェルピンスキー・ガスケットという.明らかにこれは自己相似性をもっている.

自己相似構造をもつパターンを**フラクタル**とよび,その指標の一つとして**フラクタル次元**がある.まず,シェルピンスキー・ガスケットを例にとって説明しよう.真中の三角形をとり除く操作を n 回くり返したときの正三角形の数は $N = 3^n$ であり,そのときの正三角形の辺の長さ l は,最初の三角形の辺の長さを l_0 として,$l = l_0 2^{-n}$ である.フラクタル次元 D はこのとき

$$D = \lim_{n \to \infty} \frac{\ln N}{\ln \frac{1}{l}} \tag{6.24}$$

で定義され,

$$D = \frac{\ln 3}{\ln 2} \approx 1.58 \tag{6.25}$$

となる.もし,真中の三角形をとり除かず,単に分割するだけであれば,$N = 4^n$, $l = l_0 2^{-n}$ であるから $D = 2$ となり,これは面の次元と一致する.シェルピンスキー・ガスケットは2次元上のパターンであるにもかかわらず,一部の三角形を無限にとり除く操作を行うため,有効的な次元が2より小さくなるのである.

ステップの大きさがガウス分布するランダムウォークの軌跡のフラクタル次元は次のようにして考えよう.図 6.6 のように軌跡を長さ l の折れ線で近

§6.4 フラクタル

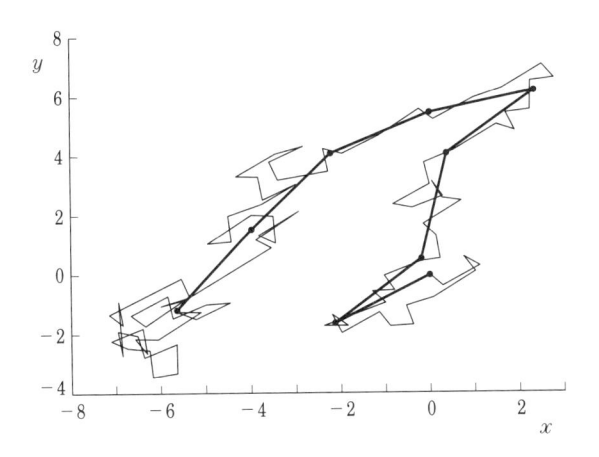

図 6.6 ランダムウォークの軌跡の折れ線近似．細線は 100 ステップまでの
ランダムウォーク．太線はそれを 5 ステップごとにつないだ軌跡である．

似し，必要な折れ線の総数を N_l とする．この二つの量の間に関係

$$N_l \propto \frac{1}{l^D} \tag{6.26}$$

が成立するとき，D をこの系のフラクタル次元と定義する．長さ l の線分に含まれる平均ステップ数 n が十分多いと仮定して連続極限の表式 (5.51)で t を n におきかえると，$l \propto \sqrt{n}$ が成り立つ．全体のステップ数 N と折線の数 N_l の間には $N/N_l = n$ の関係があるから

$$N_l \propto \frac{N}{l^2} \tag{6.27}$$

となり，フラクタル次元 $D = 2$ を得る．すなわち，ランダムウォークの軌跡は自己相似構造をもっているがゆえに，1 次元的な線とは見なされないのである．自己相似構造をもたない普通の曲線に対して上の議論を適用すると，当然 $D = 1$ となる．

フラクタルなパターンは非平衡系特有の現象なのであろうか．ブラウン運

動の軌跡は熱平衡近傍でのゆらぎによる運動から生じるものであるが，これはむしろ例外的であって，これまで実験的に知られているフラクタルのほとんどは非平衡系で生成されている．熱平衡系の静的構造は熱力学ポテンシャルで決定されるため，それが複雑な極小をもち系がそれらの極小にトラップされるようなことが起こらない限り，フラクタルが現れることは考えにくい．

しかしながら，分子が粒子的でなく高分子のようにひも状の場合は，熱ゆらぎによって高分子の形状がランダムウォークの軌跡に対応する静的フラクタル構造をもつことがあることを指摘しておこう．

平衡・非平衡の概念から離れて，力学系としての問題ではニュートン力学系，散逸力学系を問わず，フラクタルはカオスと密接な関係がある．初期値敏感性をもつカオス解が3次元以上の相空間の限られた領域を軌道を交差することなく，めぐり続けるためには，必然的にその軌道は無限の入れ子構造，すなわち自己相似構造をもたねばならない．

§6.5 時空間スケール不変性

§6.2 では，特別な温度 $T = T_c$ が存在し，そこではゆらぎの空間相関がベキ関数的に減衰する

$$S(r) \propto \frac{1}{r} \tag{6.28}$$

あるいは，3次元でフーリエ変換して

$$\hat{S}(q) \propto \frac{1}{q^2} \tag{6.29}$$

となることを示した．時間相関の場合は波数 q を振動数 ω でおきかえ，β を指数として，一般に

$$\hat{S}(\omega) \propto \frac{1}{\omega^\beta} \tag{6.30}$$

となるだろう．実際，速度ゆらぎの相関 (5.69) で緩和率 $\gamma = 0$ のとき $\beta = 2$

のベキ乗相関になる.

$v(t) = \cos \Omega t$ のフーリエ変換が $\delta(\omega - \Omega) + \delta(\omega + \Omega)$ に比例することからもわかるように, $\hat{S}(\omega) = \langle v_\omega v_{-\omega} \rangle$ は時系列データ $v(t)$ に含まれる振動数 ω をもつフーリエ成分の分布 (空間相関は波数 q をもつ平面波の強度分布) を表していると見なすことができる. この意味で相関関数のベキ乗則 (6.29), (6.30) はレヴィ分布 (6.16) と共通性がある.

ゆらぎの時間相関 (6.30) で $\beta = 1$ のとき, そのゆらぎを特別に **$1/f$ ノイズ**という. 振動数として記号 ω ではなく frequency の頭文字 f を使って $f = \omega/2\pi$ としたのがその名前の由来である. 電気回路の電圧ゆらぎは振動

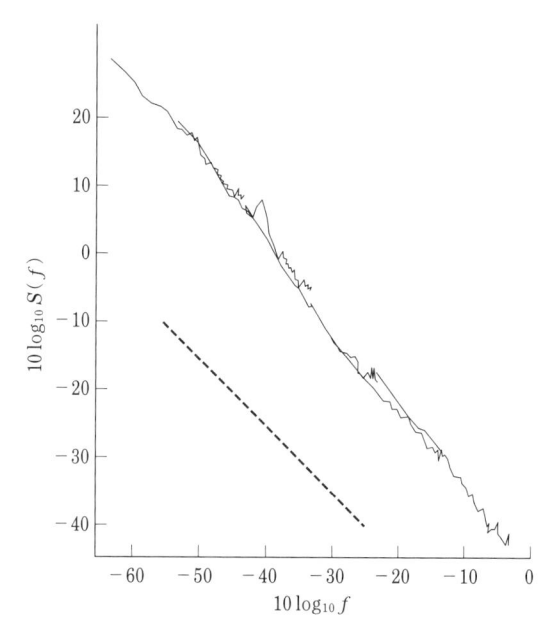

図 6.7 電気回路の電圧ゆらぎに見られるベキ乗則. 傾き -1 の直線を点線で表す. (M. A. Caloyannides : J. Appl. Phys. **45** (1974) 307 を一部改変)

数の高いところでは熱雑音が主体であるため，時間相関はなく

$$\langle v_\omega v_{-\omega}\rangle = \int_{-\infty}^{\infty} dt \, \langle v(t)\,v(0)\rangle e^{i\omega t} = c\int_{-\infty}^{\infty} dt\, \delta(t) e^{i\omega t} = c \quad (6.31)$$

$\beta=0$ であるが，振動数の小さいところではベキ乗則が観測される．古いデータであるがその例を図 6.7 に示す．$10^{-5}\,\mathrm{Hz}<f<1\,\mathrm{Hz}$ の間で $\beta\approx 1.3$ である．これが熱平衡系近傍でのゆらぎとして理解できるものなのか，本質的に非平衡系の性質なのかは現在，明らかではない．

§6.6 断続平衡

§6.2 で説明した臨界現象を実現するには，温度を制御して特別な温度 T_c に近づけなければならない．しかし，ある種の非平衡系では，そのような特別な操作をしなくても自発的にベキ乗分布 (6.16) やベキ乗相関をもつ状態になっていることがある．これを臨界現象の自己組織化という．†　このことはレヴィ分布がなぜ非平衡系で出現するのかという問題と関係があり，この 10 年間，関心がもたれている．

　非平衡開放系で観測されるベキ乗分布のもっとも有名な例は，地震の発生頻度とそのマグニチュード M との間に成り立つ**グーテンベルグ－リヒター則**とよばれる関係式

$$\log N(M) = c - \beta M \quad (6.32)$$

である．ここに，c は定数，$\beta \approx 1$, $N(M)$ は M より大きなマグニチュードの地震が起こる回数である．マグニチュードと地震のエネルギー E との関係を $M=(2/3)\log E$ とすると (6.32) は

$$N(M) \propto E^{-2\beta/3} \quad (6.33)$$

となる．図 6.8 ではベキ乗則 (6.33) が頻度 $N(M)$ が 10^1 から 10^3, $5<M$

---

† ただし，§5.5 で言及した「持続性」のように，単純な拡散方程式においてもベキ乗則が自然に現れることを心に留めておくべきである．

§6.6 断続平衡

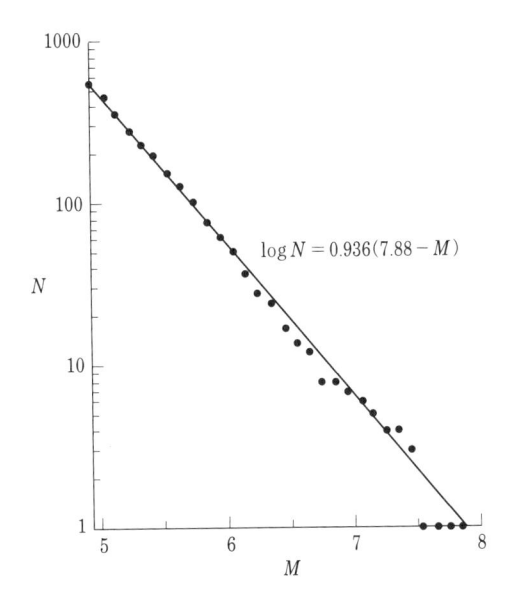

$$\log N = 0.936(7.88 - M)$$

図 **6.8** グーテンベルグ-リヒター則
(齋藤正徳:「ゆらぎの科学1」(武者利光 編, p.220, 森北出版)による)

< 8 の広い範囲で成立している.

　地殻にはマントル対流によって常に歪みエネルギーが蓄積されている. 歪みが耐えきれなくなると地殻破壊(断層)が起こり, それが地震である. このことを非平衡開放系として眺めると次のことがいえる. 非平衡開放系は, 第1章でも述べたように, 系に定常的に注入されるエネルギーや物質があり, 内部でそれを消費することによってさまざまなダイナミクスを生み出している. 前章までの(あるいは, これ以後の章で扱う)非平衡開放系は消費も定常的に行われることを前提にしている. しかしながら, 上の地震の場合は明らかに異質なダイナミクスになっている. 注入されるエネルギーがしばらく貯えられ, ある臨界値を超えて初めてそれが一気に消費される. しかも, 臨界値は過去に起こった地震に強く依存しているように思われる. このように

非平衡開放系でエネルギーの保持と放出がくり返されるとき，それを**断続平衡**という.†

自己組織化臨界現象の起源として断続平衡を採る立場があり，最近いろいろなモデルの解析やシミュレーションがなされている．将来，単にベキ乗分布を求めるのではなく，事象の時間発展をも追えるように研究が進んでいくのであろう．

§6.7　ま と め

断続平衡が自己組織化臨界現象を起こすことはシミュレーションによる確認がなされているようであるが，時空間スケール不変性と自己組織化臨界現象の一般的関係は現在よくわかっていない．一方では，自己組織化臨界現象は大自由度系のカオスと関係している可能性も指摘されており，これらの相互関係の解明は今後の課題である．この章の主眼は，非平衡開放系でのエネルギー散逸の重要な形態の一つとしての断続平衡に言及すること，および非平衡開放系では特徴的時間スケールも空間スケールももたないゆらぎが自発的に生まれる場合があることを指摘することであった．

---

†　断続平衡は，元来，進化が停滞期と爆発的に進む期間とがくり返されたことの説明を試みる概念として導入されたものである．

7 状態間の遷移

　この章では，ある状態がゆらぎによって別の状態に移行する現象を考察する．ゆらぎが熱ゆらぎである場合とそうでない場合を比較することによって，非平衡系の統計的特徴が明確になるであろう．

§7.1　準安定状態の崩壊

　§2.4で述べた変分的な散逸系の力学的ポテンシャル $V(x)$ に複数個の極小点がある場合を考える．具体的にポテンシャル V が図7.1のように，二

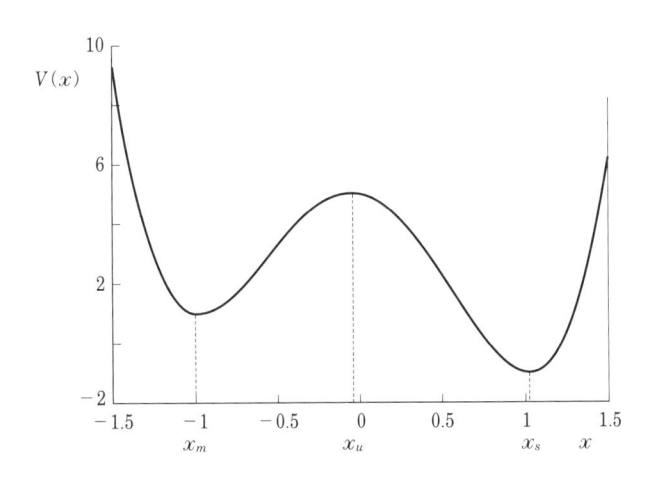

図 **7.1**　二つの極小のあるポテンシャル

つの極小点 x_m と x_s, および一つの極大点 x_u をもっているとする. もし慣性項と揺動力 ξ がなければ, $x < x_u$ の初期条件から出発すると最終的に $x = x_m$ に落ち着き, $x > x_u$ の領域から出発すると $x = x_s$ に行き着く. しかしながら, ランダムな力 ξ が存在するとゆらぎのため $x = x_m$ の周りの状態からポテンシャルの山を乗り越え, $x = x_s$ へ移行していく. 逆に, x_s から x_m への遷移も可能ではあるが, x_s と x_m を比べると x_m の方がポテンシャルエネルギーが高いから, その頻度は小さい. それゆえ, 平均としては x_m から x_s への変化が進行する. x_m のようなポテンシャルの極小ではあるが最小でない状態を**準安定状態**という.

この現象を記述するもっとも簡単なランジュヴァン方程式は次のようになる.

$$\frac{\partial x}{\partial t} = -\frac{\partial V}{\partial x} + \xi(t) \tag{7.1}$$

ポテンシャルは h を正の定数として

$$V(x) = -\frac{1}{2}x^2 + \frac{1}{4}x^4 - hx \tag{7.2}$$

を仮定し, 揺動力 ξ は平均がゼロのガウス分布に従うとする.

$$\langle \xi(t_1)\, \xi(t_2) \rangle = 2M\, \delta(t_1 - t_2) \tag{7.3}$$

(7.1) に対するフォッカー‐プランク方程式は

$$\frac{\partial P}{\partial t} = \left(M\frac{\partial^2}{\partial x^2} + \frac{\partial}{\partial x}\frac{\partial V}{\partial x} \right) P \tag{7.4}$$

である. 時間変化しない分布は規格化定数を C として

$$P_{eq} = C\, e^{-V(x)/M} \tag{7.5}$$

となり, この関数形は図 7.2 に示したようになる. 当然のことながら, ポテンシャルの低い方が大きな分布をもつ. 最初, 準安定状態に系があったとしても時間が経つにつれて準安定状態にいる確率は減少し, 安定状態にいる確率が増大していく. すなわち, 準安定状態から安定状態への確率の流れが生じる. もちろん, この確率の流れは定常的に存在するものではなく, 時間が

§7.1 準安定状態の崩壊

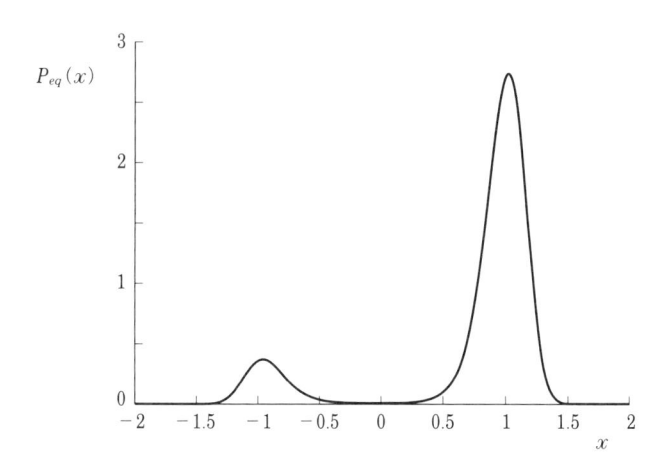

図 7.2 方程式 (7.4) の時間依存しない解

十分経って分布が平衡分布 (7.5) になるとなくなる.

準安定状態から安定状態への遷移の頻度を計算しよう.[1] 以下では揺動力の大きさ M は十分小さいと仮定する. M が小さいとき安定状態から準安定状態への逆流は無視できるので, x_s の安定状態のポテンシャルが無限に低いところにあるとして, ポテンシャル V を図 7.3 のように簡単化してもさしつかえない. 計算すべき量は, フォッカー-プランク方程式 (7.4) を確率の保存の式

$$\frac{\partial P}{\partial t} = -\frac{\partial J}{\partial x} \tag{7.6}$$

と書いたとき, ポテンシャルの山を左から右へ乗り越える確率の流れ J である.

$$J = -M\frac{\partial P}{\partial x} - \frac{\partial V}{\partial x}P \tag{7.7}$$

この方程式を次のように簡単化して考えよう. 図 7.3 において $x = x_m$ よ

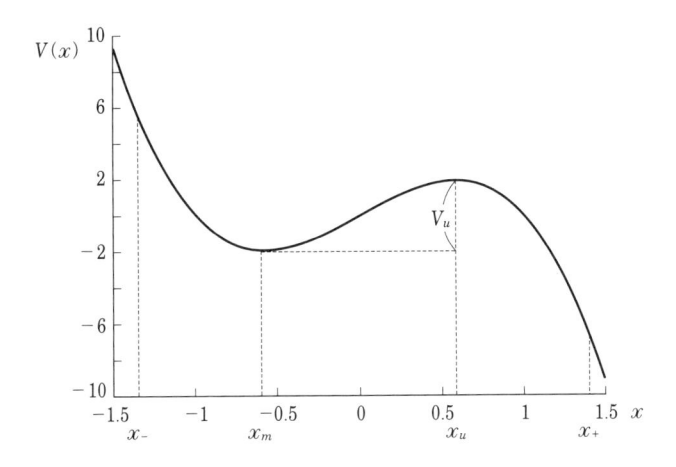

図7.3 一つの極小と極大をもつポテンシャル

り左の適当な値 $x = x_-$ で確率の定常な流入があり，$x = x_u$ より右の $x = x_+$ においてそれをとり去っているとしよう．すなわち，(7.7) に対して境界条件 $P(x = x_+) = 0$ を導入する．このように条件を設定すると確率の流れ J は時間的に変化しない定数となり，1階の微分方程式 (7.7) は公式 (5.74) を使ってただちに解くことができる．

すなわち，$x = X$ で $P(x) = P(X)$ とすると (7.7) の一般解は

$$P(x) = P(X)\, e^{-[V(x)-V(X)]/M} - \frac{J}{M}\int_X^x dy\, e^{-[V(x)-V(y)]/M} \quad (7.8)$$

で与えられる．$X = x_+$ で $P(X) = 0$ のとき，積分領域を x から X におきなおすと

$$P(x) = \frac{J}{M}\, e^{-V(x)/M}\int_x^{x_+} dy\, e^{V(y)/M} \quad (7.9)$$

である．ここで，準安定状態から安定状態への遷移率 k を定義する．

$$k = \frac{J}{n_0} \quad (7.10)$$

§7.1 準安定状態の崩壊

$$n_0 = \int_{-\infty}^{x_+} dx \, P(x) \tag{7.11}$$

(7.11) では $x_- = -\infty$ として積分の下限を $-\infty$ にしている．(7.9) を代入すると (7.10) は

$$\frac{1}{k} = \frac{1}{M} \int_{-\infty}^{x_+} dx \int_{x}^{x_+} dy \, e^{-[V(x)-V(y)]/M} \tag{7.12}$$

となる．

ステップ関数 $\theta(x) = 1$, $x > 0$, $\theta(x) = 0$, $x < 0$ を導入すると (7.12) は

$$\frac{1}{k} = \frac{1}{M} \int_{-\infty}^{x_+} dx \int_{-\infty}^{x_+} dy \, \theta(y-x) \, e^{[V(y)-V(x)]/M} \tag{7.13}$$

と書くことができる．積分の順序を入れかえ，$x > y$ では被積分関数がゼロであることに注意すると

$$\frac{1}{k} = \frac{1}{M} \int_{-\infty}^{x_+} dx \int_{-\infty}^{x} dy \, e^{[V(x)-V(y)]/M} \tag{7.14}$$

を得る．

さて，(7.14) の積分を実行するため $V(x)$ を二つの放物線で近似しよう．x_m と x_u の間の適当な $x = x_c$ をとり，$x < x_c$ では

$$V(x) - V(x_m) = \frac{\omega_m^2}{2}(x - x_m)^2 \tag{7.15}$$

$x > x_c$ では

$$V(x) - V(x_m) = V_u - \frac{\omega_u^2}{2}(x - x_u)^2 \tag{7.16}$$

とおく．$V_u = V(x_u) - V(x_m)$ および定数 ω_u, ω_m は $x = x_c$ で二つの放物線が連続につながるように選ぶ．このようにして (7.14) の積分領域を $x < x_c$ と $x > x_c$ に分けると，$x_c < x < x_+$ かつ $-\infty < y < x_c$ の領域でのみ被積分関数に因子 $e^{V_u/M}$ が現れる．M が十分小さいときこの値は非常に大きくなるため (7.14) の積分にもっとも寄与する．また，M が小さいとき $\exp[-\omega_m^2(x-x_m)^2/2M]$ は $x = x_m$ を離れると急速にゼロに近づくから，積分範囲を $-\infty < x < \infty$ に広げてよく，同様に y に関する積分も

$-\infty < y < \infty$ で実行してよい．その結果

$$k = \frac{\omega_u \omega_m}{2\pi} e^{-V_u/M} \qquad (7.17)$$

を得る．(7.17) を**クラマースの遷移率**という．

(7.17) では $V_u/M \gg 1$ のとき遷移確率は極端に小さく，ポテンシャルの障壁 V_u がゆらぎの大きさ M のオーダーになって初めて遷移率 k が有限の大きさになる．このため，V_u を**活性化エネルギー**とよぶ．

上では1変数の場合を考えたが，揺動散逸関係が成り立つ限り，多変数系に対して理論を拡張できる．しかし，学部学生には内容が高度なため，本書ではとり上げない．

§7.2 確率共鳴

ゆらぎやランダムな外乱があると，一般にデータがぼやけるのは日常経験することである．しかし，状況によっては，ゆらぎが存在することによって決定論的運動が強調されることがある．その例として，周期外力のある散逸系

$$\frac{\partial x}{\partial t} = -\frac{\partial V(x,t)}{\partial x} + \xi \qquad (7.18)$$

を考える．揺動力 ξ は前節と同じ性質をもつ．ポテンシャル V は h を正の定数として

$$V(x,t) = -\frac{a}{2}x^2 + \frac{b}{4}x^4 - xh\cos\Omega t \qquad (7.19)$$

と与える．Ω は外力の振動数である．以下では $a=b=1$ とおき，振幅 h は十分小さいと仮定する．

外力のため，ポテンシャルの形は時間と共に図7.4のように変化する．このとき，左右のポテンシャル極小状態間の遷移はどうなるであろうか．ここでも問題を簡単化して考えよう．[2)] $x<0$ に滞在している確率を n_-, $x>0$

§7.2 確率共鳴

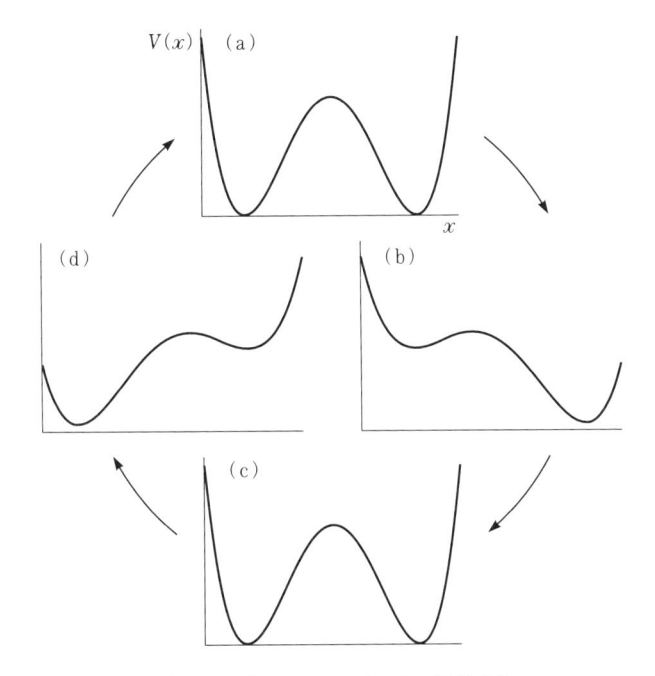

図7.4 ポテンシャル(7.19)の時間変化

の確率を n_+ とすると,これらの時間発展は

$$\frac{dn_\pm}{dt} = -W_\mp(t)\, n_\pm + W_\pm(t)\, n_\mp \tag{7.20}$$

と表現できる.規格化条件

$$n_+ + n_- = 1 \tag{7.21}$$

に注意しよう.W_+ は左の極小から右の極小への遷移確率,W_- は右の極小から左の極小への遷移確率である.これらを (7.18) から決定すれば $n_\pm$ が得られる.

外力のないとき方程式 (7.18) を平衡解 $x = \pm 1$ の周りで線形化すると,$x = \pm 1 + \delta x$ として $d\delta x/dt = -2\delta x$ となり,緩和率は 2 である.外力の

時間変化がこの緩和率に比べて十分ゆっくりしている，すなわち $\Omega \ll 2$ が成り立つと仮定すると，遷移確率は時々刻々のポテンシャルの形で決まる．V として (7.19) を使うと $V(x=0) - V(x=\pm 1) = 1/4 \pm h \cos \Omega t$ であるから，クラマースの公式 (7.17) に代入して

$$W_\pm = k_0 \exp\left(\pm \frac{h}{M} \cos \Omega t\right) \qquad (7.22)$$

$$k_0 = \frac{\sqrt{2}}{2\pi} \exp\left(-\frac{1}{4M}\right) \qquad (7.23)$$

を得る．外力項があると，実際には (7.15), (7.16) の ω_m, ω_u も変更を受けるが，h が小さいときこの効果は以下の議論に本質的な影響を与えないのでここでは無視する．(7.22) を h で展開すると

$$W_\pm = k_0 \left[1 \pm \frac{h}{M} \cos \Omega t + O(h^2)\right] \qquad (7.24)$$

となる．

さて，方程式 (7.20) は規格化条件 (7.21) を考慮すると以下のように書ける．

$$\frac{dn_\pm}{dt} = -(W_+ + W_-) n_\pm + W_\pm \qquad (7.25)$$

この方程式は公式 (5.73) を適用して容易に解くことができる．十分時間が経ったときの解は $W_\pm$ として (7.24) を代入すると

$$n_\pm(t) = k_0 e^{-2k_0 t} \int_0^t ds\, e^{2k_0 s} \left(1 \pm \frac{h}{M} \cos \Omega s\right) \qquad (7.26)$$

となる．ここで公式

$$\int ds\, e^{as} \cos bs = \frac{1}{a^2 + b^2} e^{as} (a \cos bs + b \sin bs) \qquad (7.27)$$

および

$$\cos(A - B) = \cos A \cos B + \sin A \sin B \qquad (7.28)$$

を使うと，(7.26) は $t \to \infty$ の極限では外力の時間変化にのみ依存し

§7.2 確率共鳴

$$n_\pm(t) = \frac{1}{2} \pm \frac{h}{2M} \frac{2k_0}{\sqrt{4k_0{}^2 + \varOmega^2}} \cos(\varOmega t - \phi) \tag{7.29}$$

$$\tan\phi = \frac{\varOmega}{2k_0} \tag{7.30}$$

となる．

周期外力と揺動力による x の時間変化は (7.29) から以下のように計算できる．

$$\langle x \rangle = \int_{-\infty}^{\infty} dx\, x\, P(x,t) \tag{7.31}$$

分布関数 $P(x,t)$ は 2 準位系 (7.20) では

$$P(x,t) = n_+(t)\,\delta(x-1) + n_-(t)\,\delta(x+1) \tag{7.32}$$

であるから[†]

$$\langle x \rangle = n_+ - n_- \tag{7.33}$$

が成立し，(7.29) を代入すると

$$\langle x \rangle = A\cos(\varOmega t - \phi) \tag{7.34}$$

$$A = \frac{h}{M} \frac{2k_0}{\sqrt{4k_0{}^2 + \varOmega^2}} \tag{7.35}$$

を得る．これが揺動力があるときの外力に対する系の h に関して 1 次の応答である．

外力の振幅 h と振動数 $\varOmega$ を固定したときの応答振幅 A の M 依存性を調べよう．$M \to 0$ の極限では (7.23)，(7.35) より A は

$$A \propto \frac{1}{M}\, e^{-1/4M} \tag{7.36}$$

のようにゼロに近づく．一方，M が大きくなると $A \propto 1/M$ で減少する．したがって，ある有限の M で振動の振幅 A が最大になることがわかる．その概略図は図 7.5 のようになる．

[†] x が正，負の領域をそれぞれ $x = \pm 1$ で代表させている．

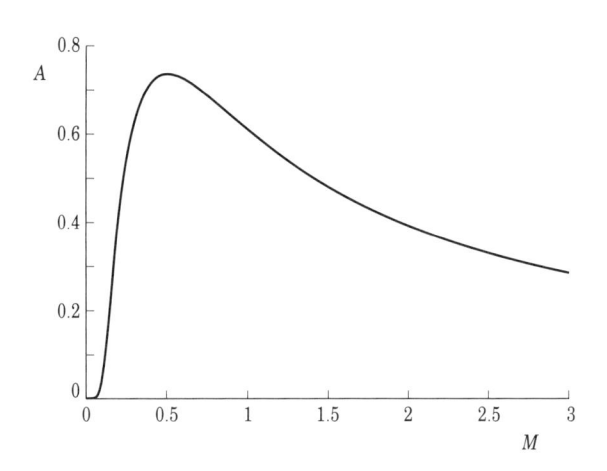

図 7.5 振幅 A とゆらぎの大きさ M の関係

ゆらぎの大きさが有限のとき振幅が最大,すなわち系が外力ともっとも強く同期するのは驚きである.(7.34) と (7.30) は (3.13) と (3.14) に似ている.(3.13) では系の固有振動数 ω_0 と外力の振動数が一致するとき振幅が最大となり共鳴が起こった.これとのアナロジーで,振幅 (7.35) が有限の M で最大になる現象を**確率共鳴**という.

なぜこのようなことが起こるのであろうか.外力によってポテンシャルは図 7.4 のように変化する.準安定状態がもっとも浅くなったとき遷移率 $W_{\pm}$ がもっとも大きくなれば,準安定状態から安定な状態への遷移が効果的に起こるであろう.このことは,外力がないときに遷移に要する時間 $1/k_0$ が振動周期 $2\pi/\Omega$ の半分と同程度であればよい.すなわち,確率共鳴は $k_0 \approx \Omega/\pi$ で生じるであろう.これがゆらぎの大きさ M がある有限の値のとき遷移確率が最大になる原因である.ただし,(7.35) は $k_0 \approx \Omega/\pi$ を厳密には満たしていない.その理由は,上で述べた理論は M や Ω が十分小さいとした近似のためである.

§7.3 確率共鳴の実験

確率共鳴で実際何が起こるかをみるために，方程式 (7.18)，(7.19) を数値的に解いてみよう．図 7.6 は振動数 Ω を固定して，ゆらぎの大きさ M を変化させたときの x の時間発展の様子である．$a = 10^4$, $b = 10^2$, $h = 0.25 \times 10^4$ と選んである．ノイズ ξ が大きい一番上の図では，振動外力とほとんど無関係に x の値が変化している．ノイズレベルを下げた真中の図では，

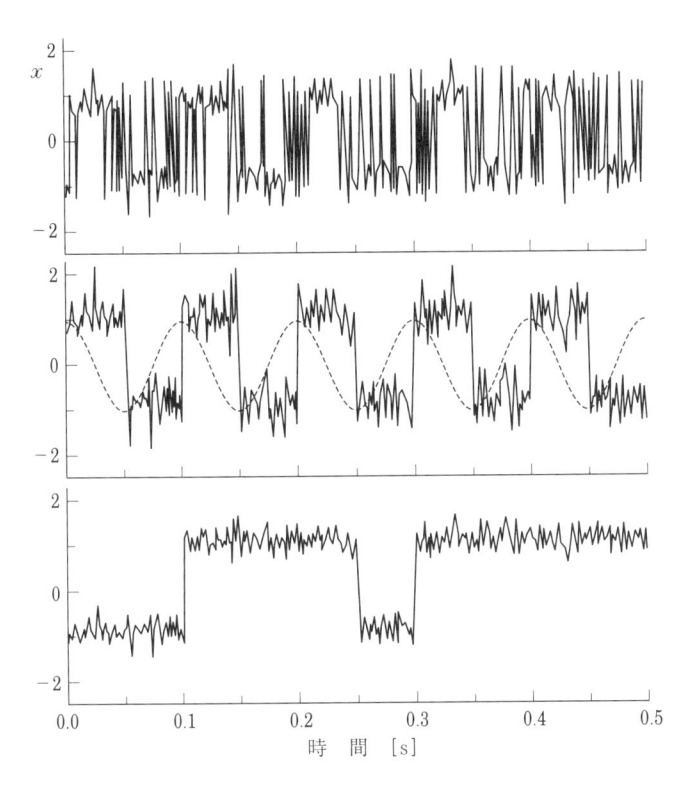

図 7.6 確率共鳴のシミュレーション
(L. Gammaitoni, P. Hanggi, P. Jumg and F. Marchesoni : Rev. Mod. Phys. **70** (1998) 223 による)

点線で示した周期外力と同期して x の値が正と負の値を行き来しているのがよくわかる．これが確率共鳴である．ノイズをさらに小さくした一番下の図では x は外力の変化に敏感でなく，ポテンシャルのどちらかの底に長く滞在し，たまに，他方の底に飛び移る．これらの図から，ある有限の M で系が外力ともっとも同期することは明白である．

もともと確率共鳴のアイデアは，氷河期が約10万年の周期でくり返される原因の理論的考察に由来する．Benziたちは，太陽系の規模で10万年のタイムスケールをもつものは地球の公転軌道の離心率の変化しかなく，これが氷河期の周期的変動の要因であろうと考えた．[3] しかし，それによる地球に照射する太陽エネルギーの変化は0.1％程度であり，氷河期，温暖期を引き起こすのに十分だろうかという疑問が生じる．Benziたちは太陽活動のもっと短いタイムスケールの変化を大気温度に及ぼすノイズと考えて(7.18), (7.19) のモデル方程式を導入し，ノイズ ξ の大きさが適当であれば，10万年周期のエネルギー変化が増幅されることを示した．

この結論は，研究の発端である氷河期の周期変動の原因としては必ずしも認められてはいないようであるが，確率共鳴現象を世に知らしめる契機となったものである．

なお，地球大気の変化は太陽エネルギーに由来するから，非平衡開放系の問題である．しかしながら，ゆらぎ ξ を熱ゆらぎであると見なすと，方程式 (7.18), (7.19) の解釈に混乱が生じるかもしれない．まず，熱ゆらぎならば時間相関は無視できるが，逆は必ずしも成り立たないことに注意されたい．実際，上の例のように，着目している現象の時間変化に比べて十分短いタイムスケールの乱雑な変動を時間相関のないノイズで近似するのは妥当であり，また，実験室で時間相関のないノイズを人工的に生成することもできる．さらに，方程式 (7.18) のような1変数系では，オンサーガの相反定理は無意味であり，定常状態における確率の流れゼロは自動的に満たされてしまう．このように時間相関のない揺動力をもつ1変数ランジュバン方程式は

§7.3 確率共鳴の実験

非平衡系の特徴をもたず，数学的には熱平衡系と区別のつかない例外的なものである．

近年，確率共鳴観測の報告が多くなされている．興味深いのは，生体系で確率共鳴が存在するかどうかである．生体を構成し，さまざまな機能をもつ各部分は，外界や生体の他の部分との相互作用によって定常的にノイズにさらされている．進化の過程で，それらのノイズを積極的に利用することによって機能を効率良く発現する能力を獲得した可能性を考えるのはそれほど荒唐無稽なことではないであろう．それに関係した実験を紹介しよう．

Gluckman らはネズミの海馬の薄片に入力信号として周期的な弱い電場をかけ，さらに，ノイズ電場も印加して神経ネットワークの応答を測定した．[4] 海馬とは脳の深奥部にあるタツノオトシゴの形をした器官であり，記

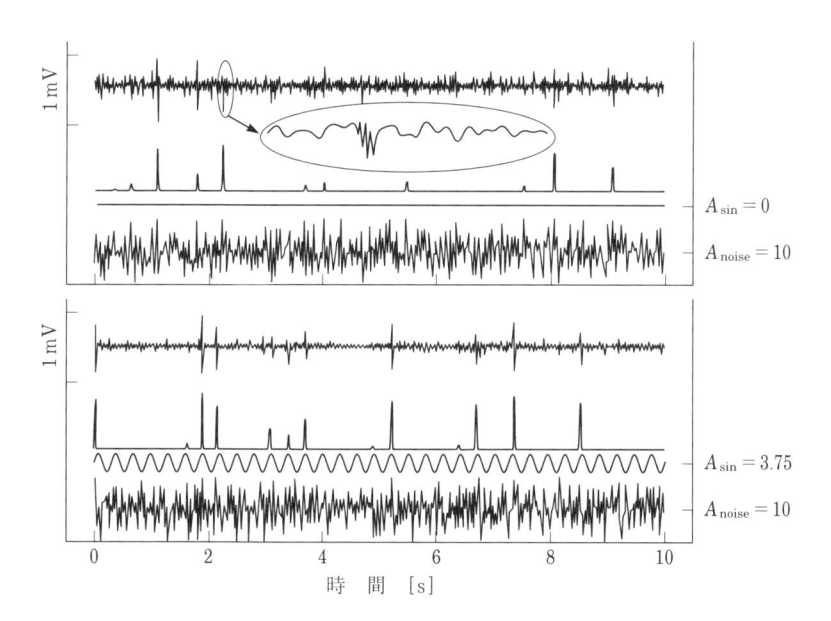

図 7.7　神経興奮と周期電場との関係
（B. J. Gluckman, *et al*.：Phys. Rev. Letters **77**（1996）4098 による）

憶をつかさどっているといわれている.神経細胞は入力がある値(この実験試料では約 7 mV/mm)より小さければ状態変化を起こさず,ある値より大きい入力に対して初めて発火する(しばらくの間 興奮状態になる).この実験は微弱な入力信号を神経系が識別するのにノイズが効果的にはたらくかどうかを確かめようとするものである.加えた周期電場の大きさ $A_{\sin}$ は 3.75 mV/mm,振動数は 3.3 Hz であり,ノイズの大きさ A_{noise} を変化させた.図 7.7 は周期電場があるかないかで神経興奮の違いを示している.周期電場がないとき発火はランダムに起こっているが,周期電場があるときは電場が

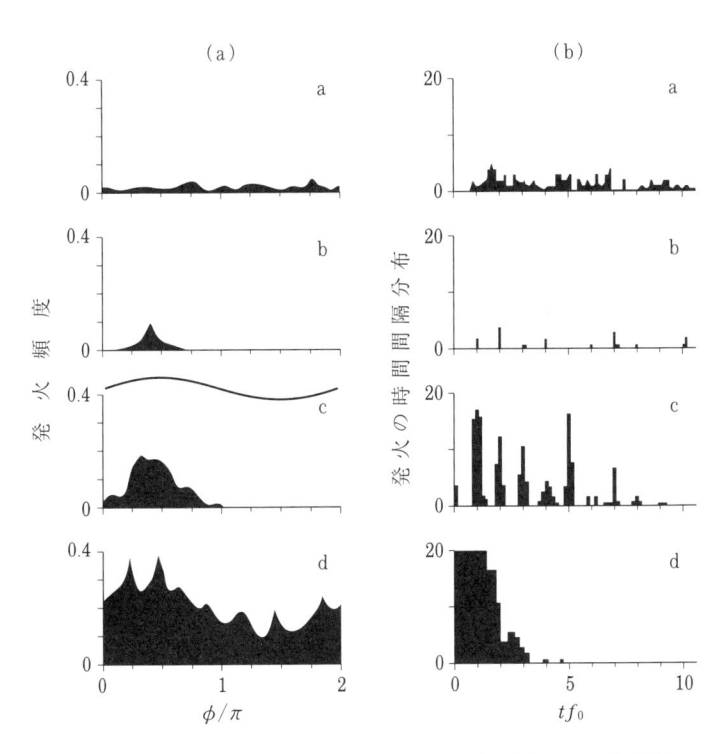

図 **7.8** 周期電場に対する応答.ϕ は入力信号の位相,f_0 は振動数.
(B.J.Gluckman, *et al.* : Phys. Rev. Letters **77** (1996) 4098 による)

大きいところで発火する傾向にある．

図 7.8(a) は発火頻度と周期電場の位相 (b と c の間に示した曲線) との関係を示している (a：$A_{\sin}=0$, $A_{\text{noise}}=10$, b：$A_{\sin}=3.75$, $A_{\text{noise}}=5$, c：$A_{\sin}=3.75$, $A_{\text{noise}}=10$, d：$A_{\sin}=3.75$, $A_{\text{noise}}=20$). 周期入力がなくノイズのみのaでは，発火 (出力) はあらゆる位相で一様に起こっている．b, cでは入力レベルが高いところで発火しており，さらに，ノイズの大きいdでは再度，一様に出力する傾向がみてとれる．図(b) は発火と次の発火との時間間隔の分布を表す．もし発火が入力信号と同期すれば，その間隔は入力信号の周期の整数倍になるはずであり，b, cはそれを示唆するものである．

この実験では加えたノイズが少し大きすぎるように思われるが，電気回路のような人工的な系ではなく，生体の神経ネットワークで確率共鳴が起こることを明らかにした点に意義がある．もちろん，脳の情報処理過程で確率共鳴が実際に使われているかどうかについてはさらに実験が必要である．

§7.4 確率的爪車

この節では，ランジュバン方程式に現れるランダムな力が熱揺動に起因しない力である場合，どのような現象が生じるかを考察する．[5] 運動方程式を

$$\frac{dx}{dt} = -V'(x) + z(t) \tag{7.37}$$

とおく．プライムは x に関する微分を表す．ポテンシャルは図7.9のように x の周期関数 (周期 L) である．ポテンシャルの形は左右対称でないように設定している．ランダムな力 $z(t)$ は平均 $\langle z \rangle = 0$, 相関は

$$\langle z(t)\,z(0) \rangle = \frac{D}{\tau} e^{-|t|/\tau} \tag{7.38}$$

を満たすと仮定する．D は正定数である．すなわち，ゆらぎ z には時間 τ

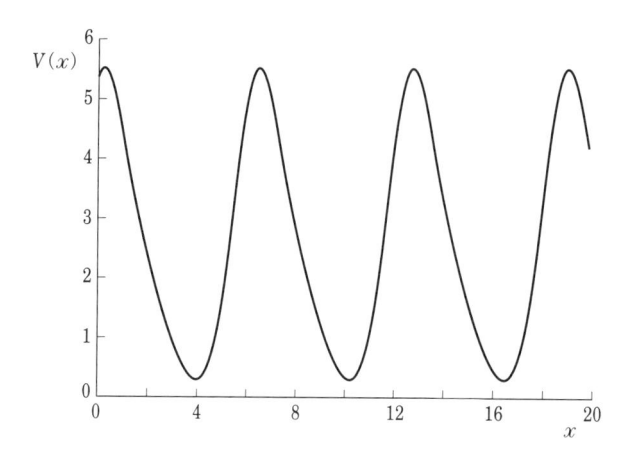

図 7.9　方程式 (7.37) の周期ポテンシャルの例

の間 相関があると仮定する．これが熱揺動との本質的な違いである．熱ゆらぎの場合は (7.3) のように異なる時刻間に相関は存在しない．(7.38) はデルタ関数の定義 (5.18) と同じ形であるから，$\tau \to 0$ の極限をとると右辺は $2D\,\delta(t)$ となり，熱ゆらぎの場合と同じ性質をもつ．

なお，(7.38) と (5.70) を比べると相関 (7.38) は方程式

$$\tau \frac{dz}{dt} = -z + \xi \tag{7.39}$$

$$\langle \xi(t)\,\xi(0) \rangle = 2D\,\delta(t) \tag{7.40}$$

の定常解として生成できることがわかる (方程式 (5.62) 参照のこと)．それゆえ，ξ を熱揺動力と見なしてよい．しかし肝心な点は，方程式 (7.37) と (7.39) を連立させたとき，それらをあるポテンシャル $V(x,z)$ の変分の形には書けないことである．すなわち，c_{ij} ($i,j=1,2$) を成分にもつ実対称行列を用いて

$$\frac{dx}{dt} = -c_{11} \frac{\partial V(x,z)}{\partial x} - c_{12} \frac{\partial V(x,z)}{\partial z} \tag{7.41}$$

§7.4 確率的爪車

$$\frac{dz}{dt} = -c_{21}\frac{\partial V(x,z)}{\partial x} - c_{22}\frac{\partial V(x,z)}{\partial z} + \xi \qquad (7.42)$$

のように表すのは不可能である．したがって，この系では揺動散逸定理，あるいはオンサーガの相反定理 $c_{12} = c_{21}$ が成り立たず，熱平衡系近傍を表しているとは見なせない．

以下では，運動方程式 (7.37), (7.38) において，非対称周期ポテンシャルの極小にある状態がゆらぎ z によって隣の極小へ移る確率を計算する．$\tau \to 0$ の極限と τ が有限の場合とで遷移の様子が質的に異なることを示すのが目的である．

簡単のため，$z = \pm h$ の二つの値のみをとると仮定する．(7.38) で $t=0$ とおくと，$\langle z^2 \rangle = D/\tau$ であるから $h = \sqrt{D/\tau}$ の関係がなければならない．z が2種類の値をとるとき，x と z の分布に対して $P_+(x,t)$ と $P_-(x,t)$ の二つの分布関数を導入するのが便利である．$P_+(x,t)$ は時刻 t において変数 $x(t)$ が値 x であり，かつ $z = +h$ である確率，$P_-(x,t)$ は時刻 t において変数 $x(t)$ が値 x であり，かつ $z = -h$ である確率である．これらの時間発展は方程式

$$\frac{\partial P_+}{\partial t} = \frac{\partial}{\partial x}\left[(V'(x) - h)P_+\right] - \frac{1}{2\tau}(P_+ - P_-) \qquad (7.43)$$

$$\frac{\partial P_-}{\partial t} = \frac{\partial}{\partial x}\left[(V'(x) + h)P_-\right] + \frac{1}{2\tau}(P_+ - P_-) \qquad (7.44)$$

で与えられる．各々の項の意味は明白である．右辺第1項は方程式 (7.37) に従って x が変化することによる分布の変化を表し，第2項は (7.38) に従って $h \leftrightarrow -h$ の遷移が起こることによる分布の変化を表している．

係数 $1/2\tau$ が必要な理由は次のように理解できる．変数 x を考えないとき P_+ と P_- はその定義から $P_+ + P_- = 1$ を満たさなければならない．したがって，(7.43) と (7.44) から P_- を消去して

$$\frac{\partial P_+}{\partial t} = -\frac{1}{\tau}P_+ + \frac{1}{2\tau} \qquad (7.45)$$

となり，P_+ は緩和時間 τ で減衰し (7.38) と同等である．また，右辺をゼロとおくと平衡分布は $P_\pm = 1/2$ となり，二つの状態 $z = \pm h$ が確率的に同等であることを保証している．このように (7.43)，(7.44) の第2項に係数 $1/2\tau$ をおくことによって，正しい緩和時間と平衡分布が得られる．

さて，(7.43) と (7.44) から

$$\frac{\partial}{\partial t}(P_+ + P_-) = -\frac{\partial j}{\partial x} \tag{7.46}$$

が成立し，確率の流れ j は

$$j(x,t) = (-V'(x) + h)P_+ + (-V'(x) - h)P_-$$
$$= -V'(x)P_1 + hP_2 \tag{7.47}$$

である．ここに

$$P_1 = P_+ + P_- \tag{7.48}$$
$$P_2 = P_+ - P_- \tag{7.49}$$

を定義した．ポテンシャル $V(x)$ があるときは $P_1(x) = 1$ はもちろん成立しない．

定常解 $\partial P_+/\partial t = \partial P_-/\partial t = 0$ を以下の手順で求めよう．(7.43) と (7.44) の両辺を加えると

$$\frac{\partial}{\partial x}(-V'(x)P_1 + hP_2) = 0 \tag{7.50}$$

を得る．括弧の中は (7.47) と同じであるから $j(x,t)$ は定常状態では x に依存しない定数 J であることがわかる．すなわち，

$$-V'(x)P_1(x) + hP_2(x) = J \tag{7.51}$$

である．未知定数 J が決定すべき量である．そのため $P_1(x)$ に対する方程式を求めよう．まず，(7.43) から (7.44) を引くと

$$\frac{1}{\tau}P_2 + \frac{\partial}{\partial x}(-V'(x)P_2 + hP_1) = 0 \tag{7.52}$$

となる．(7.51) を使って P_2 を消去すると，P_1 に対して閉じた方程式

$$\frac{\partial P_1}{\partial x} = -\frac{1}{D}(V'(x)\,P_1 + J) + \frac{\tau}{D}\frac{\partial}{\partial x}[\,V'(x)\,(V'(x)\,P_1 + J)\,]$$
(7.53)

が得られる．ここで $h = \sqrt{D/\tau}$ を使った．

方程式 (7.53) を条件 $V(x) = V(x+L)$ を使って解くことにより，分布 P_1 と流れ J が得られる．以下では τ が小さいとして，τ に関する摂動展開で計算する．すなわち

$$P_1 = P_1^{(0)} + \tau P_1^{(1)} + O(\tau^2)$$
(7.54)

を (7.53) に代入し τ のベキでそろえる．$\tau = 0$ の極限では z は熱揺動の性質をもつから $J = 0$ と期待できる．それゆえ，J の最低次は $O(\tau)$ であると見なす $(J = \tau \hat{J})$．(7.53) のゼロ次の項は簡単に

$$\frac{\partial P_1^{(0)}(x)}{\partial x} = -\frac{1}{D}V'(x)\,P_1^{(0)}(x)$$
(7.55)

となり，この解は

$$P_1^{(0)}(x) = P_1^{(0)}(0)\,e^{-V(x)/D}$$
(7.56)

である．1 次の項を集めると

$$D\frac{\partial P_1^{(1)}(x)}{\partial x} = -V'(x)\,P_1^{(1)}(x) - \hat{J} + \frac{\partial}{\partial x}V'(x)^2\,P_1^{(0)}(x)$$
(7.57)

この方程式は公式 (5.74) を使って容易に解くことができ

$$P_1^{(1)}(x) = P_1^{(1)}(0)\,e^{-V(x)/D} - \frac{\hat{J}}{D}e^{-V(x)/D}\int_0^x dy\,e^{V(y)/D}$$
$$+ \frac{1}{D}e^{-V(x)/D}\int_0^x dy\,e^{V(y)/D}\frac{d}{dy}[\,V'(y)^2\,P_1^{(0)}(y)\,]$$
(7.58)

を得る．

(7.58) では確率の流れ $\hat{J}$ は未知である．この値を決定するには境界条件を考慮しなければならない．ポテンシャル V は周期関数であるから，定常分布 P_1 も周期関数のはずである．すなわち，

$$P_1(0) = P_1(L) \tag{7.59}$$

また，分布を

$$\int_0^L dx\, P_1(x) = 1 \tag{7.60}$$

と規格化する．(7.59) を (7.58) に適用しその第 3 項を部分積分すると，最終的にきれいな表式

$$J = \frac{\tau}{D} \frac{\int_0^L dx\, f(x)^3}{\int_0^L dx\, e^{V(x)/D} \int_0^L dx\, e^{-V(x)/D}} \tag{7.61}$$

を得る．$V'(x) = -f(x)$ である．ここで $V(0) = V(L) = 0$ およびゼロ次の解 (7.56) を (7.60) に代入して得られる関係

$$P_1^{(0)}(0) = \frac{1}{\int_0^L dx\, e^{-V(x)/D}} \tag{7.62}$$

を使った．

(7.61) が求めようとした結果である．熱ゆらぎ ($\tau \to 0$) の場合，確率の流れは存在しない．すなわち，ポテンシャルのある極小にいる状態が左右の極小に移る確率は同じである．しかし，$\tau \neq 0$ の場合は $J \neq 0$ となりうる．なぜなら，$f(x)$ を 0 から L まで積分すると周期条件 $V(L) = V(0)$ のためゼロになるが，$f(x)^3$ の積分は一般にゼロでない．したがって，(7.61) は定常状態において有限の流れが存在することを示している．

図 7.10 のようにポテンシャルが $0 < x < l$ で

$$V(x) = \frac{x}{l} \tag{7.63}$$

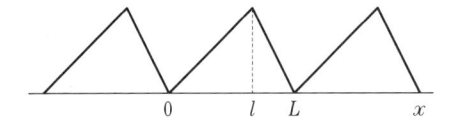

図 7.10 区分的に線形な周期ポテンシャル

$l < x < L$ で

$$V(x) = \frac{L-x}{L-l} \tag{7.64}$$

の形をしているとき

$$\int_0^L dx\, f(x)^3 = \frac{L\,(2l-L)}{l^2\,(L-l)^2} \tag{7.65}$$

となり，$l > L/2$ では $J > 0$, $l < L/2$ では $J < 0$ であることがわかる．すなわち，ポテンシャルの勾配が小さい方向へ確率の流れがある．

確率流の存在にはランダム力 z の相関が有限の緩和時間 τ をもつこと，および z が 2 状態をもつことの二つが本質的である．上の場合には流れはポテンシャル勾配の小さな方向であったが，これはランダム力の統計的な性質に依存する．実際，勾配の大きな方向へ流れが生じる例をつくることもできる．

確率の流れ (7.61) が有限の大きさであるということは，図 7.11 のようにポテンシャルが右方向に平均として有限の勾配があると，その勾配が十分小さい限り，ポテンシャルに逆らって登っていくことが可能であることを示唆している．すなわち，系はポテンシャルエネルギーを獲得でき，そのエネルギーを放出することによって外界に対して仕事ができる．

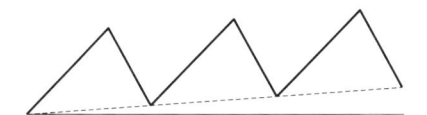

図 7.11 右に行くにつれて高くなるポテンシャル

§4.3 のファインマンの爪車では箱に閉じ込められたガスの熱エネルギーのゆらぎを利用しても，系に定常的温度差がない限り，それを仕事には変えられないことを説明した．それとの対応で，ゆらぎから仕事がとり出せる性質をもつランジュバン方程式 ((7.37), (7.38) はその一例) で表現される系を**確率的爪車**という．緩和時間 τ が有限であるから，この系のゆらぎは熱

的なものではないことを再度，強調しておこう．系が熱平衡の近傍にないことは，(7.37), (7.38) を (7.41), (7.42) と表現したとき，それがオンサーガの相反定理を満たさないことからも明らかである．

8 変分原理

運動や状態の指定が，ある関数の極値をとることによって行われる例として古典力学と熱平衡系をとり上げ，第4章で導入したエントロピーの確率論的意味付けを行う．

§8.1 最小作用の原理

ニュートン力学系では**最小作用の原理**が成り立つ．簡単のため，1次元での1粒子の運動を考えよう．ラグランジアンを L として**作用量** S を次のように定義する．

$$S = \int_{t_1}^{t_2} L(q, \dot{q}, t)\, dt \tag{8.1}$$

第4章のエントロピーと同じ記号を使うが混同しないようにしてほしい．この節では，S はすべて作用量を表す．軌跡 $q = q(t)$ が作用 S を最小にするとき，それからの微小なずれ δq に対する S の変化

$$\delta S = \delta \int_{t_1}^{t_2} L(q, \dot{q}, t)\, dt \tag{8.2}$$

はゼロでなければならない．

$$\delta \int_{t_1}^{t_2} L(q, \dot{q}, t)\, dt = \int_{t_1}^{t_2} \left[L(q + \delta q, \dot{q} + \delta \dot{q}, t) - L(q, \dot{q}, t) \right] dt$$

$$= \int_{t_1}^{t_2} \left(\delta q \frac{\partial L}{\partial q} + \delta \dot{q} \frac{\partial L}{\partial \dot{q}} \right) dt \tag{8.3}$$

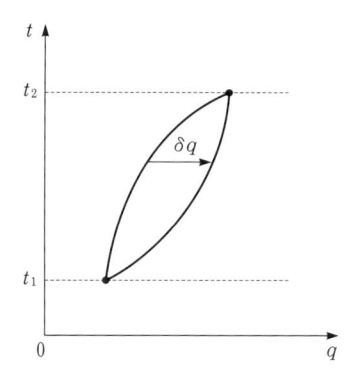

図 8.1 qt 空間における粒子の軌跡

図 8.1 のように時刻 t_1 と t_2 においてずれはないとして第 2 項を部分積分すると

$$\delta S = \int_{t_1}^{t_2} \delta q \left(\frac{\partial L}{\partial q} - \frac{d}{dt} \frac{\partial L}{\partial \dot{q}} \right) dt \tag{8.4}$$

となる．δq は任意であるから，$\delta S = 0$ であるためには括弧の中がゼロでなければならない．このようにして最小作用の原理から**ラグランジュの運動方程式**

$$\frac{d}{dt} \frac{\partial L}{\partial \dot{q}} - \frac{\partial L}{\partial q} = 0 \tag{8.5}$$

を得る．

粒子が質量 m をもち，ポテンシャルエネルギーを $V(q)$ とすると，ラグランジアンは

$$L = \frac{m}{2} \dot{q}^2 - V(q) \tag{8.6}$$

で与えられる．(8.6) を (8.5) に代入すると

$$m\ddot{q} = -\frac{\partial V(q)}{\partial q} \tag{8.7}$$

を得る．右辺は粒子にはたらく力を表す．§2.1 で行ったように，運動エネ

ルギー（(8.6) の右辺第 1 項）とポテンシャルエネルギーの和

$$E = \frac{m}{2}\dot{q}^2 + V(q) \tag{8.8}$$

は保存量である．

　この節の論理を整理しておこう．ポテンシャルエネルギー $V(q)$ 中にある粒子は，ラグランジアン (8.6) によって定義される作用量 S を最小にするように運動する．このように，ある量の極値によって運動や存在形態が決定され，それが多くの系に適用できるならば，それは法則，あるいは原理として自然現象の普遍的理解の手助けとなる．このような例をいくつか見ていこう．

§8.2　レイリーの散逸関数

　§8.1 で述べたように，エネルギーが保存する孤立系では最小作用の原理で運動が規定される．§2.2 で述べた摩擦がある散逸系では，変分原理はどのように定式化されるのであろうか．[1] 重要なことは，力には力学ポテンシャルの微分で表現できるもの ($f = -dV/dq$) と摩擦力のようにそうでないもの（それを記号 F_D で表す）との二種類ある点である．正しく運動方程式を得るには，変位 δq に対する後者による仕事 $F_D\,\delta q$ を (8.2) に付け加えなければならない．（天下り的だと思うかもしれないが，もともとラグランジアンの導入自体が天下り的である．）すなわち，

$$\delta S = \delta \int_{t_1}^{t_2} L(q,\ \dot{q},\ t)\,dt + \int_{t_1}^{t_2} F_D\,\delta q\,dt \tag{8.9}$$

と (8.2) は修正され，運動方程式

$$\frac{d}{dt}\frac{\partial L}{\partial \dot{q}} - \frac{\partial L}{\partial q} = F_D \tag{8.10}$$

が得られる．速度に比例した摩擦の場合 ($F_D = -\gamma\dot{q}$) はさらに書きかえることができる．

$$Q = \frac{1}{2}\gamma \dot{q}^2 \tag{8.11}$$

を導入すると (8.10) は

$$\frac{d}{dt}\frac{\partial L}{\partial \dot{q}} - \frac{\partial L}{\partial q} + \frac{\partial Q}{\partial \dot{q}} = 0 \tag{8.12}$$

となる．$-F_D\,dq = -F_D\dot{q}\,dt = \gamma \dot{q}^2\,dt$ であるから，$2Q$ は摩擦力に逆らって系が行う仕事率に等しい．Q は**レイリーの散逸関数**とよばれている．

バネ定数 k のバネに吊るされた質量 m の粒子では，ポテンシャルエネルギー $V = kq^2/2$ と表され

$$L = \frac{m}{2}\dot{q}^2 - \frac{k}{2}q^2 \tag{8.13}$$

であるから，(8.11)，(8.12) より

$$m\ddot{q} + kq + \gamma\dot{q} = 0 \tag{8.14}$$

となり，これは (2.20) と同等である．特に，慣性項が無視できるとき $(m = 0)$ は純粋な散逸系であり，(8.14) は

$$\gamma\dot{q} = -kq = -\frac{\partial V}{\partial q} \tag{8.15}$$

となる．

バネで吊るされた粒子の場合，運動方程式 (8.15) は力学ポテンシャル V で表現される．しかし，熱力学的量 $\{x_i\}$ の熱平衡状態への緩和では (5.83) のように熱力学的ポテンシャル F が入ってくる．(5.83) を導く変分関数を K とすると，それは（再度，天下り的ではあるが）次のように定義される．[2)]

$$K(\{x_i\}) = Q(\{x_i\}) + \dot{F}(\{x_i\}) \tag{8.16}$$

ここに Q は (8.11) を多変数の場合に拡張して

$$Q = \frac{1}{2}\sum_{ij}\gamma_{ij}\dot{x}_i\dot{x}_j \tag{8.17}$$

$\dot{F}$ は熱力学ポテンシャル F の時間微分であり

$$\dot{F} = \sum_i \frac{\partial F}{\partial x_i}\dot{x}_i \tag{8.18}$$

K を $\dot{x}_i$ に関して変分すれば (x_i については変分しないことに注意)

$$\sum_j \gamma_{ij}\dot{x}_j = -\frac{\partial F}{\partial x_i} \tag{8.19}$$

となり，行列 γ_{ij} の逆行列を L_{ij} として，(8.19) は (5.83) と等しくなる．

§8.3 シャノンエントロピー

第4章で熱力学的平衡状態を表すために必要な物理量としてエントロピー S を導入し (§8.1，§8.2 の作用量と混同しないように)，孤立系の不可逆過程ではエントロピーは増加することを示した．この節では，エントロピーの実体をもう少し理解するために確率論的な考察を行う．

§5.1 で定義した N 個の事象 $i = 1, 2, \cdots, N$ の実現確率 p_i から構成される

$$S_I = -\sum_i^N p_i \ln p_i \tag{8.20}$$

を**シャノンエントロピー**という．$0 < p_i < 1$ であるから S_I は常に正である．

シャノンエントロピーは以下の意味であいまいさの程度を表す量である．すなわち，もし N 個の事象のうち j しか起こらない場合は $p_i = 1\,(i = j)$，$p_i = 0\,(i \neq j)$ であるから

$$S_I = 0 \tag{8.21}$$

となる．一方，すべての事象が同じ確率で起これば $p_i = 1/N$ であり，

$$S_I = \ln N \tag{8.22}$$

となる．このとき S_I は最大である．以上から，どれが起こるかはっきりしているとき，すなわち，あいまいさのないときは $S_I = 0$，どれも同等に起こる可能性がある，すなわち，もっともあいまいなとき S_I は最大の値をとる．

さて，ビーカに入った水 (図1.1) の熱平衡状態に対してシャノンのエン

トロピーを適用してみよう．外界と熱をやりとりして平衡になっているのであるから，系のエネルギーはある平均値の周りで時々刻々ゆらいでいる．(物質も熱も通さない孤立系では全エネルギーが保存し，ゆらぐことはない)．図1.1をミクロにみると膨大な数の水分子のそれぞれが，ある瞬間には，位置と運動量で指定される状態にいる．位置と運動量は連続量であるが，それらを十分小さな単位で分割して状態を離散的に定義し，i 番目の状態にあるエネルギーを E_i とする．(量子力学的に考えると，有限の大きさの箱の中に閉じ込められた粒子系のエネルギーはとびとびの値しかとれないから，状態はおのずと離散的になる．) エネルギーの平均値は

$$\langle E \rangle = \sum_i^N E_i p_i \tag{8.23}$$

状態数 N は非常に大きな数である．規格化条件

$$\sum_i^N p_i = 1 \tag{8.24}$$

も忘れてはならない．

図1.1のような熱平衡系のマクロな情報として平均エネルギー $\langle E \rangle$ が与えられているとき，ミクロな状態の出現確率 p_i を求めるにはどうしたらよいであろうか．熱平衡では，シャノンエントロピー(8.20)が最大になっていると仮定したら何が帰結されるかをみていこう．

(8.20)がある $\{p_i\}$ ($i = 1, \cdots, N$) で最大であることを表すには $p_i + \delta p_i$ を代入し，微小量 δp_i の1次の展開項をゼロとおけばよい．

$$\sum_i^N \delta p_i (1 + \ln p_i) = 0 \tag{8.25}$$

また，条件(8.23)，(8.24)より，それぞれ

$$\sum_i^N E_i \, \delta p_i = 0 \tag{8.26}$$

$$\sum_i^N \delta p_i = 0 \tag{8.27}$$

を得る．(8.27)を考慮すると，(8.25)の $1 + \ln p_i$ を $\ln p_i$ でおきかえてよ

§8.3 シャノンエントロピー

い．(8.26), (8.27) に任意定数 β, $-\beta\Psi$ を乗じたあと，(8.25), (8.26), (8.27) の両辺を加え合わせると

$$\sum_{i}^{N} (\ln p_i + \beta E_i - \beta\Psi)\, \delta p_i = 0 \tag{8.28}$$

となる．δp_i は任意であるから (8.28) が成り立つためには括弧の中がゼロ，すなわち，

$$p_i = e^{\beta(\Psi - E_i)} \tag{8.29}$$

でなければならない．

未知定数 Ψ と β は (8.29) を (8.23), (8.24) に代入することによって決定される（束縛条件付きの変分をこのようにして行う方法を**ラグランジュの未定乗数法**という）．

$$e^{-\beta\Psi} = \sum_{i}^{N} e^{-\beta E_i} \equiv Z(\beta) \tag{8.30}$$

$$\begin{aligned}
\langle E \rangle &= e^{\beta\Psi} \sum_{i}^{N} E_i e^{-\beta E_i} \\
&= \frac{1}{Z}\left(-\frac{\partial}{\partial \beta}\right) \sum_{i}^{N} e^{-\beta E_i} \\
&= \frac{1}{Z}\left(-\frac{\partial}{\partial \beta}\right) Z = -\frac{\partial}{\partial \beta} \ln Z \\
&= \frac{\partial}{\partial \beta}(\beta\Psi) \tag{8.31}
\end{aligned}$$

(8.31) は第 4 章で得た熱力学的関係 (4.21) と同じ形をしており，Ψ をヘルムホルツの自由エネルギーと同定するならば，β は温度 T に逆比例する量であることがわかる．ただし，指数関数の肩は無次元量でなければならないから，(8.29) より $1/\beta$ はエネルギーの次元をもっている．温度との組み合わせでエネルギーの次元を作りうる基本定数はボルツマン定数 k_B であるから，$1/\beta = k_B T$ とおく．

分布が (8.29) で与えられるときシャノンエントロピー S_I (8.20) は

$$S_I = -\sum_{i}^{N} \beta\,(\Psi - E_i)\, e^{\beta(\Psi - E_i)} = -\beta(\Psi - \langle E \rangle) \tag{8.32}$$

すなわち，

$$\Psi = \langle E \rangle - \frac{1}{\beta} S_I \tag{8.33}$$

となる．上に述べたように $\Psi = F$, $1/\beta = k_B T$ であるから，(8.33) とヘルムホルツの自由エネルギーの定義式 (4.17) を比べると

$$S = k_B S_I \tag{8.34}$$

の関係があることが結論される．

(8.34) は，第4章で熱力学的考察から導入したエントロピーの確率論的基礎づけを行うものである．拘束条件 (8.23), (8.24) のもとで，S_I の変分から得られる分布 p_i (8.29) は**カノニカル分布**とよばれている．また，関係 (8.30) はヘルムホルツの自由エネルギー F をミクロな情報から計算する方法を与えている．

§8.4　フォッカー‐プランク方程式の変分関数

前節のシャノンエントロピーでは時間変化は考えなかった．この節では，熱平衡の近傍に限るならば，時間変化においてもシャノンエントロピーに対応するものが存在することを示す．

第5章のフォッカー‐プランク方程式 (5.103) の解 $P(\{x_i\}, t)$ から構成される

$$H(t) \equiv \int d\{x_i\}\, P(\{x_i\}, t)\, [\ln P(\{x_i\}, t) - \ln P_{eq}(\{x_i\})] \tag{8.35}$$

は時間と共に減少し，平衡状態では変化しない．すなわち，熱平衡状態では最小の値をとる．このことを以下で証明しよう．

まず，

$$\frac{dH}{dt} = \int d\{x_i\} \frac{\partial P}{\partial t} (\ln P - \ln P_{eq}) \tag{8.36}$$

ここで、P の規格化条件より $d\left(\int d\{x_i\} P\right)/dt = 0$ であることを使った。分布に関する連続の式 (5.104) を (8.36) に代入すると

$$\frac{dH}{dt} = -\int d\{x_i\} \sum_i \frac{\partial J_i}{\partial x_i}(\ln P - \ln P_{eq}) \qquad (8.37)$$

となる。J_i は (5.105) で定義されており、それを (8.37) に代入して部分積分を行う（正確にはガウスの定理を使用）と

$$\frac{dH}{dt} = -\int d\{x_i\} \sum_{i,j} \frac{M_{ij}}{P}\left(\frac{\partial P}{\partial x_i} - \frac{\partial P_{eq}}{\partial x_i}\frac{P}{P_{eq}}\right)\left[\frac{\partial P}{\partial x_j} + \sum_{k,l}(M^{-1})_{jk} L_{kl}\frac{\partial \hat{F}}{\partial x_l}P\right] \qquad (8.38)$$

を得る。P_{eq} は確率の流れがないときは

$$-\sum_j \left(M_{ij}\frac{\partial}{\partial x_j} + L_{ij}\frac{\partial \hat{F}}{\partial x_j}\right) P_{eq} = 0 \qquad (8.39)$$

を満たす。(8.39) の $\partial \hat{F}/\partial x_j$ を (8.38) の右辺の最後の項に代入すると

$$\frac{dH}{dt} = -\int d\{x_i\} \sum_{i,j} \frac{M_{ij}}{P}\left(\frac{\partial P}{\partial x_i} - \frac{\partial P_{eq}}{\partial x_i}\frac{P}{P_{eq}}\right)\left(\frac{\partial P}{\partial x_j} - \frac{\partial P_{eq}}{\partial x_j}\frac{P}{P_{eq}}\right) \qquad (8.40)$$

となり、被積分関数は正値 2 次形式であるから

$$\frac{dH}{dt} \leq 0 \qquad (8.41)$$

が成立することがわかる。等号は $P = P_{eq}$ のときにのみ成り立ち、そのとき $H = 0$ である（証明終り）。

このように、分布が時間変化するとき (8.35) で定義される $H(t)$ は時間と共に単調に減少する（$-H(t)$ は単調に増大し、熱平衡状態で最大になる）。

§8.5 まとめ

変分原理が存在すると、確かに理論がきれいに定式化される。特に、シャノンエントロピーは熱力学的エントロピーの確率論的解釈を与えることがわ

かった．

§8.3 で分布の変分をとるとき平均エネルギーの存在を仮定した．レヴィ分布のように (平均値や) 分散が存在しない場合はシャノンエントロピーを拡張する必要があり，それはレニィエントロピーとよばれている．

熱平衡系から遠く離れた非平衡開放系で実際に役に立つ変分原理は存在するのであろうか．少数自由度離散系でのカオスの統計理論にはコルモゴロフ－シナイエントロピーが導入されている．しかし，たとえば図 1.3 のレイリー－ベナール対流のらせん乱流に対する変分原理はあるのかという問いに対して，現在 誰も答えを持ち合わせていない．

変分原理はでき上がった理論の整備に役立ち，それが次のレベルの理論を作るときの足がかりになる可能性があり，有用性を否定するものではない．しかし，非平衡開放系の理解が十分進んでいない現時点でその変分関数を模索しても徒労に終わる恐れがあるのも事実である．

9 リミットサイクル振動

　これまで，主としてゆらぎの性質に着目して熱平衡系と非平衡系の違いを議論してきた．この章からは，ゆらぎを考慮しない決定論的力学系としてはどのような違いがあるかを考察する．その一つとして，まず非平衡開放系では持続する時間的振動が自発的に存在しうることをとり上げよう．

§9.1　エネルギーの注入と散逸

　§2.2 では散逸のある調和振動子の運動を考えた．方程式 (2.20) を時間に関する 1 階微分の連立方程式として次のように表現する．

$$\frac{du}{dt} + \mu u = -v \tag{9.1}$$

$$\frac{dv}{dt} = u \tag{9.2}$$

(2.20) とは記号の意味が異なっていることに注意されたい．ここでは v が振動子の位置，u がその運動量である．(9.1) の左辺第 2 項以外は，係数をすべて 1 とおいている．したがって，調和振動子の固有振動数は 1 である．

　係数 μ は摩擦の大きさを表す．仮想的に μ が負であるとすると，外から振動子にエネルギーが注入されることになり，粒子の振動は時間と共にその振幅を限りなく増加させるであろう．実際，μ が負のとき，(2.24) の κ，(2.25) の κ_1, κ_2 は負になる．振幅を有限の値に停めるためには，速度が大

きいところで，すなわち，u の絶対値が大きいところでエネルギー散逸が生じるようにすればよい．その方法の一つは (9.1) を次のように書きかえることである．

$$\frac{du}{dt} + \mu u + u^3 = -v \tag{9.3}$$

非線形項 u^3 が散逸を起こすはたらきをする．

(9.3) の両辺を時間で微分し (9.2) を右辺に代入すると，u に対して閉じた方程式

$$\frac{d^2 u}{dt^2} + (\mu + 3u^2)\frac{du}{dt} = -u \tag{9.4}$$

を得る．あるいは，(9.3) で $u = dw/dt$ とおき，(9.2) から得られる $v = w + c$ (c：積分定数) を右辺に代入すると $c = 0$ のとき

$$\frac{d^2 w}{dt^2} + \left[\mu + \left(\frac{dw}{dt}\right)^2\right]\frac{dw}{dt} = -w \tag{9.5}$$

となる．これら二つの方程式 (9.4)，(9.5) はいずれも**ファン・デア・ポル方程式**とよばれている．

$\mu < 0$ のとき，方程式 (9.2) と (9.3) の解の振舞を調べよう．μu の注入項と u^3 の散逸項とがバランスして，粒子は周期 T の定常的な振動をくり返すと仮定する．(9.3) の両辺に u を乗じ，1 周期にわたって積分すると

$$\int_0^T dt\, u\frac{du}{dt} = -\int_0^T dt\,(\mu u^2 + u^4) - \int_0^T dt\, uv \tag{9.6}$$

左辺の被積分関数は $(1/2)du^2/dt$ であるから $u(t) = u(t+T)$ を使うと積分の値はゼロとなる．同様に，右辺第 2 項の被積分関数は (9.2) によって $(1/2)dv^2/dt$ となるから，積分はゼロとなる．したがって，

$$\int_0^T dt\,(\mu u^2 + u^4) = \int_0^T dt\,(\mu u + u^3)\frac{dv}{dt} = 0 \tag{9.7}$$

が成り立たたなければならない．u が運動量，v が変位であるから，微小変位 dv に対する"摩擦力" $-(\mu u + u^3)$ による仕事は $-(\mu u + u^3)dv$ であり，それゆえ，(9.7) は振動の 1 周期 T で"摩擦力"のする仕事量が定常

§9.1 エネルギーの注入と散逸

状態ではゼロでなければならないことを意味している．

μ の絶対値が十分小さく，振動が調和振動子の場合からのずれが小さいと仮定すると，振動数を ω として $T = 2\pi/\omega$, $v = A\sin\omega t$, $u = A\omega\cos\omega t$ とおいてよい．ω の値は $\mu \to 0$ では固有振動数 1 に等しいが（次節の (9.16) を参照），一般の $\mu < 0$ では未知の量である．これらを (9.7) に代入し，積分を実行すると

$$\frac{\mu}{2}A^2 + \frac{3\omega^2}{8}A^4 = 0 \tag{9.8}$$

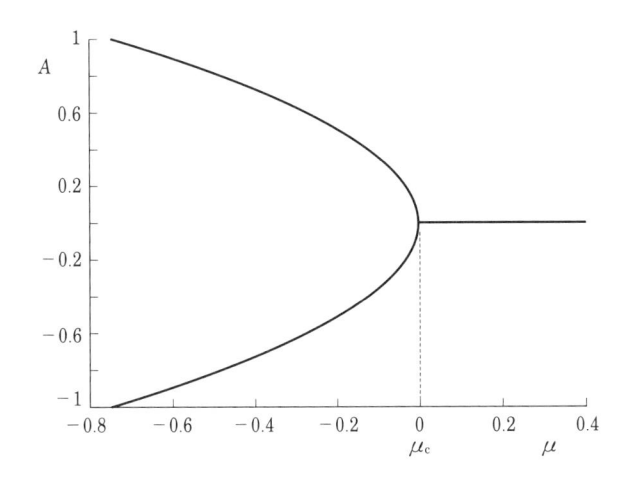

図 9.1 μ を変化させたときの分岐図

となり，$\mu > 0$ で $A = 0$, $\mu < 0$ のときは $A = 0$ 以外に $A^2 = -4\mu/3\omega^2 \approx -4\mu/3$ も解である．これを図 9.1 に示してある．このように，パラメータを変化させることによって一つの解から別の解に移ることを**分岐**とよび，図 9.1 のように分岐点 ($\mu = \mu_c = 0$) で振幅が連続であるとき，**スーパークリティカル分岐**という．

図 9.2 に，$\mu = -0.1$ で $u = v = 1$ を初期条件にしたときの (9.2)，

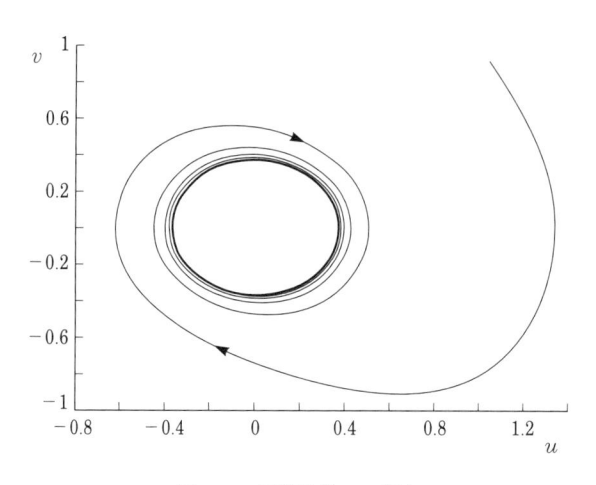

図 9.2　周期軌道への収束

(9.3) の解の軌道を uv 平面に描いてある．時間が十分経ったところでは，一つの閉じた軌道に運動が収束している．

方程式 (9.3) で u^3 の前の符号がマイナスであると この項もエネルギーの散逸を起こすから，定常的な振動を得るためにはさらに高次の非線形項 u^5 が必要である．すなわち，

$$\frac{du}{dt} + \mu u - u^3 + u^5 = -v \qquad (9.9)$$

振幅に対する方程式 (9.8) を導いた議論をくり返すと，(9.9) から ($\omega \approx 1$ として)

$$\frac{\mu}{2}A^2 - \frac{3}{8}A^4 + \frac{5}{16}A^6 = 0 \qquad (9.10)$$

を得る．この解は図 9.3 に示してある．μ の値を下げていくと μ_- で $A = 0$ の解から $A \neq 0$ の解へ移り（次節の安定性解析を (9.2), (9.9) に適用すると $\mu < \mu_-$ では $A = 0$ の解は不安定であることがわかる），μ の値を大き

§9.1 エネルギーの注入と散逸

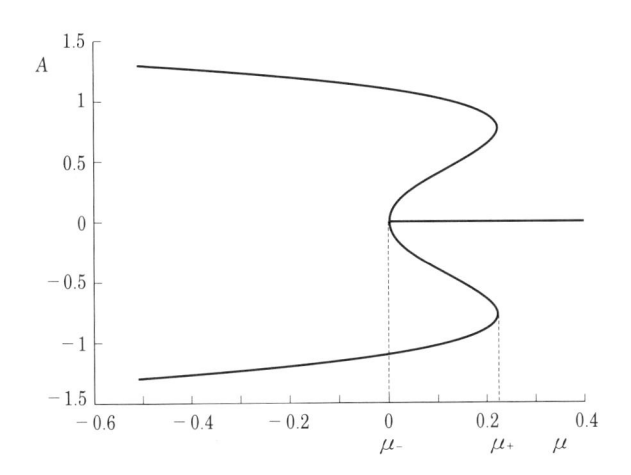

図9.3 サブクリティカル分岐

くしていくと $\mu > \mu_+$ で $A \neq 0$ から $A = 0$ へ飛び移る．このような不連続な分岐を**サブクリティカル分岐**とよぶ．

図9.4では $\mu = 0.1$ として，$u = v = 0.4$ および $u = v = 0.2$ の二つの初期条件による解の振舞を示す．$u = v = 0.4$ の場合は周期閉軌道に漸

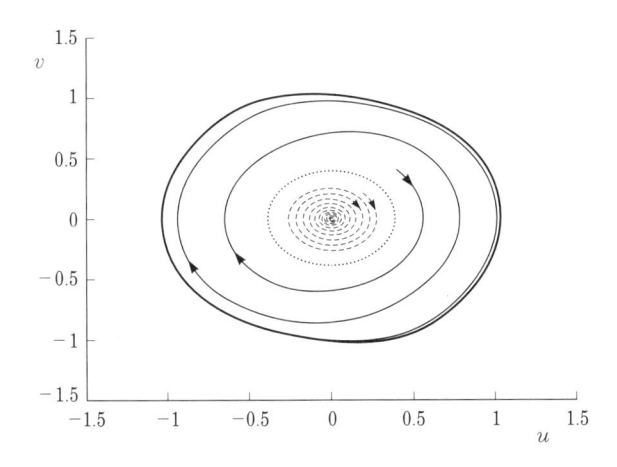

図9.4 不安定周期軌道(点線)の外側では安定な周期軌道(太い実線)に漸近し，内側では平衡点 $u = v = 0$ に収束する(破線)．

近し，$u=v=0.2$ では破線で示すように原点に収束している．なお，サブクリティカル分岐では不安定な周期軌道も存在する．これを求めるには，§3.2 で述べたように (9.2), (9.9) で t を $-t$ とおきかえて数値計算すればよい．閉じた点線はこのようにして得られた不安定周期解である．

以上のことから，エネルギーの注入と散逸がある非線形の振動子 (9.2), (9.3)，あるいは (9.9) では持続する時間的振動が可能であることが示された．しかも，この振動の振幅は定常状態では系のパラメータにのみ依存する．すなわち，(9.2), (9.3) で $\mu<0$ のとき，いかなる初期条件 $(u \neq 0, v \neq 0)$ を選んでも時間無限大では一つの周期解に漸近する．この性質をもつ振動を**リミットサイクル振動**とよぶ．調和振動子では振幅が初期値に依存するのと比べると決定的な違いである．

§9.2 ホップ分岐

振動解出現を別の観点から検討しよう．方程式 (9.2) と (9.3) の時間に依存しない解は明らかに，$u=v=0$ である．この解は安定なのであろうか．§3.2 で述べた線形安定性解析を適用して，この解の安定性を調べよう．

すなわち，

$$u = \varepsilon_1 e^{\lambda t} \tag{9.11}$$

$$v = \varepsilon_2 e^{\lambda t} \tag{9.12}$$

とおき，これらを (9.2) と (9.3) に代入し，$\varepsilon_1, \varepsilon_2$ に関して 1 次まで残すと

$$\lambda \varepsilon_2 = \varepsilon_1 \tag{9.13}$$

$$\lambda \varepsilon_1 + \mu \varepsilon_1 = -\varepsilon_2 \tag{9.14}$$

を得る．固有値 λ の実数部分が負であれば (9.11) と (9.12) の指数関数は時間と共に減衰するから，$u=v=0$ は線形安定である．(9.13) と (9.14) が $\varepsilon_1 \neq 0, \varepsilon_2 \neq 0$ の解をもつためには

$$\lambda^2 + \mu \lambda + 1 = 0 \tag{9.15}$$

すなわち，

$$\lambda = \frac{1}{2}(-\mu \pm \sqrt{\mu^2 - 4}) \tag{9.16}$$

でなければならない．これから，$\mu < 0$ であれば平衡解は線形不安定であることがわかる．しかも，$-2 < \mu < 0$ では λ は虚数部分をもつ．固有値 λ が虚数部分をもち，パラメータ μ を変えることによって，実数部分が符号を変えるこのような解の不安定化を**ホップ分岐**とよび，$\mu = 0$ をホップ分岐点という．

$N(>2)$ 変数の連立微分方程式を線形化したとき固有値は一般に N 個あるが，そのうちの二つの固有値が上の性質をもち，そのほかの固有値が分岐点で負であれば，これもホップ分岐である．

§9.3 振幅方程式

第2章で述べたように，非平衡開放系では時間発展を規定する基礎方程式（古典力学のニュートン方程式に対応するもの）が存在しないため，個々の現象に則して発展方程式を導入しなければならない．これでは現象の普遍性をみるのに不便である．しかしながら，分岐点近傍に制限するなら系の詳細によらない発展方程式を導出することができる．このことを，正確さを少々犠牲にするかもしれないが，できるだけ初等的にこの節では述べる．

前節の $u = v = 0$ の周りの線形安定性からは $\mu < 0$ における振動の様子については何も積極的なことがいえないので，ホップ分岐点近傍での振動解の様子を線形の範囲を超えて考察しよう．線形の範囲では振動は三角関数で表現されるから，非線形性の弱い分岐点のごく近傍で振動解を

$$v(t) = a(t) \sin \omega t + b(t) \cos \omega t \tag{9.17}$$

とおく．主たる時間依存性はサインとコサイン関数にとり込んであるから，係数 a, b の1周期の間での時間変化は小さいであろう．振動数 ω は (9.16)

から，分岐点 $\mu = 0$ では $\omega = 1$ である．(9.17) を (9.2), (9.3) に代入すると，a と b に対する 1 個の方程式しか得られない．一方，未知量は二つであるから，このままでは解くことができない．そこで第 3 章と同じように，条件

$$\dot{a}(t) \sin \omega t + \dot{b}(t) \cos \omega t = 0 \tag{9.18}$$

を課す．関係

$$u = \dot{v} = a\omega \cos \omega t - b\omega \sin \omega t \tag{9.19}$$

$$\dot{u} = \dot{a}\omega \cos \omega t - \dot{b}\omega \sin \omega t - a\omega^2 \sin \omega t - b\omega^2 \cos \omega t \tag{9.20}$$

などを (9.3) に代入し (9.18) と連立させると $\dot{a}, \dot{b}$ を求めることができ

$$\omega \dot{a} = [(\omega^2 - 1) v - \mu u - u^3] \cos \omega t \tag{9.21}$$

$$\omega \dot{b} = -[(\omega^2 - 1) v - \mu u - u^3] \sin \omega t \tag{9.22}$$

を得る．上に述べた理由で，1 周期の間では a, b を定数であると見なし，時間平均をとると

$$\omega \dot{a} = (\omega^2 - 1) \frac{b}{2} - \frac{\mu}{2} \omega a - \frac{3\omega^3 a}{8} (a^2 + b^2) \tag{9.23}$$

$$\omega \dot{b} = -(\omega^2 - 1) \frac{a}{2} - \frac{\mu}{2} \omega b - \frac{3\omega^3 b}{8} (a^2 + b^2) \tag{9.24}$$

となる．$a = A \cos \phi$, $b = A \sin \phi$ によって振幅 A と位相 ϕ を定義すると，(9.23), (9.24) より

$$\frac{dA}{dt} = -\frac{\mu}{2} A - \frac{3\omega^2}{8} A^3 \tag{9.25}$$

$$\frac{d\phi}{dt} = \frac{1 - \omega^2}{\omega} \tag{9.26}$$

を得る．$dA/dt = 0$ では (9.25) は (9.8) と一致する．

方程式 (9.25) と (9.26) は，複素変数 $W = Ae^{i\phi}$ を導入し，さらに $\sqrt{3\omega^2/(-4\mu)}\,W$ を W とおきかえると

$$\frac{dW}{dt} = W - |W|^2 W + \frac{2i(1 - \omega^2)}{-\mu\omega} W \tag{9.27}$$

と書き表すことができる．

§9.3 振幅方程式

ω は分岐点では1であることを考慮して，(9.27) の最後の項の係数を分岐点の近傍で $-\mu$ で展開する．さらに，$A^2 \propto -\mu$ であることに注意すると

$$\frac{2(1-\omega^2)}{-\mu\omega} = c_0 - c_2 A^2 + O(A^4) \tag{9.28}$$

となる．係数 c_0, c_2 を決定するにはもう少し細かな議論が必要であるが，ここでは深入りしないことにする．(9.28) を (9.27) に代入すると

$$\frac{dW}{dt} = (1+ic_0)W - (1+ic_2)|W|^2 W \tag{9.29}$$

となり，これを (空間変化を考えない) **複素ギンツブルグ - ランダウ方程式**，あるいは**複素振幅方程式**という．

(9.26) と (9.28) を比べればわかるように，リミットサイクルの振動数は分岐点から離れると非線形効果のために，分岐点での値からずれる．(9.29) の右辺が ϕ に依存しないことは，(9.2) と (9.3) が時間にあらわに依存する項をもたないことからくる一般的な性質である．すなわち，方程式 (9.2)，(9.3) は時間の任意の並進 $t \to t+c$ に対して不変である．これに対応して $\phi(t)=C \to \phi(t+c)=Ct+cC$ の変換に対して (9.29) は不変でなければならない．このことは，もしなんらかの原因でリミットサイクルの位相がある瞬間に有限の値ずれても，それがもとの位相にもどることはないことを意味している．

$\operatorname{Re} W = a = A\cos\phi$, $\operatorname{Im} W = b = A\sin\phi$ であるから，もともとの方程式 (9.2)，(9.3) の変数 u, v と W との関係は (9.17)，(9.19) を使って

$$v = \operatorname{Re} W \sin\omega t + \operatorname{Im} W \cos\omega t = A\sin(\omega t + \phi) \tag{9.30}$$

$$\begin{aligned} u &= \operatorname{Re} W\, \omega\cos\omega t - \operatorname{Im} W\, \omega\sin\omega t \\ &= A\omega\cos(\omega t + \phi) \end{aligned} \tag{9.31}$$

である．

複素ギンツブルグ‐ランダウ方程式 (9.29) の特別な場合を考察しよう．係数の虚数部分がゼロ，$c_0 = c_2 = 0$ のとき

$$\frac{dW}{dt} = -\frac{\partial F}{\partial W^*} \tag{9.32}$$

と書ける．ここに，

$$F = -|W|^2 + \frac{1}{2}|W|^4 \tag{9.33}$$

である．この関数形は W の実数部分 Re W と虚数部分 Im W の関数として図 9.5 のようになり，半径 1 のところに一様な深さの谷ができ，それが漸近的リミットサイクル振動の軌道を近似的に表している．谷に沿って軌道が 1 周するには，(9.26) と (9.28) から明らかなように $c_0 \neq 0$，$c_2 \neq 0$ でなければならない．

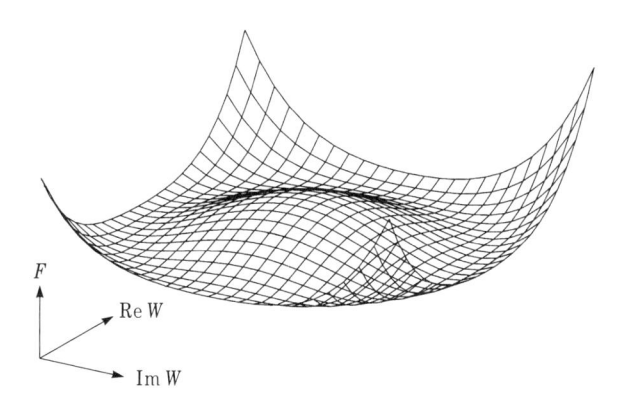

図 9.5 (9.33) の F の形

振幅方程式 (9.29) をファン・デア・ポル方程式から導出したが，その形は出発の方程式の詳細にはよらない一般的なものである．W の方程式は，上で述べたように位相の並進に対して不変でなければならない．このことから，W の時間発展を

$$\frac{dW}{dt} = -\Gamma W \tag{9.34}$$

と書いたとき，係数 Γ は $|W|^2$ の関数でなければならない．Γ を $|W|^2$ でテイラー展開したとき

$$\Gamma = a_0 + a_1|W|^2 + a_2|W|^4 + \cdots \tag{9.35}$$

係数 a_i は一般に複素数であり Re $a_1 > 0$ である．(9.29) はまさに，(9.34)，(9.35) の構造をもっている．サブクリティカル分岐の場合は Re $a_1 < 0$，Re $a_2 > 0$ と仮定すれば，A は図9.3のような変化を示す．このように，振幅方程式 (9.29) はホップ分岐近傍での系のダイナミクスを表現する普遍的な方程式である．

第2, 3章で，振幅と位相に対する方程式として調和振動子，外力のある調和振動子を考察してきた．これらと (9.25)，(9.26) との本質的な違いは，調和振動子では振幅は初期条件で決まり，外力のある場合は外力の大きさに依存したのに対し，リミットサイクルの場合は系自身で定常的な振動の振幅が決定されることである．このことが，非平衡開放系のリズムの特徴である．

§9.4 周期外力下の振幅方程式

リミットサイクル振動している系に外から周期的に変動する外力が加わったときの振幅方程式は，外力の大きさが小さいとき，これまでの結果を拡張することによって求めることができる．§3.1 では摩擦のある調和振動子に外力が作用するときの振幅と位相に対する方程式 (3.29)，(3.30) を導出した．これをリミットサイクル振動の場合に拡張してみよう．外力の振動数とリミットサイクルの振動数が異なるときは複雑になるので，以下では，これらが同じ場合を考える．非線形な散逸があるので，調和振動子のように共鳴を起こして振幅が発散することはない．

(9.3) の右辺に外力項を付けた

$$\frac{du}{dt} + \mu u + u^3 = -v + h\cos\omega t \qquad (9.36)$$

と (9.2) の 2 変数系に対し，前節と同様な解析を行うと

$$\frac{dA}{dt} = -\frac{\mu}{2}A - \frac{3\omega^2}{8}A^3 + \frac{h}{2\omega}\cos\phi \qquad (9.37)$$

$$\frac{d\phi}{dt} = \frac{1-\omega^2}{\omega} - \frac{h}{2\omega A}\sin\phi \qquad (9.38)$$

を得る．

$W = A\,e^{i\phi}$ とおくと (9.37)，(9.38) は

$$\frac{dW}{dt} = (1+ic_0)W - (1+ic_2)|W|^2\,W + h \qquad (9.39)$$

となる．最後の項にはいろいろな数係数が掛かるが，それらをあらためて h とおいた．外力が小さいとき c_0, c_2 は定数と見なせるので，外力の効果は，右辺に実数項 h が付け加わるのみである．

§3.3 のパラメトリック振動に対しても同様の拡張が可能であり，物理的にはこちらの方が重要である．

$$\frac{du}{dt} + \mu u + u^3 = -(1+\varepsilon\sin 2\omega t)v \qquad (9.40)$$

から出発して前節の方法を適用すると，振幅と位相に対する方程式

$$\frac{dA}{dt} = -\frac{\mu}{2}A - \frac{3\omega^2}{8}A^3 + \frac{\varepsilon A}{4\omega}\cos 2\phi \qquad (9.41)$$

$$\frac{d\phi}{dt} = \frac{1-\omega^2}{\omega} - \frac{\varepsilon}{4\omega}\sin 2\phi \qquad (9.42)$$

が得られ，振幅方程式は

$$\frac{dW}{dt} = (1+ic_0)W - (1+ic_2)|W|^2 W + \varepsilon W^* \qquad (9.43)$$

となる．W^* は W の複素共役である．最後の項の係数 ε は (9.39) の h と同様，再定義し直したものである．

(9.43) の最後の項がどのような物理的効果をもつかをみるため，$c_0 = c_2 = 0$ の特別な場合を検討する．このとき (9.43) は

§9.4 周期外力下の振幅方程式

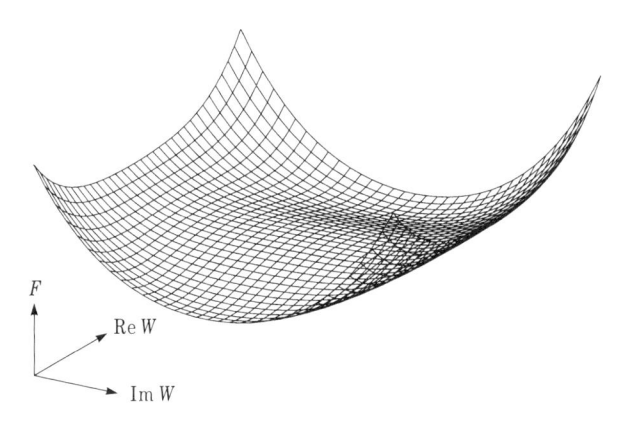

図 9.6 (9.45)で表される F の形

$$\frac{dW}{dt} = -\frac{\partial F}{\partial W^*} \qquad (9.44)$$

と書ける．実関数 F は

$$F = -|W|^2 + \frac{1}{2}|W|^4 - \frac{\varepsilon}{2}(W^2 + W^{*2}) \qquad (9.45)$$

である．ε が正のとき，図 9.6 のように関数 F の谷の深さは一様ではなく，$\phi = 0, \pi$ で極小に，$\phi = \pi/2, 3\pi/2$ で極大になっている．この性質はもとのパラメトリック振動にもどって考えても感覚的に理解できるものである．すなわち，リミットサイクルの基本振動数の2倍の振動を加えているのであるから，リミットサイクルが1周期振動する間に2回変調を受けることを表している．

方程式 (9.36) と (9.40) は時間に陽に依存する項をもっているので，それらから得られる複素振幅方程式 (9.39)，(9.43) は任意の位相変換 $W \to We^{i\phi}$ に対して不変でないことに注意されたい．特に，(9.43) は ψ が特別な値 $\psi = \pi$ をとるときにのみ不変である．

10 振動性と興奮性

この章ではリミットサイクル振動の実験例として,ベローソフ-ジャボチンスキー反応と神経膜の興奮を提示し,さらに非平衡系のもう一つの重要な性質である,興奮性について説明する.

§10.1 生体系のリズム

自励振動は生体系で数多く見られる.マクロに現れる代表格は体内時計である.地球上の生物は地球の自転にともなう24時間の周期変化を定常的に受けてきた.この周期変化を積極的に細胞内にとり込み,それ自身で時計の機能を獲得し,生命活動の効率化をはかったものが進化において有利に作用したのであろう.一般に体内時計の固有周期は24時間から少しずれており,外界からの明暗の刺激に引き込まれて24時間の振動を起こしている.

体内時計の発現機構を遺伝子レベルで探究する研究が近年精力的に行われている.ショウジョウバエでは突然変異体を用いてリズムに異常を起こす遺伝子が同定されており,遺伝子,タンパク質レベルでの体内時計のメカニズムの(生理学的)モデルが提案されている.また,シアノバクテリアの時計遺伝子では,体内リズムの変化に応じて発光するよう遺伝子操作が行われ,実際,約24時間周期の発光が観察されている.分子レベルの知見に基づいて,体内時計の数理モデルが作られるのもそう遠くはないであろう.

心臓の拍動も生体系のリズムの例である．構成する心筋細胞の一つ一つは (互いに少しずれた) 固有の振動数をもっているが，それらが集合すると全体として一つの振動数で振動を起こす．さらに，細胞間の位相の差がポンプとしての心臓の機能にとって重要な役目を担っていることは容易に想像できるであろう．

リミットサイクル振動が複数個あるとき，その間の相互作用によって全体としていかなる振動状態が出現するかを明らかにすることは，非平衡開放系の興味深い問題である．これの簡単な場合を第11章で考察する．

§10.2 ベローソフ‐ジャボチンスキー反応

化学組成が周期的に変動をくり返す反応として，ベローソフ‐ジャボチンスキー反応 (BZ) は大変有名である．1950年代にベローソフは，セリウムイオンを触媒として硫酸水溶液中におけるクエン酸の酸化分解反応において，クエン酸が臭素酸によって酸化される過程で溶液の色が長時間にわたって振動をくり返すことを発見した．その後，1960年代から70年頃にかけて，ジャボチンスキーはクエン酸をマロン酸におきかえても同様な反応が起こるこ

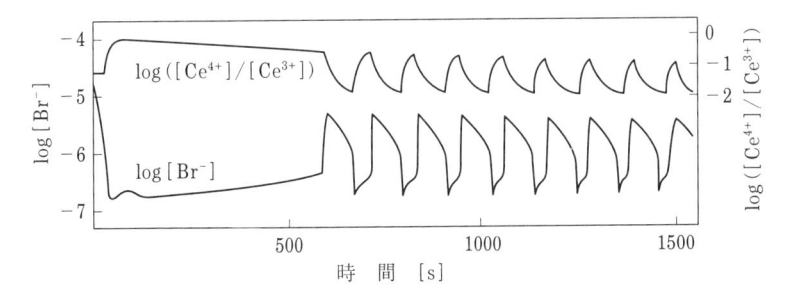

図 10.1　ベローソフ‐ジャボチンスキー反応における濃度の時間変化
(R. J. Field, et al.: J. Am. Chem. Soc. **94** (1972) 8650 による)

と，またセリウムイオンの代りにフェロインを触媒として使うと色の変化が赤と青の振動として現れ，より観察しやすいことを見出した．図10.1にはセリウムイオンとブロメイトイオン（Br^-）の時間変化を示している．さらに，薄く広げた水溶液では一様な時間変化のみならず，色の違いが同心円状になって外向きに伝搬する波を発見した．同じ頃，ウィンフリーは第1章で紹介した濃度変化のらせん波が生じることを観察している．化学反応で持続する時間振動や濃度波の発見は，当時，始まろうとしていた非平衡開放系の理論的研究に大きな刺激を与えた．

ベローソフ‐ジャボチンスキー（BZ）反応の簡潔な反応機構は，1972年にノイエスたちによって提案された．

全反応過程は

$$2BrO_3^- + 3CH_2(COOH)_2 + 2H^+ \rightarrow 2BrCH(COOH)_2 + 3CO_2 + 4H_2O \tag{10.1}$$

すなわち，臭素酸 BrO_3^- によるマロン酸 $CH_2(COOH)_2$ の酸化反応である．この反応は3つの主過程から形成されている．

（I）BrO_3^- から Br_2 の生成

$$BrO_3^- + Br^- + 2H^+ \rightarrow HBrO_2 + HOBr \tag{10.2}$$

$$HBrO_2 + Br^- + H^+ \rightarrow 2HOBr \tag{10.3}$$

$$HOBr + Br^- + H^+ \rightarrow Br_2 + H_2O \tag{10.4}$$

（II）自己触媒過程を経由した Br_2 の生成

$$BrO_3^- + HBrO_2 + H^+ \rightarrow 2BrO_2 + H_2O \tag{10.5}$$

$$BrO_2 + Ce^{3+} + H^+ \rightarrow HBrO_2 + Ce^{4+} \tag{10.6}$$

この二つの反応は

$$BrO_3^- + HBrO_2 + 2Ce^{3+} + 3H^+ \rightarrow 2HBrO_2 + 2Ce^{4+} + H_2O \tag{10.7}$$

とまとめることができ，$HBrO_2$ が自己触媒的に生成されるプロセスであることがわかる．$HBrO_2$ が次の反応

$$2\mathrm{HBrO_2} \rightarrow \mathrm{BrO_3^-} + \mathrm{HOBr} + \mathrm{H^+} \tag{10.8}$$

によって HOBr に変化し，それが反応 (10.4) に使われて $\mathrm{Br_2}$ を生成する．

(III) $\mathrm{Br^-}$ の生成過程

$$\mathrm{Br_2} + \mathrm{CH_2(COOH)_2} \rightarrow \mathrm{BrCH(COOH)_2} + \mathrm{Br^-} + \mathrm{H^+} \tag{10.9}$$

$$\mathrm{BrCH(COOH)_2} + 4\mathrm{Ce^{4+}} + 2\mathrm{H_2O}$$
$$\rightarrow 4\mathrm{Ce^{3+}} + \mathrm{Br^-} + \mathrm{HCOOH} + 2\mathrm{CO_2} + 5\mathrm{H^+} \tag{10.10}$$

$$\mathrm{CH_2(COOH)_2} + 6\mathrm{Ce^{4+}} + 2\mathrm{H_2O} \rightarrow 6\mathrm{Ce^{3+}} + \mathrm{HCOOH} + 2\mathrm{CO_2} + 6\mathrm{H^+} \tag{10.11}$$

$$\mathrm{Br_2} + \mathrm{HCOOH} \rightarrow 2\mathrm{Br^-} + \mathrm{CO_2} + 2\mathrm{H^+} \tag{10.12}$$

濃度が周期的に変動する原因を定性的に説明すると次のようになる．まず，(I) で $\mathrm{Br^-}$ が少なくなると過程 (I) の進行が停止する．そのとき残っている $\mathrm{HBrO_2}$ が過程 (II) で急激に増加し，それと残っている $\mathrm{Br^-}$ を使って $\mathrm{Br_2}$ がさらに生成される．すると過程 (III) によって $\mathrm{Br_2}$ から $\mathrm{Br^-}$ への変換が起こる．このプロセスがくり返されると，濃度の振動現象が見られることになる．実際，上の化学反応素過程から振動が生じることを次の節で確かめよう．

§10.3 BZ 反応のモデル

(10.2), (10.3), (10.7), (10.8), (10.10) を基本的なプロセスとして反応式を書き下したものはオレゴネータとよばれている（ノイエスたちがオレゴン大学にいたことがその名前の由来である）．各成分の濃度を $A = [\mathrm{BrO_3^-}]$, $B = [\mathrm{BrCH(COOH)_2}]$, $P = [\mathrm{HOBr}]$, $U = [\mathrm{HBrO_2}]$, $V = [\mathrm{Ce^{4+}}]$, $W = [\mathrm{Br^-}]$ と定義すると，上の5つのプロセスは

$$A + W \rightarrow U + P \tag{10.13}$$

$$U + W \rightarrow 2P \tag{10.14}$$

$$A + U \rightarrow 2U + 2V \tag{10.15}$$

$$2U \to A + P \tag{10.16}$$

$$B + V \to hW \tag{10.17}$$

と書ける．A と B は系に十分多量にあると仮定して，これらの時間変化は他の成分の時間変化に比べて無視する．5つの反応速度を上から各々 k_1，k_2，$\cdots$，k_5 とおくと，U，W，V に対して次の方程式を得る．

$$\frac{dU}{ds} = k_1 AW - k_2 UW + k_3 AU - k_4 U^2 \tag{10.18}$$

$$\frac{dW}{ds} = -k_1 AW - k_2 UW + hk_5 BV \tag{10.19}$$

$$\frac{dV}{ds} = 2k_3 AU - k_5 BV \tag{10.20}$$

s は時間を表す．これらの方程式を次のような無次元量で書き下そう．$u = (2k_4/k_3 A)U$，$v = (k_4 k_5 B/k_3 A)^2 V$，$w = (k_2/k_3 A)W$，$t = k_5 Bs$，$\varepsilon = k_5 B/k_3 A$，$\varepsilon' = 2k_4 k_5 B/k_2 k_3 A$，$c = 2k_1 k_4/k_2 k_3$，$b = 2h$．

$$\varepsilon \frac{du}{dt} = cw - uw + u - u^2 \tag{10.21}$$

$$\varepsilon' \frac{dw}{dt} = -cw - uw + bv \tag{10.22}$$

$$\frac{dv}{dt} = u - v \tag{10.23}$$

実際の反応では無次元定数 ε と ε' の典型的な値は $\varepsilon \approx 4 \times 10^{-2}$，$\varepsilon' \approx 2 \times 10^{-4}$ であるので，$\varepsilon \gg \varepsilon'$ が成り立ち，(10.22) の左辺をゼロとおいてよい．その結果得られる $w = bv/(u+c)$ を (10.21) に代入して

$$\varepsilon \frac{du}{dt} = u(1-u) - \frac{bv(u-c)}{u+c} \tag{10.24}$$

を得る．u と v に対する方程式 (10.23)，(10.24) が最も簡単化した BZ 反応のモデルである．$du/dt = dv/dt = 0$ から得られる u と v の関係を図 10.2 に示してある．図(a) では $b = 1$，$c = 0.008$，図(b) では $b = 9$，$c = 0.008$ と選んであり，b の値によって交点がカーブの最小の右側にある

§10.3 BZ反応のモデル

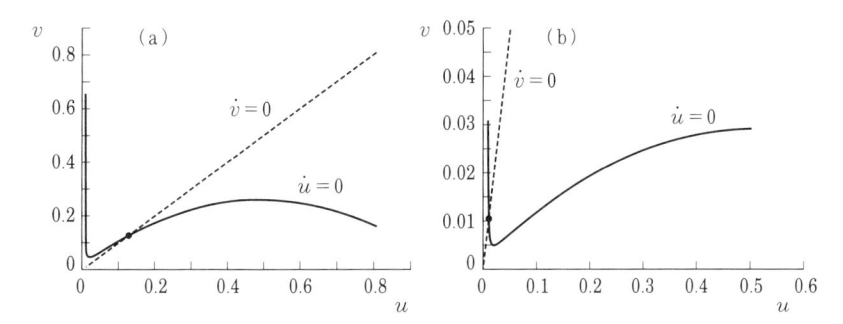

図 10.2 方程式 (10.23) と (10.24) における $\dot{u} = \dot{v} = 0$ を満たす曲線

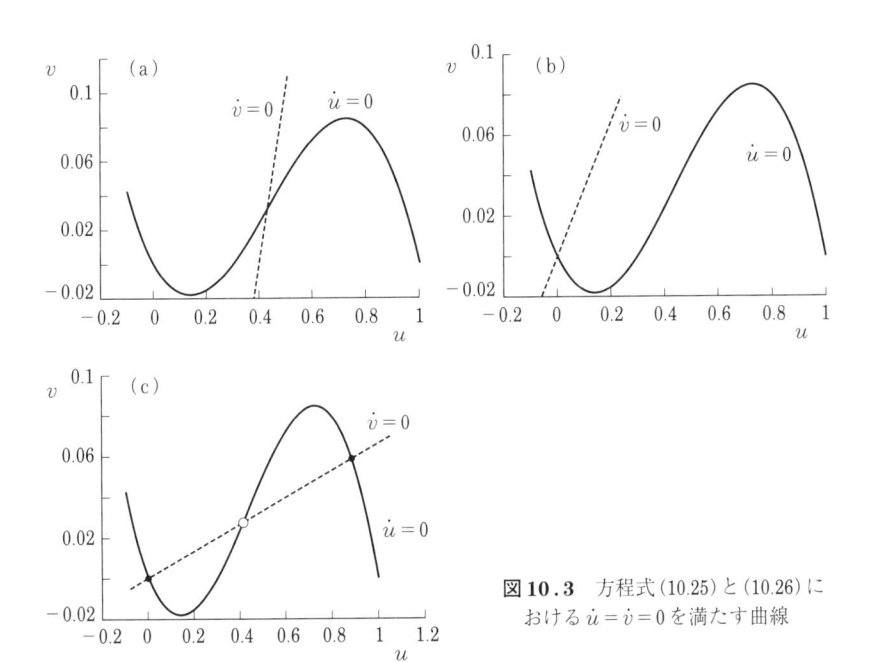

図 10.3 方程式 (10.25) と (10.26) における $\dot{u} = \dot{v} = 0$ を満たす曲線

か，左側にあるかの違いがある．

図 10.2 と定性的に同等な振舞をする解をもつ微分方程式として次のものがある．

$$\varepsilon \frac{du}{dt} = f(u) - v \tag{10.25}$$

$$\frac{dv}{dt} = u - \gamma v - I \tag{10.26}$$

γ と I は正の定数である．実際，関数 $f(u)$ として 3 次の非線形性

$$f(u) = u(1-u)(u-a) \tag{10.27}$$

($0 < a < 1/2$) を仮定すると，$\gamma = 1.0$, $I = 0.4$ では図 10.3(a), $\gamma = 3.0$, $I = 0$ では図(b) となり，図 10.2 に対応した uv 関係が得られる．なお，あとの節で議論するため，$\gamma = 15.0$, $I = 0$ とした図(c) も表示しておく．

§10.4 振動性

方程式 (10.25) と (10.26) で $I = \gamma = 0$ の場合は，前章の方程式 (9.2), (9.3) と本質的に同じである．図 10.3(a) における平衡解 $u = u_0$, $v = v_0$

$$v_0 = f(u_0) \tag{10.28}$$

$$u_0 = \gamma v_0 + I \tag{10.29}$$

の線形安定性を §9.2 と同様にして調べてみよう．すなわち，

$$u = u_0 + \varepsilon_1 e^{\lambda t} \tag{10.30}$$

$$v = v_0 + \varepsilon_2 e^{\lambda t} \tag{10.31}$$

を (10.25) と (10.26) に代入して ε_1 と ε_2 に関して 1 次まで残したとき，$\varepsilon_1 \neq 0$, $\varepsilon_2 \neq 0$ となる条件は

$$\lambda^2 + [\gamma - f'(u_0)]\lambda + 1 = 0 \tag{10.32}$$

である．これからただちに，$\gamma > f'(u_0)$ のとき固有値の実数部分は負，$\gamma <$

§10.4 振 動 性

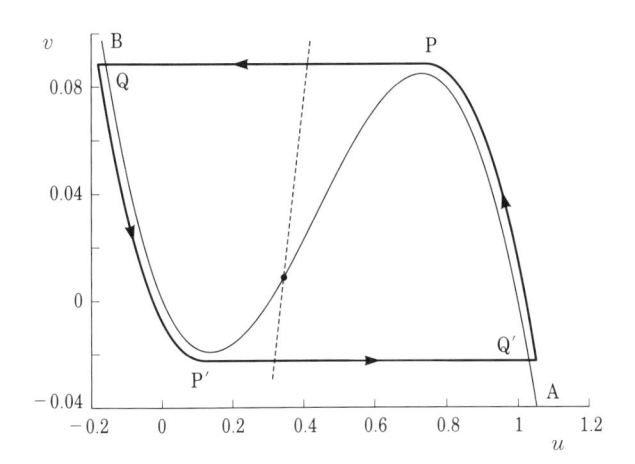

図 10.4 $\varepsilon \ll 1$ のときのリミットサイクル軌道

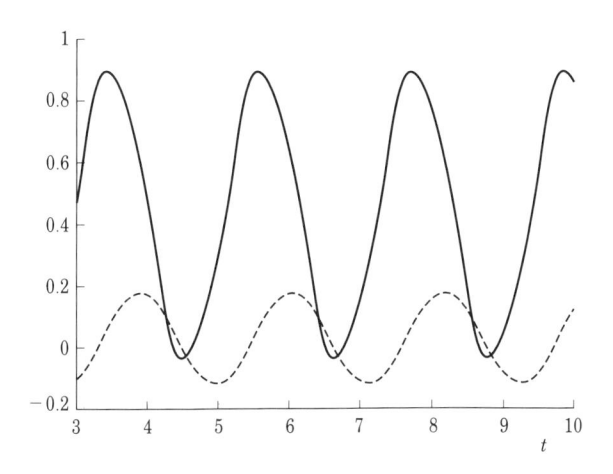

図 10.5 方程式 (10.25) と (10.26) の周期解の時間変化（実線 u, 点線 v）

$f'(u_0)$ のときそれが正であることがわかる．$\gamma = f'(u_0)$ がホップ分岐点である．

$\gamma < f'(u_0)$ のとき方程式 (10.25) と (10.26) の解が実際にどうなるかは別の考察が必要である．たとえば，§9.3 の振幅方程式を求めるのが一つの方法である．ここでは別の観点から，リミットサイクル振動が存在することを納得しよう．(10.25) の ε が非常に小さいとき，$v \approx f(u)$ の場合を除いて $du/dt \gg dv/dt$ である．つまり，図 10.4 に示しているように uv 平面のいかなる点から出発しても $v = f(u)$ 曲線の二つの分枝 A と B に急速に近づく．そのあと，曲線 $v = f(u)$ （のすぐ外側）に沿って，たとえば A では上向きにゆっくり進み点 P までくると B 上の点 Q にジャンプする．分枝 B では下向きに進み，点 P′ から点 Q′ へジャンプする．これがくり返されて，リミットサイクル振動となる．図 10.5 は方程式 (10.25) と (10.26) を数値的に解いて得られた u と v の時間的変化である．

BZ 反応では Ce^{4+} と Ce^{3+} の濃度変化が色の変化として観測される．実際，オレゴネータ (10.18)，(10.19)，(10.20)，あるいは，さらに簡単化した (10.23)，(10.24) の振動解が実験と良く一致することが確かめられている．

§10.5 興 奮 性

図 10.3(b) の状況では $f'(u_0) < 0$ であるから $\gamma > f'(u_0)$ が成り立ち，時間変化しない解 $u = u_0$, $v = v_0$ は線形安定であり，何もおもしろいことが起こらないと思うかもしれない．しかし，果たしてそうであろうか．再度，ε が小さい場合を考えよう．図 10.6 のように点 C から出発するとただちに平衡点に巻き込んでいくが，少し離れた点 D を初期値とすると図 10.3 と同様に，分枝 A，点 P，Q および分枝 B の近くを経由して平衡点に帰りつく．

非平衡定常状態にある系に外乱（あるいは刺激）を与えたとき，その大きさが十分小さいときはただちにもとの状態にもどるが，外乱の大きさがある

§10.5 興奮性

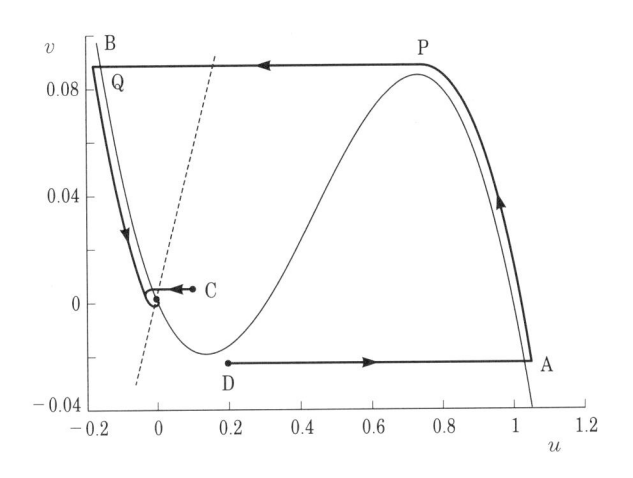

図 10.6 興奮性をもつときの軌道

程度以上になると，いったん定常状態から大きく離れ，その後，もとの状態に回帰する性質を**興奮性**という．熱平衡近傍のゆらぎではこのようなことは決して起こらず，興奮性は非平衡開放系の重要な特徴である．

興奮性を簡単な方程式でモデル化する方法の一つに次のものがある．系の動的状態が複素数 $W = Ae^{i\phi}$ で指定でき，振幅 A が一定と見なせると仮定する．ϕ が方程式

$$\frac{d\phi}{dt} = -\frac{dV(\phi)}{d\phi} \qquad (10.33)$$

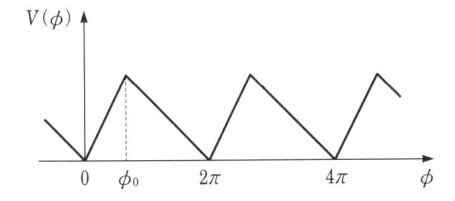

図 10.7 方程式 (10.33) のポテンシャル V の形

に従い，V は図 10.7 のような周期を 2π とする周期関数に選ぶ．ポテンシャル V の最小状態 $\phi = 0$ の近傍のずれは最小点に単調にもどるが，最高点 ϕ_0 を越えたずれは円周を 1 周してから $\phi = 0$ にもどってくる．

図 10.7 のポテンシャルの形 V は図 7.10 と同じであり，方程式 (10.33) に時間相関のあるランダム力を付け加えると方程式 (7.37) と同じである．それゆえ，(10.33) に熱揺動でないランダムな力が作用すると，§7.4 の確率的爪車と同じメカニズムで ϕ が平均として時間と共に増大あるいは減少していくであろう．このことから重要な結論，すなわち，「ランダムな力がないとき興奮性であった系が，ランダム力の存在によって振動性に変ることが可能である」が導かれる．

§10.6　神経膜の興奮

神経膜の興奮現象でもリミットサイクル振動が観察されている．[†] まず，神経系を構成している要素の簡単な説明を行おう．

神経細胞は細胞体，軸索，樹状突起の 3 つの部分から構成されている．樹状突起で他の細胞の軸索と結合しており，それを通して，他の細胞からの信号を受け取り，それを本体で処理し，その結果を軸索から他の細胞へ伝達する．樹状突起と軸索の結合部分はシナプスとよばれる．図 10.8 にそれらの概念図を示している．樹状突起から入ってきた多数の信号を合算してそれがしきい値を超えたとき神経細胞は興奮状態になり，それが軸索をインパルスとして伝搬してほかの細胞に伝えられる．神経細胞には興奮性細胞と抑制性細胞の二つがある．興奮性細胞はそれが出す信号によって他の細胞を興奮させる作用をもち，抑制性細胞は興奮を押さえるように作用する．

---

† 　前節では興奮性は振動性と対比される概念として導入した．一方，神経生理学では，外部刺激によって膜電位が自励振動を起こす場合も膜の興奮とよんでいる．

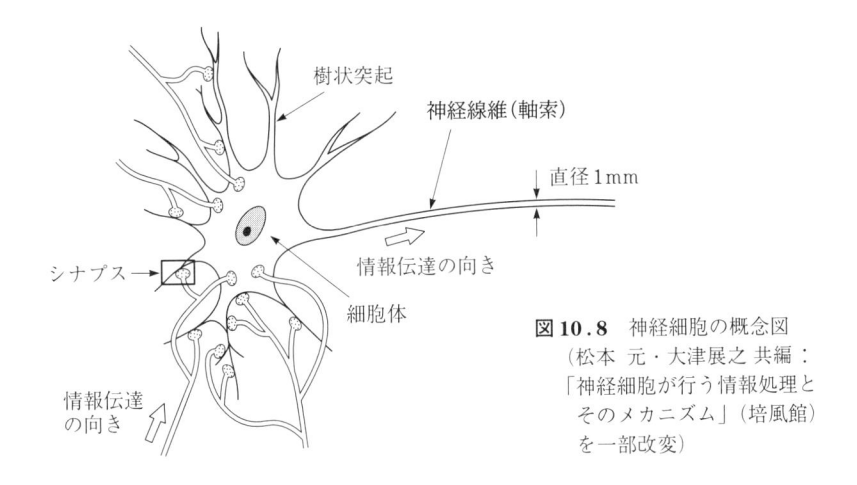

§10.6 神経膜の興奮

図10.8 神経細胞の概念図
（松本 元・大津展之 共編：
「神経細胞が行う情報処理と
そのメカニズム」（培風館）
を一部改変）

神経軸索は脂質二重膜で構成されており，膜面にはイオンチャネルが散在し，そこではNa，Kなどのイオンを選択的に透過させる（図10.9）．細胞内にはKイオンが多く，細胞外ではNaイオンやCaイオンが多い非平衡状

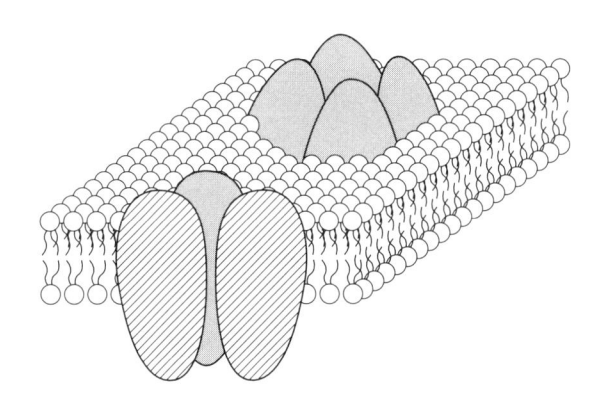

図10.9 神経膜の構造．灰色の部分はイオンチャネルを表す．
（久木田文夫：「脳・神経システムの数理モデル」（臼井支朗 担当編集，p.15，
共立出版）を一部改変）

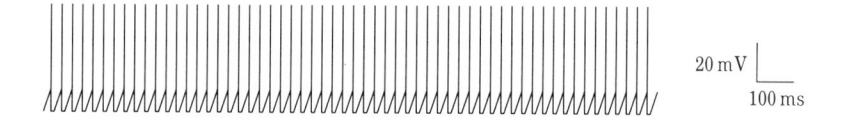

図 10.10 膜電位の振動
（松本 元・大津展之 共編：「神経細胞が行う情報処理とそのメカニズム」
（培風館）による）

態になっている．ヤリイカの巨大軸索では，細胞外を基準にして細胞内の電位は $-50 \sim -60\,\mathrm{mV}$ である．このような状態の軸索に小さなインパルス電流刺激を与えると，膜電位は短い緩和時間でもとの安定状態にもどる．しかし，外液の Ca イオン濃度がある臨界値より小さくなると，電流刺激に対し膜電位は周期が数十ミリ秒の自励的発振を起こす．その例を図 10.10 に示す．

　このような神経興奮，自励発振の数理モデルは，実験データに基づいて 1952 年にホジキンとハックスレーによって提案された．彼らのモデルは 4 変数の常微分方程式で表現される．方程式の具体的な形はかなり複雑であるので，ここでは定性的な説明にとどめる．方程式の一つは膜面を流れる電流と膜電位の関係である．他の 3 つは活性化している Na チャネルゲートの割合，Na チャネル不活性ゲートの割合，K チャネル活性化ゲートの割合の時間発展を表す．ホジキンとハックスレーはこれらを変数とする連立微分方程式を数値的に解き，活動電位がリミットサイクル振動することを示した．（なお，実験的にはその後カオス挙動も観察されており，カオス解をももつようにホジキン - ハックスレーモデルは修正されている．）

　BZ 反応のモデルであるオレゴネータは 3 変数系であったが，そのうちの一つを消去して 3 変数系が (10.25) と (10.26) の 2 変数の常微分方程式になった．これと同じことをホジキン - ハックスレーモデルに対しても行うことができる．Na チャネルの活性化ゲートの時間変化は十分速い（緩和が十分

速い) ので，その時間微分をゼロとおく．さらに，Na チャネルの不活性ゲートの割合は時間変化しないとすると，結果として膜電位 u と K チャネル活性化ゲートの割合 v の二つを変数とする連立方程式が残り，それは

$$\varepsilon \frac{du}{dt} = f(u) - v + I_a \tag{10.34}$$

$$\frac{dv}{dt} = u - \gamma v \tag{10.35}$$

の形になる．$f(u)$ は 3 次の非線形性 (10.27) をもっている．定数 I_a と I の入り方に違いはあるが，(10.34)，(10.35) と (10.25)，(10.26) は本質的に同等である．

§10.7 双安定性

$\dot{u} = 0$ の曲線と $\dot{v} = 0$ の直線が図 10.3(c) のように 3 つ交点をもつ場合各々の近傍で線形安定性解析を行うと，黒丸で示す解は安定であるが白丸の解は不安定であることがわかる．二つの安定平衡点があるので，これを**双安定**とよぶ．これと対比して，図 10.3(b) のように安定な時間変化しない状態が一つしかない系は**単安定**とよばれる．

双安定な系では，空間のある領域は状態 A であり，その周りは状態 B であるというように，一般に二つの状態が共存できる．1 気圧，0°C での水と氷の共存のように，双安定性は熱平衡系にも適用できる概念である．

ただし，双安定性は時間依存しない二つの一様状態の共存以外でも使われる．たとえば，サブクリティカル分岐では，図 9.3 の領域 $\mu_- < \mu < \mu_+$ のように安定な一様平衡解と安定なリミットサイクル解が共存するパラメータがある．このように，二つの質的に異なる安定解の共存に対しても，双安定ということがあるので注意されたい．

11 非線形結合振動子

第2章では調和振動子が互いに隣りと相互作用している場合を考察し,連続極限では波動を表す線形方程式を得た.相互作用している非線形振動子の集合ではどのような運動形態が発現するのであろうか.心筋細胞の例をもち出すまでもなく,非線形結合振動子は生体系で見られるリズムのモデルとして重要である.

§11.1 結合振幅方程式

まず,もっとも簡単な場合として,互いに相互作用する2個の非線形振動子ではどのような運動形態が可能であるかを考察する.[1,2]

第9章で得た振幅方程式 (9.29) を相互作用する2個の振動子に拡張しよう.1(2)番目の振動子の複素振幅を $W_1 (W_2)$,固有振動数からのずれを $\omega_1 (\omega_2)$ として

$$\frac{dW_1}{dt} = (1 + i\omega_1) W_1 - |W_1|^2 W_1 + D(W_2 - W_1) \quad (11.1)$$

$$\frac{dW_2}{dt} = (1 + i\omega_2) W_2 - |W_2|^2 W_2 + D(W_1 - W_2) \quad (11.2)$$

とおく.簡単のため,非線形項 (右辺第2項) の係数が実数の場合を考え,その値を1とした.係数 $D > 0$ をもつ項が相互作用を表す.(11.1) と (11.2) の第3項のみに着目すると,

$$\frac{d(W_1 - W_2)}{dt} = -2D(W_1 - W_2) \tag{11.3}$$

となる．すなわち，相互作用は複素振幅の差を解消する方向に系が発展するように選んである．方程式 (11.1)，(11.2) は $W_n = A_n e^{i\phi_n}$ $(n = 1, 2)$ を代入すると

$$\frac{dA_1}{dt} = (1-D)A_1 - A_1^3 + DA_2 \cos\phi \tag{11.4}$$

$$\frac{dA_2}{dt} = (1-D)A_2 - A_2^3 + DA_1 \cos\phi \tag{11.5}$$

$$\frac{d\phi_1}{dt} = \omega_1 - D\frac{A_2}{A_1}\sin\phi \tag{11.6}$$

$$\frac{d\phi_2}{dt} = \omega_2 + D\frac{A_1}{A_2}\sin\phi \tag{11.7}$$

となる．(11.6)，(11.7) の両辺の差をとると

$$\frac{d\phi}{dt} = \Delta\omega - D\left(\frac{A_1}{A_2} + \frac{A_2}{A_1}\right)\sin\phi \tag{11.8}$$

$\phi = \phi_1 - \phi_2$, $\Delta\omega = \omega_1 - \omega_2$ である．なお，一般性を失うことなく $\Delta\omega > 0$ としてよい．相互作用がないとき $(D = 0)$ は二つの振動子は振幅 1，振動数 ω_1 と ω_2 で独立に振動する．

§11.2 振動の同期

(11.4) と (11.5) から，同じ振幅 $A \equiv A_1 = A_2$ をもつ振動解が存在することがわかる．このとき $\Delta\omega > 2D$ なら (11.8) の右辺は常に正である．したがって，位相差は時間と共に単調に増大する．これを**位相ドリフト**という．位相ドリフトが起こるとき，二つの振動子はほとんど独立に振動し，相互作用がない場合と本質的な差はない．

一方，$\Delta\omega < 2D$ が成り立つとき，すなわち相互作用が十分強いときは (11.8) の右辺は図 11.1 のようになり，$0 < \phi < \pi/2$ に時間に依存しない解

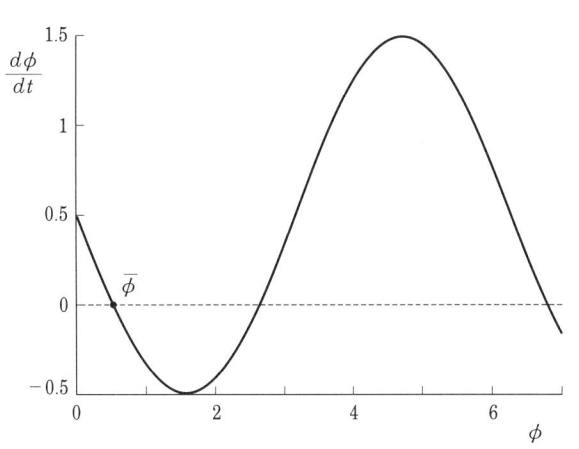

図 11.1 方程式 (11.8) の時間依存しない解 $\bar{\phi}$

$\phi = \bar{\phi}$ がある．

$$\sin \bar{\phi} = \frac{\Delta \omega}{2D} \tag{11.9}$$

このとき振幅方程式は

$$\frac{dA}{dt} = (1 - D + D \cos \bar{\phi})A - A^3 \tag{11.10}$$

となり，その時間依存しない解は

$$\bar{A}^2 = 1 - D + D \cos \bar{\phi} \tag{11.11}$$

$$\cos \bar{\phi} = \left[1 - \left(\frac{\Delta \omega}{2D}\right)^2\right]^{1/2} \tag{11.12}$$

である．(11.11) は右辺が正のときのみ意味がある．これが満たされない場合は次節で議論する．

(11.9) を (11.6), (11.7) に代入すると

$$\frac{d\phi_1}{dt} = \omega_1 - \frac{\Delta \omega}{2} = \frac{\omega_1 + \omega_2}{2} \tag{11.13}$$

$$\frac{d\phi_2}{dt} = \omega_2 + \frac{\Delta \omega}{2} = \frac{\omega_1 + \omega_2}{2} \tag{11.14}$$

§11.2 振 動 の 同 期

となり，二つの振動子が同じ振動数で振動することがわかる．これを**振動の同期**という．

もちろん，同期解が実現するためにはそれが安定でなければならない．解 $\bar{A}$ と $\bar{\phi}$ の線形安定性を調べておこう．

$$A_1 = \bar{A} + a_1 \qquad (11.15)$$

$$A_2 = \bar{A} + a_2 \qquad (11.16)$$

$$\phi = \bar{\phi} + \theta \qquad (11.17)$$

とおき，これらを (11.8) に代入して 1 次まで残すと

$$\frac{d\theta}{dt} = -2D\theta \cos \bar{\phi} \qquad (11.18)$$

となり，a_1, a_2 依存性が現れないことに注意されたい．$0 < \bar{\phi} < \pi/2$ であるから $\cos \bar{\phi} > 0$ であり，(11.9) を満たす $\bar{\phi}$ は安定であることがわかる．それゆえ，(11.15)〜(11.17) を (11.4) と (11.5) に代入するとき位相のずれ θ をゼロとおいてよい．その結果

$$\frac{da_1}{dt} = (1-D)a_1 - 3\bar{A}^2 a_1 + Da_2 \cos \bar{\phi} \qquad (11.19)$$

$$\frac{da_2}{dt} = (1-D)a_2 - 3\bar{A}^2 a_2 + Da_1 \cos \bar{\phi} \qquad (11.20)$$

係数行列の固有値 λ は方程式

$$(\lambda - \lambda_+)(\lambda - \lambda_-) = 0 \qquad (11.21)$$

より決まる．ここに，

$$\lambda_\pm = 1 - D - 3\bar{A}^2 \pm D \cos \bar{\phi} \qquad (11.22)$$

である．$\lambda_- < \lambda_+$ であるから $\lambda_+ < 0$ なら同期解は線形安定である．(11.11), (11.12) を (11.22) に代入すると安定条件は

$$D > \frac{1}{2}\left[1 + \left(\frac{\Delta\omega}{2}\right)^2\right] \qquad (11.23)$$

であることがわかる．

§11.3　振動の停止

(11.11) では $1 - D + D\cos\bar{\phi} > 0$ を仮定した．もしこれが負であると，(11.10) の A に関して 1 次の係数が負になるから振幅ゼロが解であると予想できる．すなわち，このとき振動が停止してしまう．この可能性を調べるため，(11.1)，(11.2) にもどり，$W_1 = W_2 = 0$ の解に対して線形安定性解析を行う．$W_1 = x_1 + iy_1$ と $W_2 = x_2 + iy_2$ とおき，実数 x_i, y_i が小さいとして (11.1)，(11.2) を線形化すると

$$\frac{dx_1}{dt} = (1 - D)x_1 - \omega_1 y_1 + Dx_2 \tag{11.24}$$

$$\frac{dy_1}{dt} = \omega_1 x_1 + (1 - D)y_1 + Dy_2 \tag{11.25}$$

$$\frac{dx_2}{dt} = Dx_1 + (1 - D)x_2 - \omega_2 y_2 \tag{11.26}$$

$$\frac{dy_2}{dt} = Dy_1 + \omega_2 x_2 + (1 - D)y_2 \tag{11.27}$$

となる．右辺の係数行列の固有値 λ は

$$p = \lambda - 1 + D \tag{11.28}$$

$$p^4 - (2D^2 - \omega_1{}^2 - \omega_2{}^2)p^2 + (\omega_1\omega_2 + D^2)^2 = 0 \tag{11.29}$$

を解くことによって決まる．(11.29) は

$$[p^2 - (D^2 + \omega_1\omega_2)]^2 = -(\omega_1 + \omega_2)^2 p^2 \tag{11.30}$$

と書けるから，これからただちに

$$\lambda = 1 - D \pm \left[D^2 - \frac{1}{4}(\Delta\omega)^2\right]^{1/2} \pm \frac{i}{2}(\omega_1 + \omega_2) \tag{11.31}$$

を得る．

$W_1 = W_2 = 0$ が安定であるためには，λ の実数部分が負でなければならない．まず，$\Delta\omega > 2D$ では $D > 1$ がその条件である．$\Delta\omega < 2D$ では二つある実数部分のうち，大きい方 $1 - D + [D^2 - (\Delta\omega)^2/4]^{1/2}$ が負でなければならない．これから条件が

§11.4 振動停止のシミュレーション

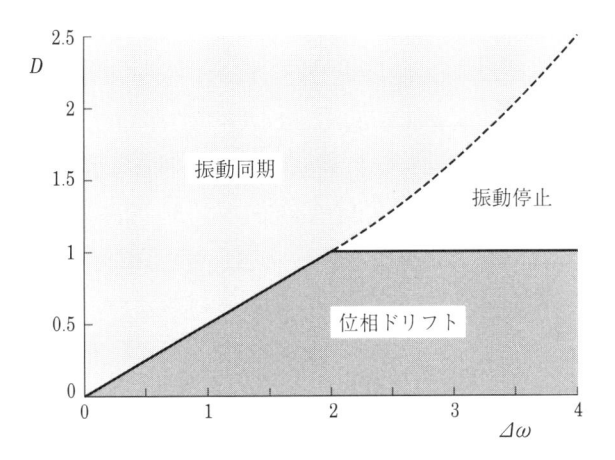

図 11.2 パラメータ D と $\Delta\omega$ 空間での解の振舞

$$D < \frac{1}{2}\left[1 + \frac{1}{4}(\Delta\omega)^2\right] \tag{11.32}$$

であることがわかる．これは同期解の安定条件 (11.23) と相反する条件になっていることに注意されたい．

図 11.2 にパラメータ D と $\Delta\omega$ の空間で，同期領域，停止領域，ドリフト領域を図示してある．これまでの解析はドリフト領域で振幅の異なる同期振動が生じる可能性を検討していないが，これは少々複雑になるので省略する．

§11.4 振動停止のシミュレーション

前節では結合振幅方程式の線形解析から，二つの振動子の振動数の差が大きくなると振動が停止することを示した．この節では，簡単化したホジキン - ハックスレーモデル (10.34)，(10.35) から構成される非線形結合振動子のシミュレーションを行って，振動停止の様子を具体的に調べる．[†]

[†] この節のシミュレーションは，お茶の水女子大学理学部 1999 年卒業，阿久沢裕子，榎本浩子，川口綾子，新沼聡子の諸君によって行われた．

$$\frac{\partial u_1}{\partial t} = f(u_1) - v_1 + I_1 + k(u_2 - u_1) \qquad (11.33)$$

$$\frac{\partial v_1}{\partial t} = b_1 u_1 - \gamma_1 v_1 + k(v_2 - v_1) \qquad (11.34)$$

$$\frac{\partial u_2}{\partial t} = f(u_2) - v_2 + I_2 + k(u_1 - u_2) \qquad (11.35)$$

$$\frac{\partial v_2}{\partial t} = b_2 u_2 - \gamma_2 v_2 + k(v_1 - v_2) \qquad (11.36)$$

$f(u)$ を 3 次関数

$$f(u) = 10u(u-1)(0.5-u) \qquad (11.37)$$

とおく．k は相互作用の大きさを表す．

パラメータを $b_1 = 0.36$，$\gamma_1 = 0.09$，$b_2 = 1.2$，$\gamma_2 = 0.35$，$a_1 = a_2 = 0.5$，$I_1 = I_2 = 2$ と選ぶと，相互作用のないとき ($k = 0$)，各々の振動子はリミットサイクル振動を起こす．1 番目の振動子の振動数は $\omega_1 = 0.056$ (周期 $2\pi/\omega_1 \approx 112$)，2 番目の振動子は $\omega_2 = 0.124$ (周期 $2\pi/\omega_1 \approx 50.6$)，その差は約 $\Delta\omega = 0.068$ である．このとき $0.085 < k < 0.174$ の間で振動の停止が起こることが数値シミュレーションで確かめられる．

図 11.3 は $k = 0.05$, 0.1, 0.2 での振動の様子 (u_1 と u_2 の時間変化) を示している．周期の比 $\omega_1/\omega_2 = 2.21$ が簡単な整数比でないから，相互作用が小さいとき (図 11.3(a)) 振動の周期は非常に長くなり，図 11.4(a) で表しているように，u_1 と u_2, v_1 と v_2 の描く軌跡は有限領域をほぼ被い尽くす．相互作用が中間の値 $k = 0.1$ では振動を持続することができない (図 11.4(b))．相互作用をもっと強くすると二つの振動子は互いに引き込み合い，同じ振動数で振動するようになる (図 11.4(c))．

なお，I_1 と I_2 の差を大きくすると二つのリミットサイクルの軌道は大きくずれる．このような状況では，たとえ二つの振動数に差がなくても振動の停止が起こることを指摘しておこう．

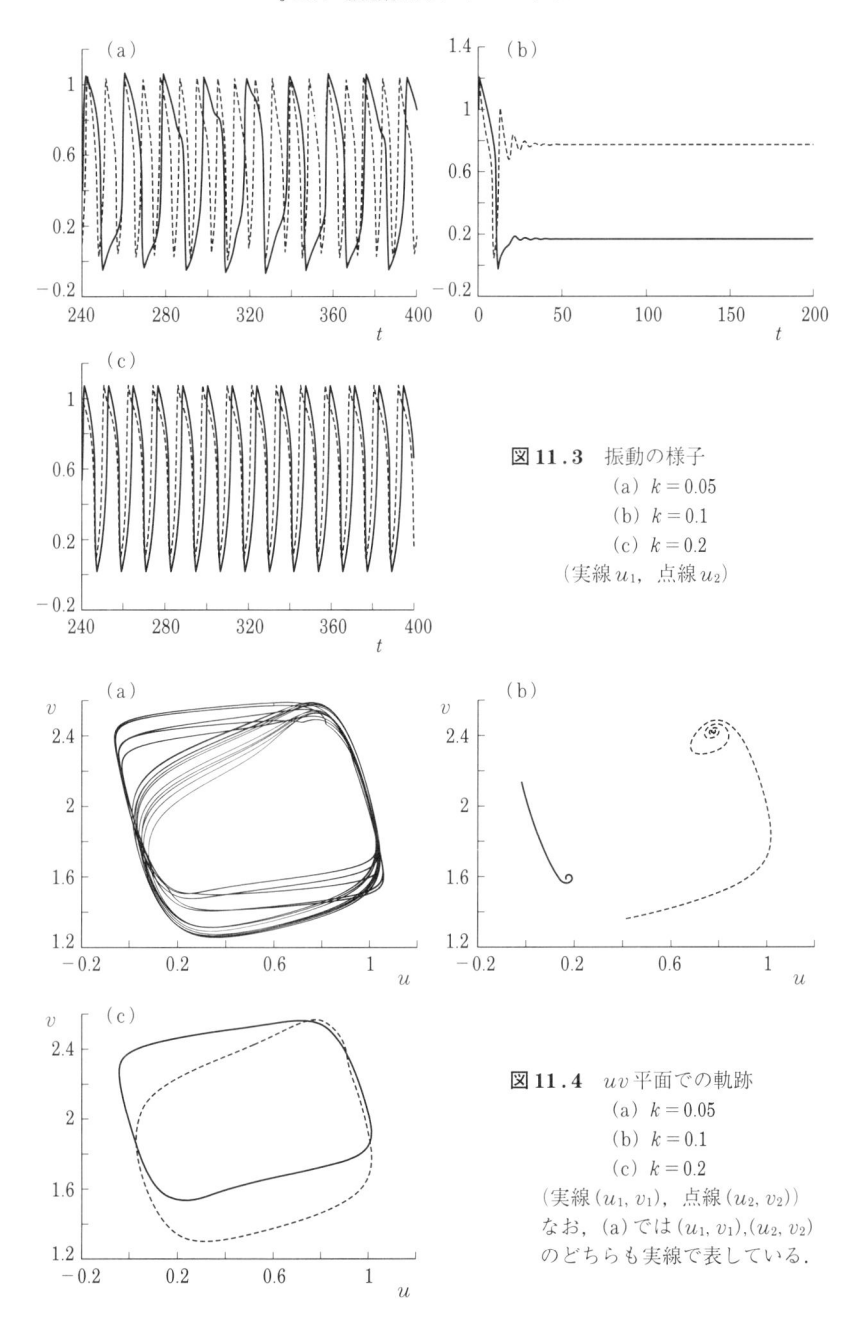

§11.4 振動停止のシミュレーション

図 11.3 振動の様子
(a) $k = 0.05$
(b) $k = 0.1$
(c) $k = 0.2$
(実線 u_1, 点線 u_2)

図 11.4 uv 平面での軌跡
(a) $k = 0.05$
(b) $k = 0.1$
(c) $k = 0.2$
(実線 (u_1, v_1), 点線 (u_2, v_2))
なお，(a) では $(u_1, v_1), (u_2, v_2)$
のどちらも実線で表している．

§11.5 非一様振動系の振幅方程式

非線形振動子が 1 次元的に多数配置しているとき,「波」の方程式はどのような形になるだろうか. 調和振動子に対する方程式 (2.26) とのアナロジーで (11.1), (11.2) を次のように一般化しよう. W_i を i 番目の振動子の複素振幅として

$$\frac{dW_i}{dt} = (1 + ic_0)W_i - (1 + ic_2)|W_i|^2 W_i + D(W_{i-1} + W_{i+1} - 2W_i)$$

(11.38)

とおく. すべての振動子の振動数は同じであり, 隣り合う振動子 $i \pm 1$ とのみ相互作用すると仮定している. 前節では D は実数であるとしたが, 次の章で示すように, 一般には複素数である.

方程式 (11.38) の連続極限は, 第 2 章で行ったように $W_i(t)$ を $W(x,t)$ と書きかえ

$$\frac{\partial W}{\partial t} = (1 + ic_0)W - (1 + ic_2)|W|^2 W + (1 + ic_1)\frac{\partial^2 W}{\partial x^2}$$

(11.39)

と表現される. 空間のスケールを調節することによって定数 D の実数部分を常に 1 とすることができるので, $D = 1 + ic_1$ とおいた. 2 次元以上の場合は空間 2 階微分がラプラシアンになる. (11.39) はホップ分岐点近傍での非線形振動媒体の基本的振幅方程式であり, 空間変化を考慮した複素ギンツブルグ - ランダウ方程式とよばれている.

各係数の虚数部分が大きい極限では (11.39) は

$$-i\frac{\partial W}{\partial t} = c_0 W - c_2|W|^2 W + c_1\frac{\partial^2 W}{\partial x^2} \qquad (11.40)$$

となり, この方程式は**非線形シュレーディンガー方程式**とよばれる. W は複素数であるから, (11.40) と共役な方程式

$$i\frac{\partial W^*}{\partial t} = c_0 W^* - c_2|W|^2 W^* + c_1\frac{\partial^2 W^*}{\partial x^2} \qquad (11.41)$$

§11.5 非一様振動系の振幅方程式

も存在する．(11.40) と (11.41) をペアで考えると，変換 $t \to -t$ と同時に複素共役をとると この二つの方程式系は不変であり，時間に関して 1 階の微分方程式であるにもかかわらず，散逸のない保存系の方程式であることがわかる．$c_1 > 0$, $c_2 > 0$ の場合，$\sqrt{2}\,We^{ic_0 t} \to W$, $x/\sqrt{c_1} \to x$ とおきかえると (11.40) は

$$-i\frac{\partial W}{\partial t} = 2c_2|W|^2 W + \frac{\partial^2 W}{\partial x^2} \tag{11.42}$$

と書くことができる．この厳密解の一つに

$$W(x,t) = \frac{e^{i\omega t}}{\cosh\sqrt{\omega}\,x} \tag{11.43}$$

$\omega = c_2$ がある．(11.43) は空間に局在した波であるが，(11.42) が変換

$$t' = t \tag{11.44}$$

$$x' = x - Vt \tag{11.45}$$

$$W' = W\exp\left(-\frac{i}{2}Vx + \frac{i}{4}V^2 t\right) \tag{11.46}$$

に対して不変であることに注意すると，進行する波を表す解

$$W(x,t) = \frac{\sqrt{\omega}}{\cosh\sqrt{\omega}\,(x-Vt)}\exp\left[\frac{i}{2}Vx - i\left(\frac{V^2}{4} - \omega\right)t\right] \tag{11.47}$$

を構成することができる．

パラメトリック外力が作用しているときの振幅方程式 (9.43) も，非一様な場合に適用できるように拡張しておこう．

$$\frac{\partial W}{\partial t} = (1+ic_0)W - (1+ic_2)|W|^2 W + (1+ic_1)\frac{\partial^2 W}{\partial x^2} + \varepsilon W^* \tag{11.48}$$

ε は実数の定数である．虚数部分 c_0, c_1, c_2 がゼロのときは時間変化しない非一様解として次の二つがある．

$$W_I(x,t) = \pm\sqrt{1+\varepsilon}\,\tanh\left(\frac{1}{2}\sqrt{1+\varepsilon}\,x\right) \tag{11.49}$$

$$W_B(x, t) = \pm \sqrt{1 + \varepsilon}\, \tanh{(\sqrt{2\varepsilon}\, x)} \pm i\frac{\sqrt{1 - 3\varepsilon}}{\cosh{(\sqrt{2\varepsilon}\, x)}}$$

(11.50)

これらが解であることは，(11.48)に代入し，公式

$$\frac{d \tanh x}{dx} = \frac{1}{\cosh^2 x} \qquad (11.51)$$

および

$$\frac{1}{\cosh^2 x} = 1 - \tanh^2 x \qquad (11.52)$$

を使うと直接的に確かめることができる．(11.50)については虚数部分の因子 $\sqrt{1 - 3\varepsilon}$ からわかるように，$0 < \varepsilon < 1/3$ の範囲でのみ存在する．x を $-\infty$ から ∞ まで変化させたときの Re W と Im W の値の変化は図 11.5 に表示してある．W_I は原点を通るのに対し，W_B は原点を迂回するところに特徴がある．

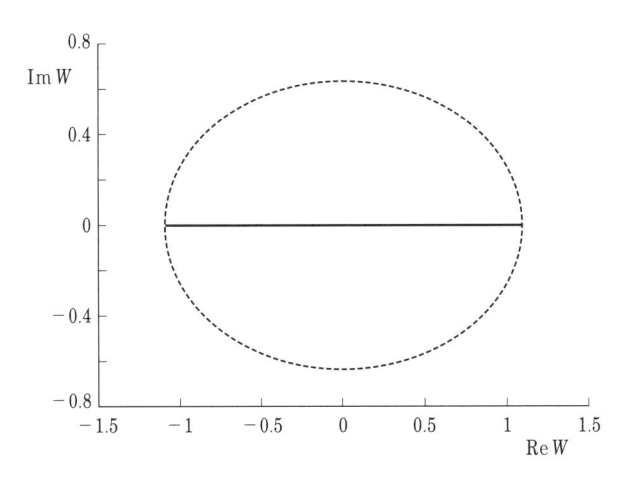

図 11.5 解 (11.49)(実線) と (11.50)(点線)

§11.6　非平衡散逸系の波

方程式 (11.39) にもどろう．係数が純虚数でないときは，もちろん散逸がある．容易にわかるように，(11.39) は次の平面波解をもつ．

$$W(x,t) = A_Q e^{iQx + i\omega t} \tag{11.53}$$

$$A_Q = 1 - Q^2 \tag{11.54}$$

$$\omega = c_0 - c_2 + Q^2 (c_2 - c_1) \tag{11.55}$$

Q はパラメータであり，(11.54) より $|Q| < 1$ でなければならない．

別の形のもっと重要な厳密解として，野崎‐戸次 (Nozaki-Bekki) 解が有名である．余計な繁雑さを避けるため，$c_1 = 0$ の場合の表式を書くと

$$W(x,t) = \sqrt{1 - Q^2} \tanh kx \, e^{i\theta(x) + i\omega t} \tag{11.56}$$

$\theta(x)$ は

$$\frac{d\theta}{dx} = -Q \tanh kx \tag{11.57}$$

を満たし $k^2 = 1/2$，また

$$\omega = c_0 - c_2(1 - Q^2) \tag{11.58}$$

定数 Q は

$$c_2 Q^2 + 3kQ - c_2 = 0 \tag{11.59}$$

の解である．これらは一見複雑そうに見えるが，公式 (11.51)，(11.52) を使うと，(11.56)，(11.57) が (11.39) を満たすことを直接確かめることができる．

(11.56) の振幅の大きさ $|W|^2$ は図 11.6 のように $x = 0$ の近くで小さくなり，それ以外では $1 - Q^2$ に漸近する．そのため，(11.56) は**ホール解**とよばれている．

$x \to \pm\infty$ では $\tanh x \to \pm 1$ であるから，(11.56) は進行平面波 (11.53) と同じ形

$$W(x,t) = \pm A_Q e^{\mp iQx + i\omega t} \tag{11.60}$$

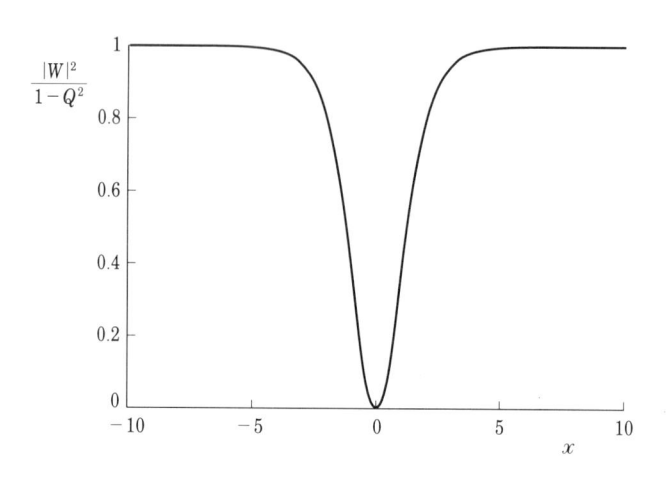

図 11.6　ホール解 (11.56) の振幅 $|W|^2$ の空間変化

になる．$x > 0$ では $W \sim e^{-iQx+i\omega t}$, $x < 0$ では $W \sim e^{iQx+i\omega t}$ であることは，Q と ω が同符号のとき，$x > 0$ では右に伝搬する波，$x < 0$ では左向きの波であることを表している．このことは，ホール解 (11.56) が $x = 0$ の点から左右に湧き出す波を表現していることを意味する．

野崎-戸次解の安定性に関する厳密な解析はないようであるが，パラメータによっては不安定になることが理論的に知られている．

平面波解 (11.53) で $Q = 0$ のとき，空間的に一様に振動する解になる．この一様な振動状態から波を生成するには，空間のある点の振幅を強制的に固定すればよい．図 11.7 は原点 $x = 0$ で $W = 0$ として (11.39) ($c_1 = 0$ としている) を数値計算したときの時間発展である．波が一様振動領域を浸食していく様子がよくわかる．この波を**位相波**とよぶ．

$x = 0$ で W を固定したとき生成される波がホール解で近似できると仮定すれば，浸食速度を以下のように計算することができる．[†] 一様振動領域

[†] ここで紹介する結果は，上山大信，小林 亮 両氏によって得られたものである．

§11.6 非平衡散逸系の波

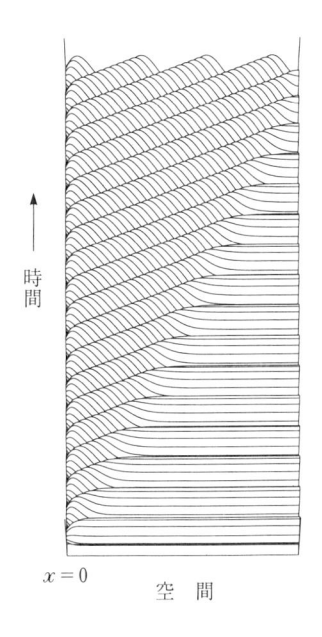

図 11.7 位相波の生成と伝搬．
Re W の時空間変化．
（広島大学　上山大信氏による）

では $Q = 0$ であるから，振動数は (11.58) より
$$\omega = c_0 - c_2 \tag{11.61}$$
である．一方，位相波領域では
$$\omega = c_0 - c_2(1 - Q^2) \tag{11.62}$$
である．この二つの振動数の差 $|c_2 Q^2|$ が 2π になるのに要する時間は
$$T = \frac{2\pi}{|c_2 Q^2|} \tag{11.63}$$
であり，この間に位相波は 1 波長 $2\pi/Q$ の距離だけ浸食しているから，浸食速度は
$$v = \frac{2\pi}{QT} = |c_2 Q| \tag{11.64}$$
となる．(11.59) より，Q を c_2 で表すと速度は c_2 のみの関数になる．図

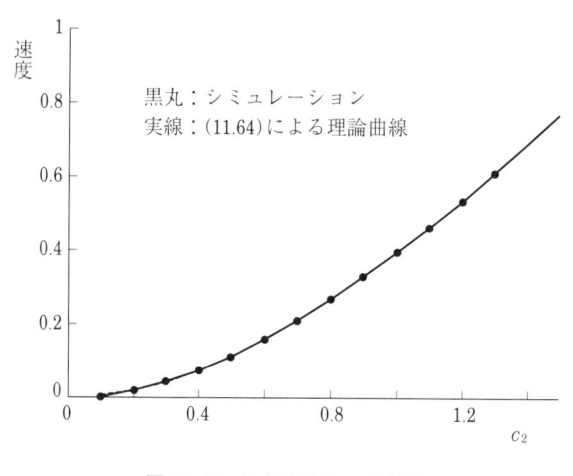

図 11.8 浸食速度の c_2 依存性

11.8 は計算機シミュレーションで得られた浸食速度が，実際 (11.64) と良く一致することを示している．

位相波の相互作用をみるには，離れた空間の 2 点で振幅をゼロに固定して，生成された二つの位相波の衝突を観察すればよい．図 11.9 はそのシミュレーションである．衝突によって波は消え去り，そこに次の波がやってきては対消滅をくり返しているのがわかる．第 2 章の線形波動方程式 (2.40) では重ね合せの原理が成り立つため，右向きの波と左向きの波が衝突しても消滅することは決して起こりえない．実際，図 2.5 のように衝突後定在波として振動を続ける．

図 11.9 の振舞は散逸系の波で一般に見られ，そのため，散逸系の波の衝突では特異なことは何も起こらないと長い間信じられていた．しかし，第 13 章以降で述べるように，非平衡系の波の研究は最近新しい展開を見せつつある．

§11.6 非平衡散逸系の波

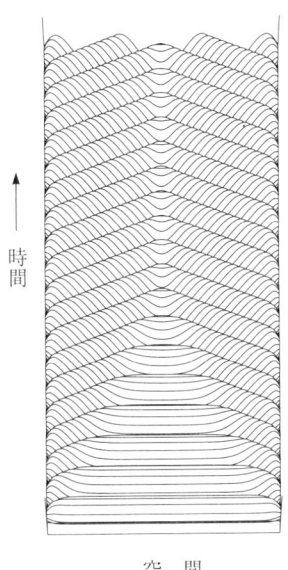

図11.9 位相波の衝突．
Re W の時空間変化．
（広島大学 上山大信氏による）

12 局在構造

これまで，リミットサイクル振動は非平衡開放系に特有の性質であることを強調してきた．しかしながら，非平衡開放系では時間的に変化しない空間周期構造や局在構造も普遍的な秩序として出現する．熱平衡系でも結晶構造のように周期構造が見られるから，非平衡系の周期的秩序はリミットサイクル振動ほど注目されていないようである．しかし，結晶構造は分子間力によって決定されるのに対し，非平衡系で見られるマクロなスケールの周期構造の起源は現象によってさまざまである．この章ではそのうちの典型的と思われる二つの例について述べる．

§12.1 拡散不安定性

第 10 章で議論した化学反応系のモデル方程式 (10.25) と (10.26) は次の形をしている．

$$\frac{du}{dt} = f(u, v) \qquad (12.1)$$

$$\frac{dv}{dt} = g(u, v) \qquad (12.2)$$

この方程式では u と v が空間依存することを考慮していない．化学反応系では，たえずかき混ぜることによって濃度の一様性を保つことは可能である．しかしながら，BZ 反応のらせん波（図 1.4）のように組成濃度が一様でないとき，興味深い動的構造が現れる．空間変化をとり入れるもっとも簡単なモ

§12.1 拡散不安定性

デルは，ブラウン粒子の場合と同様，濃度の拡散効果を (12.1) と (12.2) に付け加えることである．

(12.1) と (12.2) の右辺に拡散項を付けると

$$\frac{\partial u}{\partial t} = D_u \frac{\partial^2 u}{\partial x^2} + f(u, v) \tag{12.3}$$

$$\frac{\partial v}{\partial t} = D_v \frac{\partial^2 v}{\partial x^2} + g(u, v) \tag{12.4}$$

となる．D_u, D_v はそれぞれの成分の拡散係数である．この形の方程式を**反応拡散方程式**という．濃度の不均一を解消する効果をもたせるために拡散項を付け加えたのであるから，(12.3) と (12.4) の時間変化しない安定な解は空間的に一様なはずであると思われるかもしれない．しかし，反応拡散系の重要な性質として，2成分系で非線形な反応項があると必ずしもこの単純な描像が成り立たないことを以下で示そう．

反応拡散方程式 (12.3) と (12.4) の時間変化しない一様解を $\bar{u}, \bar{v}$ とおき，その線形安定性を調べてみよう．拡散項がない場合は第3章ですでに行っている．$u = \bar{u} + a \exp(\lambda t + iqx)$, $v = \bar{v} + b \exp(\lambda t + iqx)$ とおき，$f(\bar{u}, \bar{v}) = g(\bar{u}, \bar{v}) = 0$ に注意して，a と b に関して1次まで残すと (12.3) と (12.4) から

$$\lambda a = -q^2 D_u a + c_{11} a + c_{12} b \tag{12.5}$$

$$\lambda b = -q^2 D_v b + c_{21} a + c_{22} b \tag{12.6}$$

を得る．係数 c_{ij} は (3.51) などと同じである．(12.5) と (12.6) が $a \neq 0, b \neq 0$ の解をもつためには

$$\lambda^2 + A(q)\lambda + B(q) = 0 \tag{12.7}$$

でなければならない．係数は

$$A(q) = q^2 (D_u + D_v) - c_{11} - c_{22} \tag{12.8}$$

$$B(q) = D_u D_v q^4 - q^2 (D_u c_{22} + D_v c_{11}) + c_{11} c_{22} - c_{21} c_{12} \tag{12.9}$$

で与えられる．

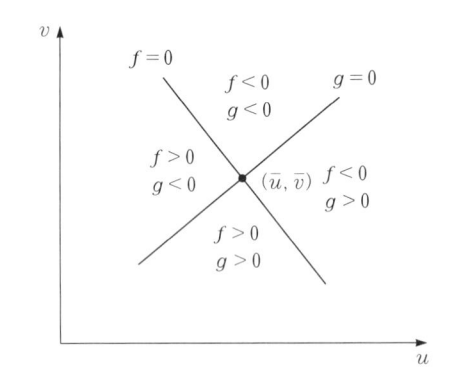

図 12.1 方程式 (12.1) と (12.2) の平衡解 $(\bar{u}, \bar{v})$ 近傍で $f = g = 0$ で分けられる4つの領域

図 12.1 のように関数 f と g が交差しているとしよう。$c_{11} < 0$, $c_{12} < 0$, $c_{21} > 0$, $c_{22} < 0$ のように選んである. 一様なずれ ($q = 0$) に対しては $\bar{u}$, $\bar{v}$ は線形安定であると仮定する。第3章で述べたように、このとき $c_{11} + c_{22} < 0$, $c_{11}c_{22} - c_{21}c_{12} > 0$ を満たしていなければならない.

(12.7) の固有値 λ の一つが正になる条件,すなわち不安定性の十分条件は $B(q) < 0$ である. 上に述べた係数の正負から, u の拡散係数 D_u の値を小さくしていくと, ある有限の q で $B(q)$ が負になることが (12.9) からわかる. 実際, $B(q)$ を q で微分すると最小値を与える q は

$$q_c{}^2 = \frac{D_u c_{22} + D_v c_{11}}{2 D_u D_v} \tag{12.10}$$

であり,そのときの B の値は

$$B(q_c) = -\frac{(D_u c_{22} + D_v c_{11})^2}{4 D_u D_v} + c_{11}c_{22} - c_{21}c_{12} \tag{12.11}$$

これから, D_u が十分小さいとき $B(q_c) < 0$ となることがわかる. このように,関数 f と g が図 12.1 のような関係にあり,二つの拡散係数の値が大きく異なっているとき,一様解は有限の波数をもった変調に対して不安定である. これを**拡散不安定性**あるいは**チューリング不安定性**という.

チューリング不安定性が予言されたのは 1952 年であるが，それが実際に実験的に実現されたのは 40 年近く経った 1990 年である．

なお，(12.7) の形の方程式の解が複素数であり，パラメータを変化させたときにその実数部分の符号が変るとき，一般にその虚数部分は q^2 に依存する．このことが，方程式 (11.39) で $c_1 \neq 0$ の起源である．

§12.2　神経ネットワークの局在構造

第 10 章では神経軸策をインパルスが伝わっていくモデルについて述べた．ここでは多数の神経細胞がシナプス結合によって相互作用している神経ネットワークを考えよう．以下では個々の神経細胞を一つの要素と見なし，その内部構造は考えない．

i 番目の神経細胞に着目し，それが時刻 t で他の n 個の細胞から受けとる信号を 0 か 1 の値をとる変数 $x_1^{(t)}$, $x_2^{(t)}$, …, $x_n^{(t)}$ で表す．入力信号によって着目している細胞の膜電位 $u_i^{(t)}$ が

$$u_i^{(t)} = \sum_{j=1}^n w_{ij} x_j^{(t)} + s_i^{(t)} \tag{12.12}$$

となるとしよう．ここに，w_{ij} はシナプス結合の大きさを表し，興奮性細胞からの入力では $w_{ij} > 0$，抑制性細胞からのときは $w_{ij} < 0$ である．ネットワークを構成している細胞以外からの刺激による膜電位の変化も考慮して $s_i^{(t)}$ を加えてある．膜電位 $u_i^{(t)}$ がしきい値 h を超えたら出力信号 $x_i^{(t+1)}$ を出し，

$$x_i^{(t+1)} = \theta(u_i^{(t)} - h) \tag{12.13}$$

これが軸策を伝搬して他の細胞への $t+1$ 時刻での入力信号になる．$\theta(x)$ は $x > 0$ のとき $\theta = 1$，$x < 0$ のとき $\theta = 0$ である．(12.12) と (12.13) を一つにまとめると，$u_i^{(t)}$ の発展法則が t に関する漸化式

$$u_i^{(t+1)} = \sum_{j=1}^{n} w_{ij}\, \theta(u_j^{(t)} - h) + s_i^{(t+1)} \qquad (12.14)$$

で表現される．

(12.14) は時間 t と，神経細胞を指定する i の両方に関して離散的である．一般に，離散モデルは解析的な取扱いが難しいので連続的な表現に改めよう．まず，$u_i^{(t+1)} - u_i^{(t)} \to \tau\, du_i(t)/dt$ とおきかえる．τ は時間の次元をもつパラメータである．次に神経細胞は稠密に分布しているとして，i の代りに連続座標 x を導入し，$u(x, t)$ と書く．同時に，j に関する和を積分でおきかえる．このようにして (12.14) は

$$\tau \frac{\partial u(x, t)}{\partial t} = -u(x, t) + \int_{-\infty}^{\infty} w(x - x')\, \theta(u(x', t))\, dx' + s(x, t) - h \qquad (12.15)$$

となる．† ただし，$u(x, t) - h$ をあらためて u と定義した．そのため，(12.15) では u は正にも負にもなれる変数である．シナプス結合を表す $w(x - x')$ は距離 $|x - x'|$ の関数であると仮定する．また図 12.2 のように，有限の範囲でのみ w は値をもち，近距離の結合は興奮的 ($w > 0$) であり，少し離れると抑制的 ($w < 0$) な相互作用であるとしよう．以下では簡単の

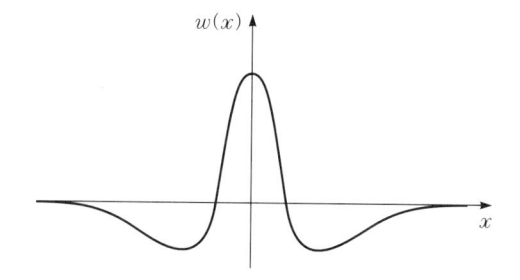

図 12.2 $w(x)$ の関数形

---

† 座標 x は必ずしも空間座標である必要はなく，ネットワーク結合の「距離」を表すものである．

§12.2 神経ネットワークの局在構造

ため, s は時間空間に依存しない定数であるとして, $s-h$ をあらためて s とおく.

(12.15) は微分積分方程式であり, これまで議論してきた反応拡散方程式や振幅方程式とはその構造が異なる. しかし, 以下でみるように, 非平衡系における秩序形成の観点からはいくつか共通する性質をもっている.

まず, (12.15) が双安定である可能性を検討しよう. 空間的に一様な時間変化しない解 $u = u_+ > 0$ の存在を仮定すると, それは

$$u_+ = \int_{-\infty}^{\infty} w(x-x')\,dx' + s = 2W(\infty) + s \qquad (12.16)$$

を満たさなければならない. ここに,

$$W(x) = \int_0^x w(x')\,dx' \qquad (12.17)$$

を定義した. (12.16) は $s > -2W(\infty)$ であれば矛盾はない. 同様にして $u_- < 0$ の解があるためには $\theta(u_-) = 0$ であるから, (12.15) より $u_- = s < 0$ でなければならないことがわかる. それゆえ, $-2W(\infty) < s < 0$ であれば方程式 (12.15) は双安定である. また, 関数 $\theta(x)$ のために $|u_+|, |u_-|$ が有限である限り, これらの解が線形安定であることがただちにわかる.

系が双安定であれば空間の有限の領域で $u = u_+$ であり, そのほかの領域で $u = u_-$ となる解が考えられる. 図 12.3 のように $-x_0 < x < x_0$ で

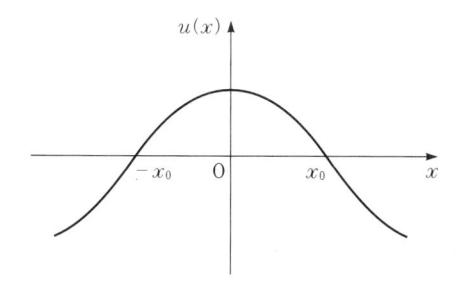

図 12.3 空間局在解

$u>0$ であり，そのほかで $u<0$ となるような空間的に局在した対称な解 ($u(x, t) = u(-x, t)$) は存在するであろうか．x_0 の時間変化を表す方程式を求めよう．(12.15) から

$$\tau \left.\frac{\partial u(x, t)}{\partial t}\right|_{x=x_0} = -u(x_0(t), t) + \int_{-x_0}^{x_0} w(x_0 - x')\,dx' + s$$
$$= W(2x_0) + s \qquad (12.18)$$

となる．† ここで x_0 の定義 $u(x_0(t), t) = 0$ を使った．これを時間で微分して得られる関係

$$\frac{dx_0}{dt} = -\frac{\left.\dfrac{\partial u}{\partial t}\right|_{x=x_0}}{\left.\dfrac{\partial u}{\partial x}\right|_{x=x_0}} \qquad (12.19)$$

を使うと，(12.18) の左辺は $-\tau\,(dx_0/dt)(\partial u/\partial x)|_{x=x_0}$ となり，これらの関係式から x_0 の時間変化を表す方程式

$$\tau \frac{dx_0}{dt} = \frac{1}{C}\left[W(2x_0) + s\right] \qquad (12.20)$$

が得られる．局在解が図 12.3 の形をしているならば，係数 $C = -\partial u/\partial x|_{x=x_0}$ は正でなければならない．

$w(x)$ の抑制性が相対的に強いとき，その積分 $W(x)$ は x が小さいとき正，x が十分大きいとき負になりうる．したがって，$W(2\bar{x}_0) + s = 0$ で決まる時間変化しない解 $\bar{x}_0$ は安定である．$x_0 = \bar{x}_0$ のときは傾き C を以下のようにして決定できる．(12.15) で左辺をゼロとおき，x で微分したあと，$x = \bar{x}_0$ とおく．

$$\left.\frac{\partial u(x)}{\partial x}\right|_{x=\bar{x}_0} = \int_{-\bar{x}_0}^{\bar{x}_0} \left.\frac{w(x-x')}{dx}\right|_{x=\bar{x}_0} dx'$$
$$= -\int_{-\bar{x}_0}^{\bar{x}_0} \frac{w(\bar{x}_0 - x')}{dx'}\,dx'$$
$$= w(2\bar{x}_0) - w(0) \qquad (12.21)$$

---

† 記号 $\partial u/\partial t|_{x=x_0}$ は，微分したあと x を x_0 とおくことを意味する．

これから，$C > 0$ であるためには条件 $w(0) > w(2\bar{x}_0)$ が必要である．

§12.3 神経ネットワークの周期構造

方程式 (12.15) が時間変化しない空間周期解をもつかどうかを検討しよう．まず，u が全領域で同じ符号をもつ (たとえば，$u > 0$) なら，それは x に依存しない定数でなければならないことが容易にわかる．なぜなら

$$u(x) = \int_{-\infty}^{\infty} w(x - x')\, dx' + s \tag{12.22}$$

の右辺は x によらない．それゆえ，周期 l の周期解が存在するなら，ある $0 < a < l$ が存在して，$0 < x < a$ において $u > 0$，$a < x < l$ において $u < 0$ のように符号を変えるはずである．こうして u に対する方程式は

$$u(x) = \sum_{n=-\infty}^{\infty} \int_{nl}^{nl+a} w(x - x')\, dx' + s \tag{12.23}$$

となる．

$$\begin{aligned}
u(x + l) &= \sum_{n=-\infty}^{\infty} \int_{nl}^{nl+a} w(x + l - x')\, dx' + s \\
&= \sum_{n=-\infty}^{\infty} \int_{(n-1)l}^{(n-1)l+a} w(x - x')\, dx' + s \\
&= u(x)
\end{aligned} \tag{12.24}$$

であるから，確かに周期性を満たしている．

しかし，実際に正，負の値を交互にとる周期解になっているためには，いくつか条件が必要である．まず，$x = ml + a$ (m は整数) で $u = 0$ でなければならないから，(12.23) から

$$0 = \sum_{n=-\infty}^{\infty} \int_{nl}^{nl+a} w(ml + a - x')\, dx' + s \tag{12.25}$$

が成り立たなければならない．$w(x)$ をフーリエ変換し

$$w(x) = \int_{-\infty}^{\infty} \frac{dq}{2\pi}\, w_q e^{iqx} \tag{12.26}$$

ポアソンの総和則（この証明はこの節の最後で行う）

$$\frac{1}{2\pi}\sum_{n=-\infty}^{\infty}e^{iqnl}=\frac{1}{l}\sum_{Q}\delta(q-Q) \qquad (12.27)$$

($Q=2\pi m/l$, m は整数) を使うと

$$\sum_{n=-\infty}^{\infty}\int_{nl}^{nl+a}w(ml+a-x')\,dx' = \sum_{n=-\infty}^{\infty}\int_{-\infty}^{\infty}\frac{dq}{2\pi}w_q\int_{nl}^{nl+a}e^{iq(ml+a-x')}\,dx'$$

$$=\sum_{n=-\infty}^{\infty}\int_{-\infty}^{\infty}\frac{dq}{2\pi}\frac{w_q}{iq}e^{iq(m-n)l}(-1+e^{iqa})$$

$$=\frac{1}{l}\sum_{Q}\frac{w_Q}{iQ}(-1+e^{iQa}) \qquad (12.28)$$

となる．$w(x)=w(-x)$ より $w_Q=w_{-Q}$ であるから，(12.25) より

$$\frac{a}{l}w_{Q=0}+\frac{1}{l}\sum_{Q\neq 0}\frac{w_Q}{Q}\sin Qa+s=0 \qquad (12.29)$$

を得る．

ここで，特別な場合をいくつか検討しよう．まず，$a\to l$ で $\sin Qa=\sin 2\pi n=0$ であるから

$$w_{Q=0}+s=0 \qquad (12.30)$$

が成立しなければならない．$w_{Q=0}=2W(\infty)$ の関係より，(12.30) は $s=-2W(\infty)$ と同等である．次に，$a/l=1/2$ のとき同様にして (12.29) から $s=-W(\infty)$ を得る．これらより，周期解が存在するためには $s>0$ では $W(\infty)<0$ でなければならないことがわかる．最後に，$a\to 0$ では (12.25) より $s\to 0$ である．

これらをまとめると，周期解は $0<s<-2W(\infty)$ の間に存在し，s が増加するにつれて $u>0$ の領域の大きさ a はゼロから l まで単調に増大する．周期 l は任意パラメータとして残り，上の解析から一意的に決定することはできない．

最後に，先ほど使ったポアソンの総和則 (12.27) を導出しておこう．(12.27) の右辺を

§12.3 神経ネットワークの周期構造

$$f(q) \equiv \frac{1}{l} \sum_Q \delta(q - Q) \tag{12.31}$$

とおく. $f(q)$ は偶関数 $f(q) = f(-q)$, および周期関数 $f(q) = f(q+\lambda)$, $\lambda = 2\pi/l$ であるから, フーリエ級数展開できる.

$$f(q) = \sum_{n=-\infty}^{\infty} C_n e^{iq2\pi n/\lambda} \tag{12.32}$$

係数 C_n は

$$C_n = \frac{1}{\lambda} \int_{-\lambda/2}^{\lambda/2} dq\, f(q)\, e^{-iq2\pi n/\lambda} \tag{12.33}$$

で与えられる. $-\pi/l < q < \pi/l$ では (12.31) で $Q = 0$ のみが残り $f(q) = (1/l)\delta(q)$ であるから, (12.33) よりただちに $C_n = 1/2\pi$ を得て, (12.27) が導出される.

13 界面の運動

前章では反応拡散系と神経ネットワークにおいて空間的に周期的な秩序が存在しうることを示した．これからの章では，局在した構造が複数個ある反応拡散系では，それらの間の相互作用によってどのような運動が生じるかをみていこう．まず最初に，もっともわかりやすいであろう双安定の場合を考察する．

§13.1 動かない界面から動く界面へ

反応拡散系として，ベローソフ - ジャボチンスキー反応のモデル方程式 (10.25)，(10.26) に拡散項を付け加えた

$$\tau \frac{\partial u}{\partial t} = D_u \frac{\partial^2 u}{\partial x^2} + f(u) - v \tag{13.1}$$

$$\frac{\partial v}{\partial t} = D_v \frac{\partial^2 v}{\partial x^2} + u - \gamma v \tag{13.2}$$

を考える．関数 $f(u)$ の形および定数 γ を適当に選ぶと，図 13.1 のように $u = v = 0$ と $\hat{u} = \gamma \hat{v}$, $\hat{v} = f(\hat{u})$ で決まる二つの一様解をもつ双安定な系となる．以後，神経膜系の用語から，u を活性因子，v を抑制因子とよぶ．

図 13.2 のように時間依存しない二つの解 ($x \to -\infty$ で $u = \hat{u}$, $v = \hat{v}$, $x \to \infty$ で $u = v = 0$) をなめらかにつなぐ非一様な解があると仮定する．この解が速度 c で定常的に右に伝搬するとして $\bar{u}(x - ct)$, $\bar{v}(x - ct)$ とおき，(13.1) と (13.2) に代入すると

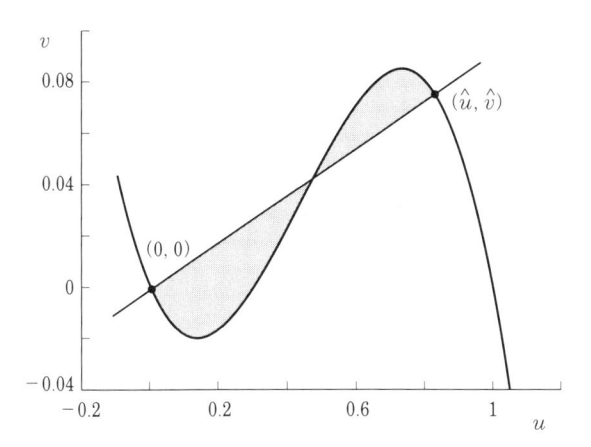

図 13.1 方程式 (13.1) と (13.2) から得られる $v=f(u)$ の曲線と $v=u/\gamma$ の直線．それらの交点が一様解を表す．

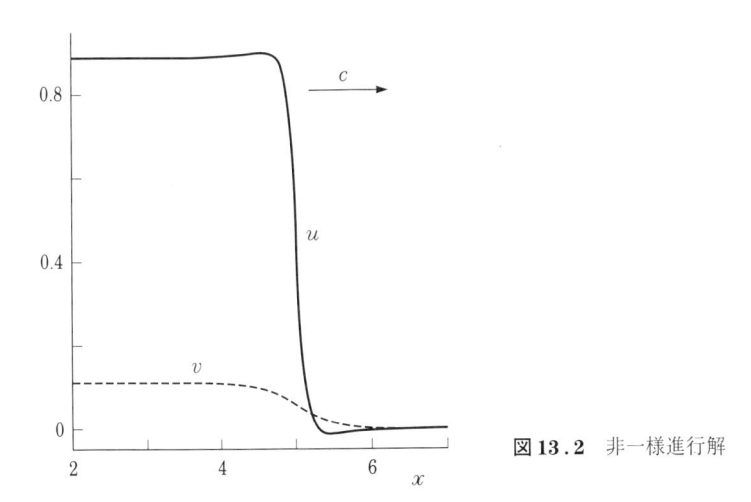

図 13.2 非一様進行解

$$-c\tau \frac{d\bar{u}}{dz} = D_u \frac{d^2\bar{u}}{dz^2} + f(\bar{u}) - \bar{v} \tag{13.3}$$

$$-c\frac{d\bar{v}}{dz} = D_v \frac{d^2\bar{v}}{dz^2} + \bar{u} - \gamma\bar{v} \tag{13.4}$$

となる．$z = x - ct$ である．この二つの方程式から $\bar{u},\ \bar{v}$, そして速度 c を求めなければならない．具体的に解を計算することはせず，どのような条件のとき速度 c が有限になりうるかを検討しよう．

(13.3) の両辺に $d\bar{u}/dz$ を乗じ，$-\infty$ から ∞ まで積分すると

$$-c\tau\left(\frac{d\bar{u}}{dz},\frac{d\bar{u}}{dz}\right) = \left(\frac{d\bar{u}}{dz}, f(\bar{u})\right) - \left(\frac{d\bar{u}}{dz}, \bar{v}\right) \tag{13.5}$$

となる．ここに

$$(A(z), B(z)) = \int_{-\infty}^{\infty} dz\, A(z)\, B(z) \tag{13.6}$$

を定義し，$(d^2\bar{u}/dz^2,\ d\bar{u}/dz) = 0$ を使った．(13.4) に対しても $d\bar{v}/dz$ を掛けて同じ操作を行うと

$$-c\left(\frac{d\bar{v}}{dz},\frac{d\bar{v}}{dz}\right) = -\left(\frac{d\bar{u}}{dz}, \bar{v}\right) - \gamma\left(\frac{d\bar{v}}{dz},\bar{v}\right) - \gamma\,\bar{v}(-\infty)^2 \tag{13.7}$$

を得る．ここで，部分積分で得られる関係 $(d\bar{v}/dz,\ \bar{u}) = -(d\bar{u}/dz,\ \bar{v}) - \gamma\,\bar{v}(-\infty)^2$ を使った．(13.5) と (13.7) から

$$c\left[\tau\left(\frac{d\bar{u}}{dz},\frac{d\bar{u}}{dz}\right) - \left(\frac{d\bar{v}}{dz},\frac{d\bar{v}}{dz}\right)\right] = \alpha \tag{13.8}$$

を得る．

$$\begin{aligned}\alpha &= -\left(\frac{d\bar{u}}{dz}, f(\bar{u})\right) - \gamma\left(\frac{d\bar{v}}{dz},\bar{v}\right) - \gamma\,\bar{v}(-\infty)^2 \\ &= W(\bar{u}(\infty)) - W(\bar{u}(-\infty)) - \frac{\gamma}{2}\bar{v}\,(-\infty)^2 \\ &= W(\bar{u}=0) - W(\bar{u}=\hat{u}) - \frac{\gamma}{2}\hat{v}^2 \end{aligned} \tag{13.9}$$

より，α は c が小さい極限で c によらない定数であることがわかる．W は

$dW/du = -f$ によって定義されている ((12.17) の W とは関係がない).

$c \to 0$ のとき定数 a は簡単な幾何学的意味をもっている.図 13.1 のアミで示した領域の面積は(符号も含めて)

$$\int_0^{\hat{u}} du \left(f(u) - \frac{1}{\gamma} u \right) = -W(u = \hat{u}) + W(u = 0) - \frac{1}{2\gamma} \hat{u}^2 \tag{13.10}$$

である.$\hat{u} = \gamma \hat{v}$ であるから,(13.10) は (13.9) に等しい.

$a = 0$ の特別な場合を考えてみよう.このとき,図 13.1 のアミで示した二つの領域の面積は等しい.(13.8) のかぎ括弧の中がゼロに等しくなければ $c = 0$ が解であり,非一様解は動かない.(13.3),(13.4) から明らかなように,$\bar{u}$ と $\bar{v}$ は一般に c の関数である.したがって,ある有限の速度でかぎ括弧の中がゼロになることがあれば,それは $c \neq 0$ の解があることを意味する.パラメータ τ を変化させたとき,$c \neq 0$ の出現は

$$\tau = \tau_c = \frac{\left(\dfrac{d\bar{v}}{dz}, \dfrac{d\bar{v}}{dz} \right)}{\left(\dfrac{d\bar{u}}{dz}, \dfrac{d\bar{u}}{dz} \right)} \tag{13.11}$$

で起こるであろう.すなわち,動かない非一様解が不安定となって動き出すスーパークリティカルな分岐があれば,$\tau = \tau_c$ が分岐点であることを示唆している.ただし,(13.11) の $\bar{u}$ と $\bar{v}$ は $c \to 0$ での関数である.次の節で,上の一般的予想が実現することを確認しよう.

§13.2 界面の運動

非線形偏微分方程式を厳密に解くのは一般に困難である.だからといって,言葉のみでその振舞を説明しても十分な理解が得られるとは期待できない.方程式 (13.3) と (13.4) を実際に解くため,次のように書きかえる.

$$\tau \varepsilon \frac{\partial u}{\partial t} = \varepsilon^2 \frac{\partial^2 u}{\partial x^2} + f(u) - v \tag{13.12}$$

$$\frac{\partial v}{\partial t} = D\frac{\partial^2 v}{\partial x^2} + u - \gamma v \tag{13.13}$$

まず，(13.12) では活性因子の拡散係数が抑制因子のそれに比べて十分小さいとして $D_u = \varepsilon^2 \, (\varepsilon \ll 1)$ とおいた．さらに，τ を $\tau\varepsilon$ でおきかえてある．この理由は以下の (13.17) で明らかになる．また，実際に計算を遂行できるように，3次関数 (10.27) を区分的に線形の関数

$$f(u) = -u + \theta(u - a) \tag{13.14}$$

でおきかえる．$\theta(x)$ は第 12 章と同じ階段関数であり，$x > 0$ では $\theta(x) = 1$，$x < 0$ では $\theta(x) = 0$ である．(13.14) を使うと，以下で必要とする数学は量子力学で 1 次元矩形ポテンシャルでの波の反射・透過を扱う問題と同程度になる．

このようなおきかえを行ったからといって，特殊な方程式の特別な振舞を関心の対象としているのではない．具体的な結果からその現象の本質を洞察し，普遍性を追及することが目的である．

$\varepsilon \ll 1$ では u の空間変化は v の空間変化に比べて急峻である．u の値が急激に変化している領域を**界面**という．界面近くの u の時間発展に注目するときは，(13.12) の v を界面での値 v_I でおきかえてよい．すなわち，界面の位置 $x = \eta$ を

$$u(\eta) = a \tag{13.15}$$

で定義して，$v_I = v(x = \eta, t)$ である．

$$\tau\varepsilon \frac{\partial u}{\partial t} = \varepsilon^2 \frac{\partial^2 u}{\partial x^2} - u + \theta(u - a) - v_I \tag{13.16}$$

図 13.2 のように界面が速度 c で伝搬しているとしよう ($\eta = ct$)．界面と同じ速度で動く座標系 $z = x - ct$ では (13.16) は

$$-c\tau\varepsilon \frac{du}{dz} = \varepsilon^2 \frac{d^2 u}{dz^2} - u + \theta(u - a) - v_I \tag{13.17}$$

右辺第 1 項から，u の空間変化は ε のオーダーで起こることがわかる．したがって，空間 1 階微分のある左辺にファクター ε を付けておいた方が便

§13.2 界面の運動

利であるため，(13.12) では τ を $\tau\varepsilon$ とおきかえたのである．

方程式 (13.17) は区分的に線形であるから，その解は $x > \eta, (z > 0)$ では
$$u = -v_I + Ae^{-\kappa_+ z} \tag{13.18}$$
$x < \eta \, (z < 0)$ では
$$u = 1 - v_I + Be^{\kappa_- z} \tag{13.19}$$
とおける．これらの解は $x \to \pm\infty$ で一様平衡解 $u = v = 0, u = \hat{u}, v = \hat{v}$ に一致しない．その理由は，もちろん $v = v_I$ とおきかえたためである．(13.18), (13.19) は界面の近傍 $x \approx \eta$ で正しい解である．

極限 $z \to \pm\infty$ で u, v が無限大にならないためには，$\kappa_\pm$ は正でなければならない．(13.18), (13.19) を (13.17) に代入して
$$\varepsilon^2 \kappa_+^2 - c\varepsilon\tau\kappa_+ - 1 = 0 \tag{13.20}$$
$$\varepsilon^2 \kappa_-^2 + c\varepsilon\tau\kappa_- - 1 = 0 \tag{13.21}$$
これらより
$$\kappa_\pm = \frac{\pm c\tau + \sqrt{(c\tau)^2 + 4}}{2\varepsilon} \tag{13.22}$$
を得る．

(13.18) と (13.19) の係数 A と B は $x = \eta \, (z = 0)$ での u と du/dz の連続条件
$$A = 1 + B \tag{13.23}$$
$$\kappa_+ A = -\kappa_- B \tag{13.24}$$
から
$$A = \frac{\kappa_-}{\kappa_+ + \kappa_-} \tag{13.25}$$
$$B = -\frac{\kappa_+}{\kappa_+ + \kappa_-} \tag{13.26}$$
と決定される．

(13.18) と (13.25) を界面の位置の定義式 (13.15) に代入すると

$$\frac{c\tau}{\sqrt{(c\tau)^2+4}} = 1 - 2a - 2v_I \tag{13.27}$$

となり，界面での v の値 v_I の関数として速度の表式が得られる．

(13.27) の未知量 v_I を決定しよう．そのためには，方程式 (13.13) を解く必要がある．変数 v の空間変化はゆるやかであるから，その解を求めるとき (13.12) で $\varepsilon \to 0$ としてさしつかえない．それゆえ，$v = f(u)$ を得る．$f(u)$ として (13.14) を使うと $u > a$，すなわち $z < 0$ の領域で $v = 1 - u$，$z > 0$ の領域で $v = -u$ となる．これを (13.13) に代入すると v のみの閉じた方程式が得られる．

境界が一定速度 c で動いているとき，$z < 0$ の領域で

$$-c\frac{dv}{dz} = D\frac{d^2v}{dz^2} + 1 - \beta v \tag{13.28}$$

$z > 0$ の領域で

$$-c\frac{dv}{dz} = D\frac{d^2v}{dz^2} - \beta v \tag{13.29}$$

となる．ここで $\beta = 1 + \gamma$ を定義した．

$z < 0$ では

$$v = \frac{1}{\beta} + Ee^{s_- z} \tag{13.30}$$

とおき，(13.28) に代入し，v が $z \to -\infty$ で発散しないためには s_- が正でなければならないことを考慮すると

$$s_- = \frac{-c + \sqrt{c^2 + 4D\beta}}{2D} \tag{13.31}$$

を得る．同様にして，$z > 0$ では

$$v = Fe^{-s_+ z} \tag{13.32}$$

とおき，

$$s_+ = \frac{c + \sqrt{c^2 + 4D\beta}}{2D} \tag{13.33}$$

係数 E と F は $z = 0$ での v とその 1 階微分の連続条件

$$\frac{1}{\beta} + E = F \tag{13.34}$$

$$-s_- E = s_+ F \tag{13.35}$$

を満たさなければならない．これを解いて

$$E = -\frac{1}{2\beta} - \frac{c}{2\beta\sqrt{c^2 + 4\beta D}} \tag{13.36}$$

を得る．(13.30) より $v_I = v(z=0) = 1/\beta + E$ であるから

$$v_I = \frac{1}{2\beta} - \frac{c}{2\beta\sqrt{c^2 + 4\beta D}} \tag{13.37}$$

が決まり，これを (13.27) に代入すると速度 c に対する方程式が得られる．

$$\frac{c\tau}{\sqrt{(c\tau)^2 + 4}} = a + \frac{c}{\beta\sqrt{c^2 + 4\beta D}} \tag{13.38}$$

区分的に線形な関数 $f(u) = \theta(u-a) - u$ では

$$a = 1 - 2a - \frac{1}{\beta} \tag{13.39}$$

である．

方程式 (13.38) を c で展開すると，$O(c^3)$ までで

$$\frac{c}{2}(\tau - \tau_c) + \frac{c^3}{16}(\beta^2 \tau_c{}^3 - \tau^3) = a \tag{13.40}$$

$$\tau_c = \frac{1}{\beta\sqrt{\beta D}} \tag{13.41}$$

となる．$a = 0$ のとき $\tau < \tau_c$ ならば，$c = 0$ 以外に

$$c^2 = \frac{8(\tau_c - \tau)}{(\beta^2 \tau_c{}^3 - \tau^3)} \tag{13.42}$$

も解である．$\beta = 1 + \gamma > 1$ であるから，$\tau \approx \tau_c$ では分母は正である．

(13.41) が実際 (13.11) と一致することを確かめておこう．(13.18) と (13.19) より

$$\int_{-\infty}^{\infty} dz \left(\frac{du}{dz}\right)^2 = \frac{1}{2}(\kappa_+ A^2 + \kappa_- B^2) = \frac{1}{4\varepsilon} \tag{13.43}$$

ここで，(13.20)，(13.21) で $c=0$ の表式を使った．また，(13.30)，

(13.32) より

$$\int_{-\infty}^{\infty} dz \left(\frac{dv}{dz}\right)^2 = \frac{1}{2}(s_+ F^2 + s_- E^2) = \frac{1}{4\beta\sqrt{\beta D}} \qquad (13.44)$$

を得る．ゆえに，

$$\frac{\int_{-\infty}^{\infty} dz \left(\frac{dv}{dz}\right)^2}{\int_{-\infty}^{\infty} dz \left(\frac{du}{dz}\right)^2} = \frac{\varepsilon}{\beta\sqrt{\beta D}} \qquad (13.45)$$

となり，(13.11) の τ_c を $\varepsilon\tau_c$ とおきかえると (13.45) は (13.41) と同等である．

以上の考察から，孤立した界面はパラメータ τ の値が $\tau > \tau_c$ のときは動かないが，$\tau < \tau_c$ では $\pm c$ の速度で右あるいは左に動くことがわかる．図 13.3 は速度 c と τ の関係を表している．方程式のパラメータを固定すると界面の伝搬速度は一意的に決まってしまうことに注意しよう．

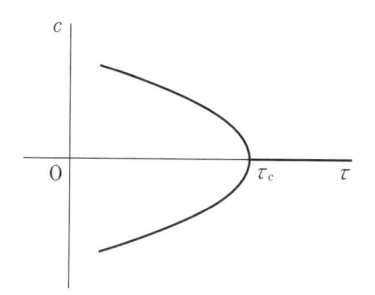

図 13.3　速度 c のパラメータ τ 依存性

§13.3　界面間相互作用

図 13.4 のように二つの界面が互いに近づいている場合，それらは衝突においてどのように振舞うであろうか．孤立した界面は等速度で動くが，二つの界面が近づいてくると，それらの間にはたらく相互作用によって速度が変

§13.3 界面間相互作用

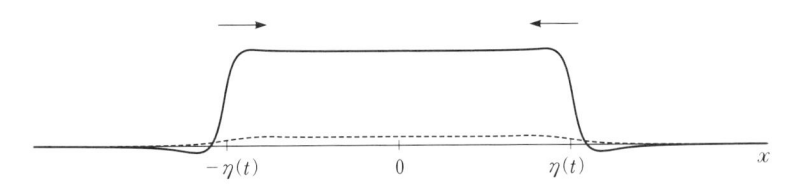

図 13.4 二つの界面の衝突（実線 u, 点線 v）

化すると期待できる．それゆえ，衝突の様子を定量化するため，界面の位置に対する運動方程式を導出しよう．

右界面の位置を η と表し，その時間微分を $\dot\eta$ と書くと，方程式 (13.27) より

$$\frac{\tau\dot\eta}{\sqrt{(\tau\dot\eta)^2+4}} = 1 - 2a - 2v_I \tag{13.46}$$

が成り立つ．

問題は図 13.4 の左界面の存在を考慮して v_I を求めることである．(13.12) は $\varepsilon \to 0$ の極限では $v = f(u) = -u + \theta(u-a)$ となる．境界の位置が $u(\pm\eta) = a$ で定義されていることに注意すると，u を v の関数として $u = \theta(\eta - x)\,\theta(x + \eta) - v$ と表すことができる．これを (13.13) に代入すると

$$\frac{\partial v}{\partial t} = D\frac{\partial^2 v}{\partial x^2} - \beta v + \theta(\eta - x)\,\theta(x + \eta) \tag{13.47}$$

となる．与えられた $\eta(t)$ に対して (13.47) を解いて $v(x,t)$ を求め，そこで $x = \eta(t)$ とおくと v_I が得られる．

この手続きを以下で実行しよう．まず，フーリエ変換を定義する．

$$v_q = \int_{-\infty}^{\infty} dx\, v(x)\, e^{iqx} \tag{13.48}$$

この逆変換は

$$v(x) = \int_{-\infty}^{\infty} \frac{dq}{2\pi} \, v_q \, e^{-iqx} \tag{13.49}$$

である．方程式 (13.47) はフーリエ成分 v_q に対して

$$\frac{\partial v_q}{\partial t} = -(Dq^2 + \beta)v_q + \frac{2}{q}\sin(q\,\eta(t)) \tag{13.50}$$

と書くことができる．この右辺第 2 項は次のようにして得られる．

$$\int_{-\infty}^{\infty} dx\, \theta(\eta - x)\,\theta(x + \eta)\,e^{iqx} = \int_{-\eta}^{\eta} dx\, e^{iqx}$$

$$= \frac{1}{iq}(e^{iq\eta} - e^{-iq\eta})$$

$$= \frac{2}{q}\sin q\eta \tag{13.51}$$

方程式 (13.50) の解は公式 (5.74) より，ただちに

$$v_q(t) = \int_0^t ds\, \frac{2\sin(q\,\eta(s))}{q}\exp\left[-(Dq^2+\beta)(t-s)\right] \tag{13.52}$$

となる．ここでは，時間が十分経ったところの初期条件によらない振舞に注目しているので，初期値に依存する項は落としてある．(13.52) を逆フーリエ変換 (13.49) することによって

$$v(x,t) = \int_{-\infty}^{\infty} \frac{dq}{2\pi} \int_0^t ds\, \frac{2\sin(q\,\eta(s))}{q}\exp\left[-(Dq^2+\beta)(t-s) - iqx\right]$$
$$\tag{13.53}$$

を得る．求める v_I は (13.53) で $x = \eta(t)$ とおけばよい．

(13.53) を厳密に計算するのは不可能であり，また物理的な意味を理解する上でも得策でない．そのため，近似を導入して簡単化しよう．$\eta(s)$ を t の周りでテイラー展開する．

$$\eta(s) = \eta(t - (t-s)) = \eta(t) - (t-s)\,\dot\eta(t) + \frac{(t-s)^2}{2}\ddot\eta(t) + \cdots$$
$$\tag{13.54}$$

この展開は次章のパルスダイナミクスでも使うので，その正当性は §14.6 で考察する．大ざっぱには，変数 v の時間変化が界面の運動 (η の時間変化)

§13.3 界面間相互作用

に比べて十分速ければ，上の近似は正しい．(13.54) を (13.53) に代入し，s に関する積分を実行すると（時間が十分経った定常状態では，積分の上限 t を無限大にして）$O(\ddot{\eta})$ までで

$$v_I = v_I{}^{(0)} + v_I{}^{(1)} \tag{13.55}$$

$$v_I{}^{(0)} = \int_{-\infty}^{\infty} \frac{dq}{2\pi} \frac{1}{iq} \left[\frac{1}{Dq^2 + \beta + iq\dot{\eta}} - \frac{e^{-2iq\eta(t)}}{Dq^2 + \beta - iq\dot{\eta}} \right] \tag{13.56}$$

$$v_I{}^{(1)} = \ddot{\eta}(t) \int_{-\infty}^{\infty} \frac{dq}{2\pi} \left[\frac{1}{(Dq^2 + \beta + iq\dot{\eta})^3} + \frac{e^{-2iq\eta(t)}}{(Dq^2 + \beta - iq\dot{\eta})^3} \right] \tag{13.57}$$

を得る．

(13.56) の q に関する積分は少々面倒ではあるが，次の公式を使うと実行できる．

$$\int_{-\infty}^{\infty} \frac{dq}{2\pi i} \frac{1}{q} \frac{e^{iqc}}{q^2 + iqb + a} = \frac{1}{2a} - \frac{2e^{-\kappa_+ c}}{(\sqrt{b^2 + 4a} - b)\sqrt{b^2 + 4a}} \tag{13.58}$$

$c > 0$, a, b は実定数である．また，

$$\kappa_\pm = \frac{\pm\sqrt{b^2 + 4a} - b}{2} \tag{13.59}$$

である．

(13.58) を留数定理で証明しよう．

$$\int_{-\infty}^{\infty} \frac{dq}{2\pi i} \frac{1}{q} \frac{e^{iqc}}{q^2 + iqb + a} = \int_{-\infty}^{\infty} \frac{dq}{2\pi i} \frac{1}{q} \frac{e^{iqc}}{(q - i\kappa_+)(q - i\kappa_-)} \tag{13.60}$$

であるから，積分路を図 13.5 のように選ぶと $q = 0$ と $q = i\kappa_+$ の極からの寄与により

$$C_1 + C_\varepsilon + C_2 + C_\infty = -\frac{1}{\kappa_+ \kappa_-} - \frac{e^{-\kappa_+ c}}{\kappa_+(\kappa_+ - \kappa_-)} \tag{13.61}$$

$c > 0$ では $|q| \to \infty$ で $\exp\left[(i\,\mathrm{Re}\,q - \mathrm{Im}\,q)c\right] \to 0$ となるから $C_\infty = 0$ で

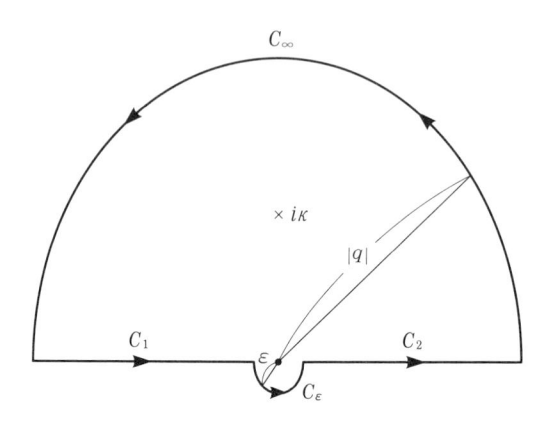

図 13.5 複素平面での積分路

あり，また，積分路 C_ε では $q = \varepsilon e^{i\phi}$ とおくと $\varepsilon \to 0$ の極限で

$$C_\varepsilon = -\int_\pi^{2\pi} d\phi \frac{1}{2\pi \kappa_+ \kappa_-} = -\frac{1}{2\kappa_+ \kappa_-} \tag{13.62}$$

であるから

$$C_1 + C_2 = -\frac{1}{2\kappa_+ \kappa_-} - \frac{e^{-\kappa_+ c}}{\kappa_+ (\kappa_+ - \kappa_-)} \tag{13.63}$$

となり，(13.58) を得る．

(13.56) の第 1 項の計算では (13.58) で $c = 0$ とおき，第 2 項では q を $-q$ でおきかえて (13.58) を適用すると

$$v_I^{(0)} = \frac{1}{2\beta\phi}\left[\phi - \dot{\eta} - (\phi + \dot{\eta})e^{-2\eta/l}\right] \tag{13.64}$$

ここに，$\phi = (\dot{\eta}^2 + 4D\beta)^{1/2}$, $1/l = (\phi - \dot{\eta})/2D$ である．

(13.57) も同様に留数定理を使って計算することができる．しかし，ここでは簡単のため分母の $\dot{\eta}$ を無視して

$$v_I^{(1)} = \frac{1}{2} m(\eta) \ddot{\eta} \tag{13.65}$$

ただし係数 $m(\eta)$ は

$$m(\eta) = 2\int_{-\infty}^{\infty} \frac{dq}{2\pi} \frac{1 + \cos(2q\,\eta(t))}{(Dq^2 + \beta)^3} \tag{13.66}$$

で定義され，η の減少関数（$m(0) = 2m(\infty) > 0$ の関係がある）である．

(13.55)，(13.64)，(13.65) を (13.46) に代入すると，η に対する閉じた方程式を得る．分岐点近傍では $\dot{\eta}$ が小さいので，主要項のみ残すと

$$m(\eta)\,\ddot{\eta} + \frac{1}{2}\left(\tau - \tau_c - \tau_c e^{-2\eta/l}\right)\dot{\eta} + g\dot{\eta}^3 = a + \frac{1}{\beta}e^{-2\eta/l} \tag{13.67}$$

となる．[1] ここに，$\tau_c = 1/\sqrt{D\beta^3}$, $g = (\beta^2\tau_c{}^3 - \tau^3)/16$, $l = \sqrt{D/\beta}$ である．a は (13.39) で定義されている．

方程式 (13.67) の左辺は，$\dot{\eta}$ を u と見なすと (9.3) の左辺と本質的に同じであることに注意しよう．すなわち，(13.67) の左辺第 1 項は質量×加速度，第 2 項は括弧の中が正のときエネルギーの散逸，負のときエネルギーの注入，第 3 項はエネルギーの非線形散逸，右辺第 2 項は二つのパルス間に作用する力を表す．

もともとの方程式 (13.12)，(13.13) は時間反転に対して不変でなかった．それなのになぜ，慣性項 $\ddot{\eta}$ が方程式 (13.67) に出現するのであろうか．この起源は (13.54) にある．すなわち，変数 v の時間変化と界面の運動の間に時間遅れがあるため，時間に関して 2 階微分 $\ddot{\eta}$ が現れるのである．

方程式 (13.67) で $\eta \to \infty$ の極限をとると，孤立した界面の問題となる．このとき界面は一定速度で動くはずであるから $\ddot{\eta} = 0$, $\dot{\eta} = c$ とおいて

$$\frac{1}{2}(\tau - \tau_c)c + gc^3 = a \tag{13.68}$$

となり，(13.40) に帰着する．このように，方程式 (13.67) は動かない界面から動く界面への分岐を内在している．

§13.4　二つの界面の衝突

(13.67) において a が負でないとき右辺は正，すなわち，界面間相互作用は斥力であることに注意しよう．したがって，図 13.4 の衝突を $\tau \approx \tau_c$ で考えると，界面がお互いに近づいたところでは (13.67) の慣性項と右辺の相互作用項が支配的になり，弾性衝突が起こると期待できる．運動エネルギーとポテンシャルエネルギーを比べると，図 13.6 のようになる．τ が τ_c に近い値のときは孤立した界面の速度が小さいため，斥力によるポテンシャルエネルギーの方が運動エネルギーより大きくなり，有限の距離まで近づいて反発する．$\tau \ll \tau_c$ で運動エネルギーがポテンシャルの最大値より大きければ，界面は接触するまで近づくことができる．実際，(13.67) を数値的に解いてこれを確かめることができる．

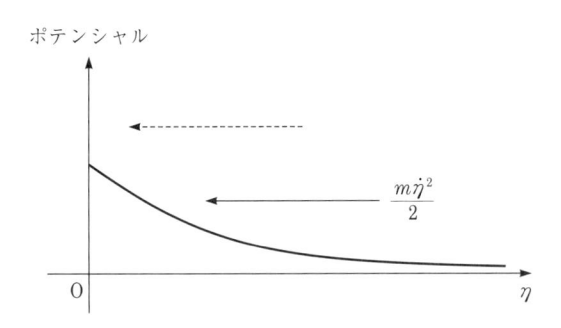

図 13.6　運動エネルギーとポテンシャルエネルギーの関係

結論として，$a \approx 0$，$\tau \lesssim \tau_c$ では界面は対消滅することなく，弾性的衝突を起こす．τ の値を小さくしていくと界面の速度が大きくなるため，弾性的な跳ね返りが起こらず，対消滅する．

図 13.7 は，このことを，もとの方程式 (13.12)，(13.13)，(10.27) の計算機シミュレーションで確認したものである．$D = 1$，$\varepsilon = 0.05$，$a = 0.25$ とおき，変数 u の時空間パターンをプロットしてある．(a)　$\tau =$

§13.4 二つの界面の衝突

(a)

時間

空間

(b)

(c)

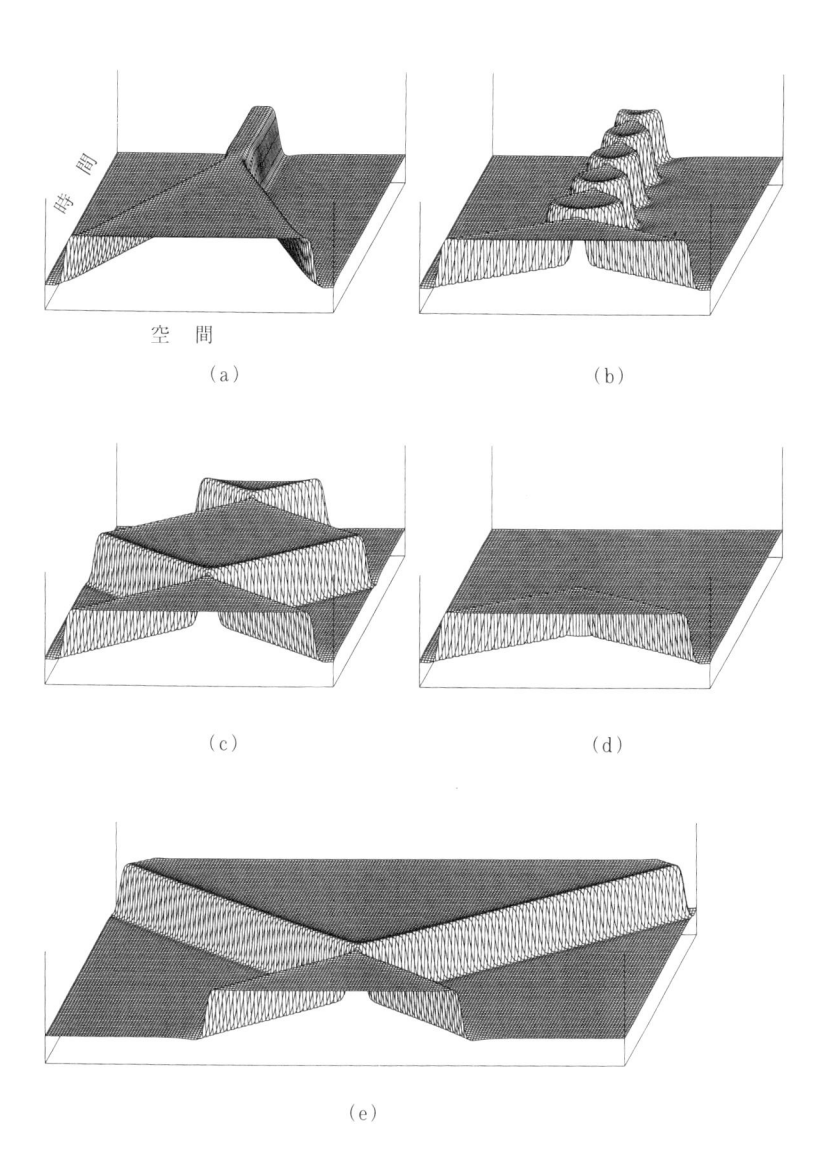

(d)

(e)

図 13.7 いろいろなパラメータにおける界面衝突の様子（u の時空間変化）
(T. Ohta, J. Kiyose : J. Phys. Soc. Jpn. **65** (1996) 1967 による)

0.07, $\gamma = 10$, (b) $\tau = 0.055$, $\gamma = 10$, (c) $\tau = 0.05$, $\gamma = 72/7$, (d) $\tau = 0.048$, $\gamma = 72/7$ である．(e)は(c)と同じパラメータで，系の大きさを2倍にした場合である．

(a) τ と γ が大きいときは，二つの界面は互いに近づいてきて有限の距離で停止する．

(b) τ の値を小さくしていくと，ある臨界値 τ_B 以下でドメインは脈動を始める．図(b)は臨界値に近い τ での振舞である．ドメインの脈動については次章で議論する．

(c) $f(u)$ が3次の非線形性 (10.27) をもつとき，$a = 0.25$, $\gamma = 72/7$ で $a = 0$ になる．このとき，$\tau = \tau_c \approx 0.051$ で動かない界面が動き出す分岐点があることがシミュレーションで確認できる．したがって，分岐点直下 $\tau = 0.05$ では界面の反射が起こる．系の境界でも反射しているのは，ノイマン境界条件のためである．つまり，この境界条件は境界に対して鏡映の位置に界面を生じさせるため，その界面との反射が境界で起こるのである．(c) が (b) の脈動ではないことを確かめるため，系のサイズを2倍にしてシミュレーションを行ったのが (e) である．界面は等速度で進んでおり，周期的振動ではないことは明らかである．

(d) $\tau = 0.048$ では分岐点から離れすぎるため，弾性的反射は起こらず，界面は衝突して消滅する．

§13.5 複素ギンツブルグ-ランダウ方程式における反射

第11章で，パラメトリック外力があるときの振幅方程式を書き下した．

$$\frac{\partial W}{\partial t} = (1 + ic_0)W - (1 + ic_2)|W|^2 W + (1 + ic_1)\frac{\partial^2 W}{\partial x^2} + \varepsilon W^*$$

(13.69)

§13.5 複素ギンツブルグ - ランダウ方程式における反射

時間

空間

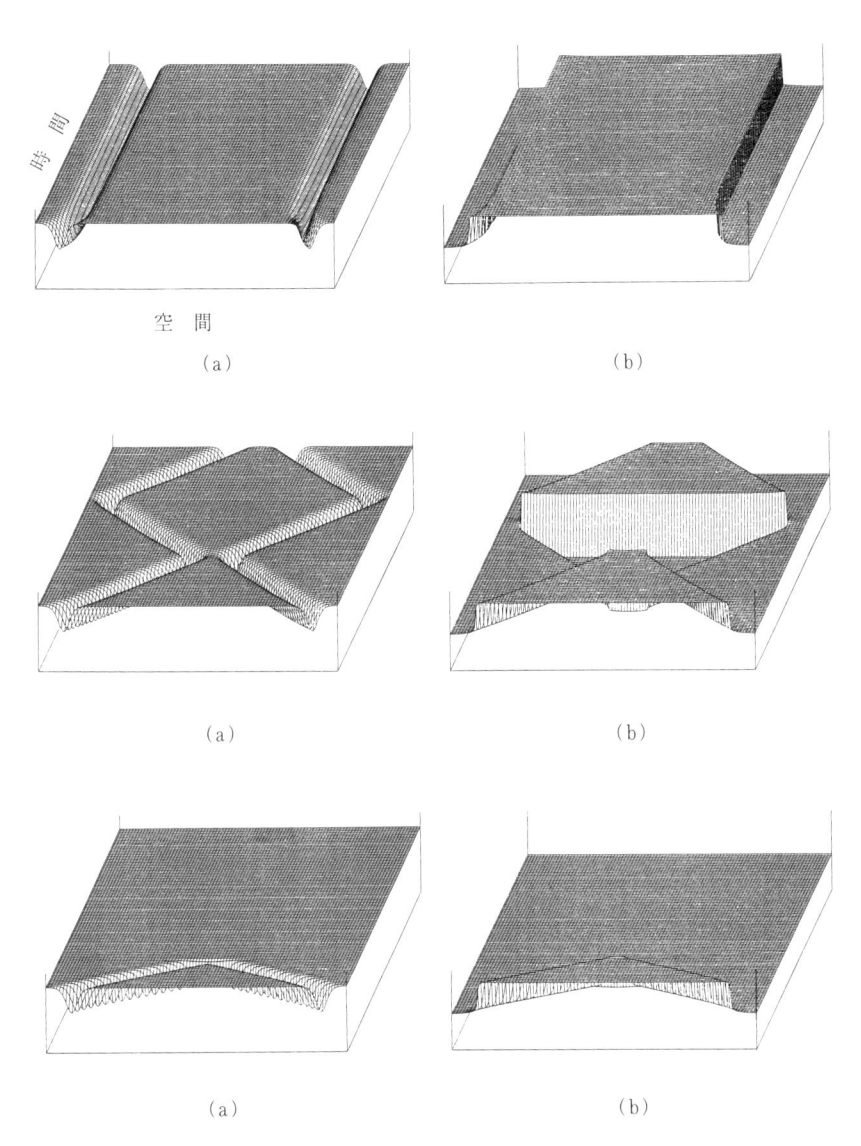

(a)　　　　　　　　(b)

(a)　　　　　　　　(b)

(a)　　　　　　　　(b)

図13.8 複素ギンツブルグ - ランダウ方程式(13.69)のシミュレーション．左の図は$|W|^2$，右の図は位相の時空間変化を表示している．上から下へ $\varepsilon = 0.41, \varepsilon = 0.4, \varepsilon = 0.393$.
(T. Ohta, J. Kiyose : J. Phys. Soc. Jpn. **65** (1996) 1967 による)

係数の虚数部分がゼロのときは (11.49),(11.50) の 2 種類の解があり,$\varepsilon = 1/3$ が二つの解が存在しうる境目であった.係数の虚数部分がゼロでないとき,方程式 (13.69) の数値計算を行うと,ε が十分大きいときは 1 個の動かない非一様解は安定であるが,ε の値を小さくすると不安定化して右あるいは左に等速度で動き出すことが知られている.方程式 (13.69) は反応拡散系とは直接関係がないが,前節の結論,すなわち,「動き出す分岐の近傍で界面間相互作用が斥力であれば,界面は弾性反射する」が非平衡開放系における普遍的な性質であれば,同様な現象が方程式 (13.69) でも見られるはずである.

このことを実際にシミュレーションで確かめた結果を図 13.8 に示してある.そこでは $|W|^2$ と位相を時空間プロットしている.$c_0 = -0.15$,$c_1 = -0.1$,$c_2 = 0.1$ とおいて $\varepsilon = 0.41$ のときは動かない界面が安定であるが,$\varepsilon = 0.4$ では確かに弾性的反射を起こしている.さらに,$\varepsilon = 0.393$ では界面は衝突によって対消滅している.このように,振動系 (13.69) においても反応拡散系と完全に同じ振舞が現れる.

界面方程式 (13.67) は反応拡散方程式 (13.12),(13.13) から得られたのであるが,それがもっている性質,「界面間相互作用が斥力であり,分岐点近傍で界面の速度が十分小さいならば,界面は衝突において弾性的に振舞う」が,もとの方程式を離れてもっと普遍的に適用できることがこのようにして確認された.

14 パルスダイナミクス

　神経細胞に刺激を与えると，それが局在した電位の変化となって軸策を伝わっていく．このように空間的に局在したドメインが安定に存在でき，また伝搬できるのも非平衡開放系の特徴であり，これをパルスとよぶ．近年，パルスの相互作用と運動はそれまで予想もしなかった豊富な性質をもつことが明らかになりつつある．

§14.1　パルスの脈動

　前章の図 13.7 で，二つの界面が振動を起こすことがあることを示した．この現象も界面方程式 (13.67) から理解することができる．

　方程式 (13.67) は $\alpha < 0$ のとき時間変化しない解 $\eta = \bar{\eta}$ をもつ．$\bar{\eta}$ は

$$\alpha\beta = -\exp\left(-\frac{2\bar{\eta}}{l}\right) \tag{14.1}$$

によって決まる．このとき u の空間変化は図 14.1 のようになる．このよう

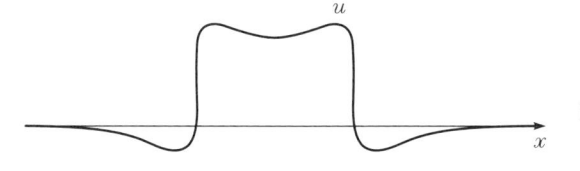

図 14.1　動かないパルス解（変数 u）

に有限の領域でのみ値をもつ非一様解を**パルス**とよぶ．常識的にはパルスは時間と共に伝搬する場合をイメージするが，ここでは動かない局在解もパルスに含める．伝搬するパルスをパルス波とよぶこともある．

本章では，まず，動かないパルスの安定性を議論し，次にそれが不安定なときにはどのような現象が現れるかを見ていこう．

動かないパルス解 (14.1) の線形安定性を調べるため
$$\eta = \bar{\eta} + \zeta \tag{14.2}$$
とおき，それを (13.67) に代入して ζ について 1 次の項のみ残すと
$$m\ddot{\zeta} + \frac{1}{2}\left[\tau - (1-\alpha\beta)\tau_c\right]\dot{\zeta} = \frac{2\alpha}{l}\zeta \tag{14.3}$$
を得る．$\zeta = e^{\lambda t}$ をこれに代入すると
$$m\lambda^2 + \frac{\lambda}{2}\left[\tau - (1-\alpha\beta)\tau_c\right] - \frac{2\alpha}{l} = 0 \tag{14.4}$$
となり，
$$\tau < (1-\alpha\beta)\tau_c \equiv \tau_\mathrm{B} \tag{14.5}$$
であれば，λ は実数部分が正の複素数になることがわかる．すなわち，$\tau > \tau_\mathrm{B}$ では動かないパルスは安定であるが，ホップ分岐点 $\tau = \tau_\mathrm{B}$ があり，それより小さい τ ではパルスは振動不安定である．また，$\alpha < 0$ であるから $\tau_\mathrm{B} > \tau_c$ である．

$\tau < \tau_\mathrm{B}$ で実際何が起こるかを確認するため，(13.12) と (13.13) の計算機シミュレーションを行うと図 14.2 のようなパルスの時空間変化が得られる．すなわち，パルスの幅が時間的な振動をくり返す．あたかもパルスが呼吸をしているように見えるので，これを breathing mode（日本語では脈動）とよぶ（ソリトンの breather 解と混同しないようにされたい）．

なぜ，このような奇妙な運動が自発的に発現するのであろうか．その鍵はパラメータ τ にある．τ が小さくなると，活性因子 u の時間変化が抑制因子のそれに比べて速くなる．仮に u の形が図 14.3 のように平衡解からずれ

§14.1 パルスの脈動

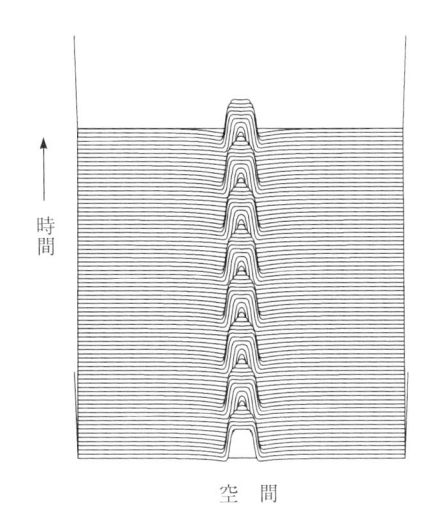

図 14.2 パルスの脈動(変数 u)

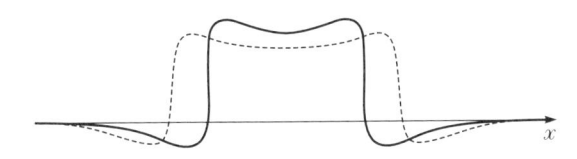

図 14.3 動かないパルス解(実線)の中心対称な変形(点線)

たとしよう．u が増加したところでは，(13.13) の反応項によって v が増加し，その結果 (13.12) の最後の項のため，u は減少していく．そのため，右界面は平衡の位置の方に移動するが，そのころ左界面の近傍で生成された v が拡散によって右界面に到達し，その結果，右界面を更に左に動かすようにはたらく．左界面でも同様なことが起こる．ドメインが平衡の位置より縮小すると上に述べたのと逆のプロセスが起こり，それがくり返されて振動が持続するのである．

方程式 (13.67) はもともと，方程式 (13.12) と (13.13) で双安定な状況を仮定して導出したものであるから，そこから振動性が出現することを不思議

に思うかもしれない．しかし，前章で述べた振動性や興奮性は空間的に一様な系に対するものであるのに対し，上で得たホップ分岐は動かない非一様解（図 14.1）の不安定化であり，出発点の仮定となんら矛盾するものではない．

§14.2　パルス列の脈動

これまでは 1 個のパルスを扱ってきたが，反応拡散方程式 (13.12) と (13.13) は時間変化しない空間周期解をもつ．実際，(13.14) を使うと $x = 0$ で対称な周期関数として，$\varepsilon \to 0$ の極限で $0 < x < x_0$ において

$$v(x) = \frac{1}{\beta}\left[1 - \frac{\sinh\sqrt{\beta/D}\,(l - x_0)}{\sinh\sqrt{\beta/D}\,l}\cosh\sqrt{\beta/D}\,x\right] \quad (14.6)$$

$$u(x) = 1 - v(x) \quad (14.7)$$

$x_0 < x < l$ において

$$v(x) = \frac{1}{\beta}\frac{\sinh\sqrt{\beta/D}\,x_0}{\sinh\sqrt{\beta/D}\,l}\cosh\sqrt{\beta/D}\,(x - l) \quad (14.8)$$

$$u(x) = -\,v(x) \quad (14.9)$$

が解であることを直接的に確かめることができる．図 14.4 に示してあるように，$2x_0$ はパルスの幅，$2l$ は周期である．$l \to \infty$ の極限では，(14.6)〜(14.9) は前節の 1 個のパルスに帰着する．なお，この周期構造はサブクリティカルなチューリング不安定性によるものと理解することもできる．

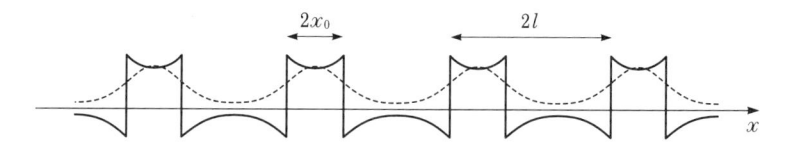

図 14.4　動かないパルス列（実線 u，点線 v）

パラメータ τ の値が小さいとき，周期パルスにおいても脈動は起こる．1個のパルスの場合は，一方のパルス境界から他方の境界へ抑制因子が時間遅れで拡散してくるため，境界（界面）の運動にオーバーシューティングが生じ，界面が振動するのであった．周期パルスでは隣に別のパルスがあるためその境界の運動にともなって，着目しているパルスにさらに抑制因子が流れ込んでくる．それゆえ，パルス列の場合には孤立したパルスのときよりも脈動が起こりやすいであろう．しかも，この考察から，パルスの幅と隣り合うパルス間隔が同じとき ($2x_0 \approx l$) には，抑制因子が左右から同時に流れ込むため全パルスが位相をそろえた脈動が起こりやすく，パルス幅とパルス間距離の比が $2x_0 < l$ を満たす適当な値をとれば，隣り合うパルスの逆位相振動が可能となることが予想される．これらは，実際，パルス列に対する界面方程式を解析することによって理論的に確認できる．[1]

§14.3　伝搬するパルス

さて，動かないパルスが不安定化したときの運動形態は前節の脈動のみであろうか．脈動はパルスの中心（重心）に対して対称な変形モードである．図14.5のような非対称な変形に対する安定性はどうなるのだろう．もとの反応拡散方程式は $x \to -x$ の変換に対して不変であるから，左右非対称な動かない解は存在しえず，それゆえ非対称な変形に対して不安定化すれば，

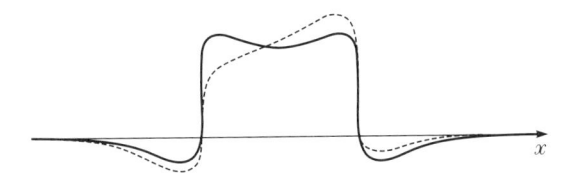

図14.5　動かないパルス（実線）の非対称な変形（点線）

パルスは右あるいは左に伝搬しなければならない．

　パラメータ τ の値を小さくしていったとき，対称な変形に対する不安定化 (脈動) が先に起こり，その後，非対称な変形に対して不安定となると，その解析は不可能ではないが複雑になる．そのため，対称な不安定化を禁止するように方程式 (13.12) と (13.13) を以下のように変更する．

$$\tau\varepsilon\frac{\partial u}{\partial t} = \varepsilon^2\frac{\partial^2 u}{\partial x^2} + f(u) - v \qquad (14.10)$$

$$\frac{\partial v}{\partial t} = D\frac{\partial^2 v}{\partial x^2} + u - \gamma v \qquad (14.11)$$

関数 $f(u)$ は

$$f(u) = -u + \theta(u-b) \qquad (14.12)$$

で与えられ，(14.12) の b が定数であれば，これらは (13.12)，(13.13)，(13.14) と同じである．しかし，ここでは b は定数ではなく次のようにおく．

$$b = a + \sigma\left[\int (u+v)\,dx - S_0\right] \qquad (14.13)$$

$a\,(<1/2)$ と仮定し，S_0 はある定数である．特別に断わらない限り $\varepsilon \to 0$ の極限，すなわち界面の厚さが無限小の極限を考える．

　界面の位置は前章と同様 $u = b$ で定義する．σ が非常に大きいとき，b が有限になるためには

$$\int (u+v)\,dx = S_0 \qquad (14.14)$$

を満たさなければならない．1個の孤立した動かないパルスでは，(14.10)，(14.12) から $\varepsilon \to 0$ の極限で，パルスの内部で $u+v=1$，外部で $u+v=0$ である．それゆえ，(14.14) の S_0 は $\sigma \gg 1$ ではパルスの幅を与えるパラメータである．

　方程式 (14.10)，(14.11) の伝搬するパルス解を求めよう．$u(x,t) = \bar{u}(x-ct), v(x,t) = \bar{v}(x-ct)$ とおく．速度 c も未知パラメータである．方程式 (14.10) と (14.11) は $\bar{u}(z)$ と $\bar{v}(z)$ $(z = x-ct)$ によって

§14.3 伝搬するパルス

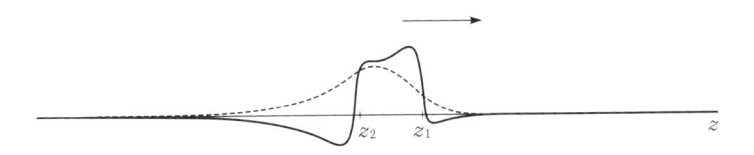

図 14.6 右に伝搬するパルス（実線 u，点線 v）

$$-c\tau\varepsilon \frac{d\bar{u}}{dz} = \varepsilon^2 \frac{d^2\bar{u}}{dz^2} - \bar{u} - \bar{v} + \theta(\bar{u} - b) \quad (14.15)$$

$$-c \frac{d\bar{v}}{dz} = D \frac{d^2\bar{v}}{dz^2} + \bar{u} - \gamma\bar{v} \quad (14.16)$$

となる．パルス解 $\bar{u}$ は図 14.6 のように $z_2 < z < z_1$ の範囲に局在しているとしよう．パルスの $z = z_1$ での界面をフロント，$z = z_2$ での界面をバックとよぶ．

$\varepsilon \to 0$ の極限では $\bar{u}$ と $\bar{v}$ を次のように計算することができる．$z < z_2$ および $z > z_1$ の領域では，(14.15) から $\bar{u} + \bar{v} = 0$ である．これを (14.16) に代入すると

$$-c \frac{d\bar{v}}{dz} = D \frac{d^2\bar{v}}{dz^2} - \beta\bar{v} \quad (14.17)$$

となる．定数 β は前章と同じ $\beta = 1 + \gamma$ である．方程式 (14.17) の解は $z > z_1$ に対して

$$\bar{v} = A_1 e^{-\kappa_{(+)} z} \quad (14.18)$$

$z < z_2$ に対して

$$\bar{v} = A_2 e^{\kappa_{(-)} z} \quad (14.19)$$

と書ける．これらを (14.17) に代入すると

$$\kappa_{(\pm)} = \frac{\pm c + \sqrt{c^2 + 4D\beta}}{2D} \quad (14.20)$$

を得る．同様にして $z_2 < z < z_1$ に対する解は

$$\bar{v} = \frac{1}{\beta} + B_1 \, e^{\kappa_{(-)} z} + B_2 \, e^{-\kappa_{(+)} z} \tag{14.21}$$

$$\bar{u} = 1 - \bar{v} \tag{14.22}$$

となる．

係数 A_i, B_i $(i=1,2)$ は $z=z_1$ と z_2 における $\bar{v}$ と $d\bar{v}/dz$ に対する連続の条件から決定される．簡単な計算から

$$A_1 = \frac{\kappa_{(-)}}{\beta \left(\kappa_{(+)} + \kappa_{(-)} \right)} \left(e^{\kappa_{(+)} z_1} - e^{\kappa_{(+)} z_2} \right) \tag{14.23}$$

$$A_2 = \frac{\kappa_{(+)}}{\beta \left(\kappa_{(+)} + \kappa_{(-)} \right)} \left(e^{-\kappa_{(-)} z_2} - e^{-\kappa_{(-)} z_1} \right) \tag{14.24}$$

$$B_1 = - \frac{\kappa_{(+)}}{\beta \left(\kappa_{(+)} + \kappa_{(-)} \right)} \, e^{-\kappa_{(-)} z_1} \tag{14.25}$$

$$B_2 = - \frac{\kappa_{(-)}}{\beta \left(\kappa_{(+)} + \kappa_{(-)} \right)} \, e^{\kappa_{(+)} z_2} \tag{14.26}$$

である．

§14.4 パルスの速度と幅

残った問題は，速度 c と次の式で定義されるパルス幅 l の計算である．

$$z_1 - z_2 = l \tag{14.27}$$

方程式 (14.15) はこれまでの議論で使われていないことに注意しよう．二つの未知量はこの方程式をフロント $z=z_1$ およびバック $z=z_2$ の近傍で解くことによって得られる．まず，バックの運動に注目する．極限 $\varepsilon^2 \ll D$ では $\bar{v}$ の空間変化は十分緩やかであるから，(14.15) の v の値をバックの位置 $v_{IB} = \bar{v}\,(z=z_2)$ での値でおきかえてよい．

$$- c\tau\varepsilon \frac{d\bar{u}}{dz} = \varepsilon^2 \frac{d^2 \bar{u}}{dz^2} - \bar{u} - v_{IB} + \theta(\bar{u} - b) \tag{14.28}$$

この解は $z > z_2$ では

$$\bar{u} = 1 - v_{IB} + A \, e^{-\lambda_{(+)} z} \tag{14.29}$$

§14.4 パルスの速度と幅

$z < z_2$ では
$$\bar{u} = -v_{IB} + B\, e^{\lambda_{(-)}z} \tag{14.30}$$

の形をとる．ここに
$$\lambda_{(\pm)} = \frac{\pm c\tau + \sqrt{(c\tau)^2 + 4}}{2\varepsilon} \tag{14.31}$$

前と同様，係数 A, B は $z = z_2$ での連続条件から決まる．

$$A = -\frac{\lambda_{(-)}}{\lambda_{(+)} + \lambda_{(-)}} e^{\lambda_{(+)}z_2} \tag{14.32}$$

$$B = \frac{\lambda_{(+)}}{\lambda_{(+)} + \lambda_{(-)}} e^{-\lambda_{(-)}z_2} \tag{14.33}$$

界面の位置 $z = z_2$ は関係
$$\bar{u}(z_2) = b \tag{14.34}$$

によって与えられるから
$$b = 1 - v_{IB} - \frac{\lambda_{(-)}}{\lambda_{(+)} + \lambda_{(-)}} \tag{14.35}$$

を得る．これは (14.24) と (14.19) を使って
$$\frac{c\tau}{\sqrt{(c\tau)^2 + 4}} = -1 + 2b + 2v_{IB} \tag{14.36}$$

$$v_{IB} = \frac{c + \sqrt{c^2 + 4D\beta}}{2\beta\sqrt{c^2 + 4D\beta}}\,(1 - e^{-\kappa_{(-)}l}) \tag{14.37}$$

と書くことができる．方程式 (14.36)，(14.37) はバックの速度を与える．パルス幅が無限大の極限 $l \to \infty$ では，これは (13.38) と一致する．

フロント $z = z_1$ の運動に対しても同様に
$$\frac{c\tau}{\sqrt{(c\tau)^2 + 4}} = 1 - 2b - 2v_{IF} \tag{14.38}$$

$$v_{IF} = \frac{-c + \sqrt{c^2 + 4D\beta}}{2\beta\sqrt{c^2 + 4D\beta}}\,(1 - e^{-\kappa_{(+)}l}) \tag{14.39}$$

を得る．c を $-c$ におきかえると，(14.38) は (14.36) に一致する．(14.38) と (14.36) の両辺を足し合わせると

$$\frac{c\tau}{\sqrt{(c\tau)^2+4}} = v_{IB} - v_{IF} \tag{14.40}$$

(14.36) と (14.38) はフロントとバックの速度であるから，パルス幅が時間と共に変化しないなら

$$1 - 2a - 2\sigma(l - S_0) = v_{IB} + v_{IF} \tag{14.41}$$

が成立しなければならない．ここで，(14.13) と (14.22) を使った．

方程式 (14.38) と (14.41) から，速度 c とパルス幅 l が求められる．特に，$\sigma \to \infty$ の極限では，前に述べたように (14.41) より $l = S_0$ となる．

§14.5 動かないパルスから動くパルスへ

方程式 (14.40) は c で展開すると次のようになる．

$$\frac{c}{2}(\tau - \tau_c) + gc^3 = 0 \tag{14.42}$$

ここに

$$\tau_c = \frac{1}{\beta\sqrt{D\beta}}(1 - e^{-\kappa_0 l} - \kappa_0 l\, e^{-\kappa_0 l}) \tag{14.43}$$

であり，また $\kappa_0 = \sqrt{\beta/D}$，

$$\begin{aligned}g = -\frac{\tau^3}{16} + \frac{1}{16\beta\sqrt{D\beta}}&\left[\frac{1}{D\beta} + \left(\frac{l^2}{D^2} - \frac{1}{D\beta} - \frac{\kappa_0 l}{D\beta}\right)e^{-\kappa_0 l}\right.\\ &\left.+ \sqrt{D\beta}\,\frac{l}{D}\left(\frac{l^2}{3D^2} - \frac{\kappa_0 l}{D\beta}\right)e^{-\kappa_0 l}\right]\end{aligned} \tag{14.44}$$

である．定数 g は $\tau \approx \tau_c$ および σ の値が大きいとき正である．方程式 (14.42) は，$\tau < \tau_c$ のとき $c^2 = (\tau_c - \tau)/2g$ が解であり，$\tau > \tau_c$ では $c = 0$ のみが解であることを示している．これは動かない解が $\tau = \tau_c$ で不安定化し，動くパルスに移行することを示している．

動かないパルスが動き出す分岐は，非平衡開放系特有の重要な性質である．

§14.6 パルス間相互作用

変分的散逸力学系では，パラメータを変えるだけで動かない粒子が勝手に動き出しその運動を持続することは，決して起こらない．また，熱平衡近傍では定常的に伝搬するパルスは存在しえない．もとの反応拡散系 (14.10)，(14.11) は $x \to -x$ の変換に対して不変であるから，右に伝搬するパルスがあれば，それと鏡映の関係にある左に伝搬するパルスも存在しなければならない．初期条件の小さな非対称性が，右か左のパルスのどちらかを選ぶことになる．このことは分岐点以下では系のマクロな左右対称性が自発的に破れることを意味しており，非平衡開放系でしか見られない現象である．

§14.6　パルス間相互作用

パルスとパルス間の相互作用は前章の界面間相互作用と同様な方法で調べることができる．図 14.7 で示した正面衝突する二つのパルスの運動を解析しよう．前節で述べたように，パルスの形と速度はパラメータを固定すると一意的に決まる．したがって，右のパルスと左のパルスは鏡映対称であり，速度の絶対値は同じである．右 (左) のパルスのフロントの位置を η $(-\eta)$ と表し，η に対する方程式を以下で導出する．以下では，(14.13) で $\sigma \to \infty$ とし，1 個のパルスの幅が時間変化せず 定数 $l = S_0$ である場合を扱うことにする．

(14.40) で $c = \dot{\eta}$ とおくと

図 **14.7**　パルスの衝突

$$\frac{\dot{\eta}\tau}{\sqrt{(\dot{\eta}\tau)^2+4}} = v_{IB} - v_{IF} \tag{14.45}$$

となる．もう一方のパルスの影響は v_{IB} と v_{IF} を通して入ってくる．実際，v に対する方程式は (14.11) より

$$\frac{\partial v}{\partial t} = D\frac{\partial^2 v}{\partial x^2} - \beta v + G(-\eta - S_0, -\eta) + G(\eta, \eta + S_0)$$

$$\tag{14.46}$$

となる．関数 $G(a,b)$ は $x<a$ あるいは $x>b$ のとき $G(a,b)=0$, $a<x<b$ では $G(a,b)=1$ と定義している．前章と同じように，フーリエ変換によって (14.46) を解くことができて漸近的に

$$\begin{aligned}v_{IB} &= v(x=\eta(t),t)\\&= \int_{-\infty}^{\infty}\frac{dq}{2\pi}\int_0^{\infty}ds\,\frac{4}{q}\sin\frac{qS_0}{2}\cos\left(q\,\eta(s)+\frac{qS_0}{2}\right)\\&\quad\times\exp\left[-(Dq^2+\beta)(t-s)-iq\,\eta(t)\right]\end{aligned}$$
$$\tag{14.47}$$

v_{IF} の値は，この式で指数関数の中の $\eta(t)$ を $\eta(t)+S_0$ でおきかえればよい．

方程式 (14.47) の時間積分は，二つのパルス間に時間遅れの相互作用があることを意味している．その効果を§13.3 と同様，展開

$$\eta(s) = \eta(t) - (t-s)\dot{\eta}(t) + \frac{(t-s)^2}{2}\ddot{\eta}(t) + \cdots \tag{14.48}$$

でとり入れる．$O(\ddot{\eta})$ では

$$v_{IB} = v_{IB}^{(0)} + v_{IB}^{(1)} \tag{14.49}$$

と書け，ゼロ次の項は

$$\begin{aligned}v_{IB}^{(0)} &= \int_{-\infty}^{\infty}\frac{dq}{2\pi}\frac{2}{q}\sin\frac{qS_0}{2}\left[\frac{\exp\frac{iqS_0}{2}}{Dq^2+\beta+iq\dot{\eta}} + \frac{\exp\left(-2iq\eta-\frac{iqS_0}{2}\right)}{Dq^2+\beta-iq\dot{\eta}}\right]\\&= \frac{\phi+\dot{\eta}}{2\beta\phi}(1+e^{-2\kappa_{(-)}\eta})(1-e^{-\kappa_{(-)}S_0})\end{aligned} \tag{14.50}$$

となる．ここに，$\phi(\dot{\eta}) = (\dot{\eta}^2+4D\beta)^{1/2}$ である．$v_{IF}^{(0)}$ も同様にして

§14.6 パルス間相互作用

$$v_{IF}{}^{(0)} = \frac{\phi - \dot\eta}{2\beta\phi}(1 - e^{-\kappa_{(+)}S_0}) + \frac{\phi + \dot\eta}{2\beta\phi}e^{-2\kappa_{(-)}\eta}(e^{-\kappa_{(-)}S_0} - e^{-2\kappa_{(-)}S_0})$$
(14.51)

1次の補正 $v_{IB}{}^{(1)}$ は

$$v_{IB}{}^{(1)} = \ddot\eta \int_{-\infty}^{\infty} \frac{dq}{2\pi}\left[\frac{e^{iqS_0} - 1}{(Dq^2 + \beta + iq\dot\eta)^3} + \frac{e^{-2iq\eta}(e^{-iqS_0} - 1)}{(Dq^2 + \beta - iq\dot\eta)^3}\right]$$
(14.52)

となる. $v_{IF}{}^{(1)}$ は (14.52) の被積分関数に e^{-iqS_0} を掛ければよい. よって

$$v_{IB}{}^{(1)} - v_{IF}{}^{(1)} = -m(\eta)\ddot\eta \qquad (14.53)$$

"質量" $m(\eta)$ の表式は複雑なので省略するが, 意味のあるパラメータの範囲では正であることが確かめられる. これらの関係式から最終的に

$$m(\eta)\ddot\eta + \frac{\dot\eta}{2}(\tau - \tau_c) + g\dot\eta^3 = q(\dot\eta)e^{-2\kappa_{(-)}\eta}$$

$$\approx q(0)e^{-2\kappa_0\eta} \qquad (14.54)$$

$$q(x) = p(x)(1 - e^{-\kappa_{(-)}S_0}) \qquad (14.55)$$

$$p(x) = \frac{x + \phi(x)}{2\beta\phi(x)}(1 - e^{-\kappa_{(-)}S_0}) \qquad (14.56)$$

を得る.[2] τ_c と g はそれぞれ (14.43) と (14.44) で, κ_0 は (14.44) のすぐ上で与えられている.

方程式 (14.54) は界面間相互作用を表す (13.67) とほとんど同型であることに注意しよう. 唯一の違いは, 右辺に定数項 α が存在しないことである. 界面方程式 (13.67) では $\alpha < 0$ のとき動かないパルスは安定な解であった. (14.54) では $q(0) > 0$ のため右辺は常に正であるから, 時間変化しない解はない. このことは, 一定の距離だけ離れたパルス対 (パルスの束縛状態) が存在しえないことを意味している. $q(0) > 0$ であり, かつ, 係数 m をもつ慣性項が存在するから, 界面の場合と同じ議論でもって, パルスの速度が十分小さい $\tau \sim \tau_c$ の近傍ではパルスは弾性的反射を起こすはずである.

最後に, 時間遅れの効果を時間の2階微分までで打ち切る近似 (13.54),

(14.48) の正当性を検討しておく.[3] 方程式 (14.47) において $\eta(s)$ の時間変化に比べて v の時間変化が十分速ければ,すなわち緩和率の逆数 $1/\beta$ が十分小さければ,上の近似は成立する.v に付随する特徴的長さは Dq^2 と β を比較することによって $\sqrt{D/\beta}$ であるから,η の時間変化を特徴づけるものは $\sqrt{D/\beta}$ の距離進むのに要する時間 $\sqrt{D/\beta}/c$ である.それゆえ,

$$\frac{1}{\beta}\frac{c}{\sqrt{D/\beta}} = \frac{c}{\sqrt{D\beta}} \qquad (14.57)$$

が小さいことが,上の近似が成り立つための条件である.パルスが動き出すスーパークリティカル分岐点の近傍ではパルスの速度 c はいくらでも小さくなるから,分岐点近傍で理論が正当化される.しかも,弾性的反射は分岐点の近傍でのみ可能であるから,近似 (13.54),(14.48) はこの結論になんら制限を加えるものではないことを強調しておこう.

§14.7 衝突のシミュレーション

前節の理論的結果を確認するため,方程式 (14.10),(14.11) の計算機シミュレーションを行ってみよう.パラメータは $a = 0.275$,$\sigma = 10$,$S_0 = 4$,$\varepsilon = 0.125$,$D = 1$,$\gamma = 1/3$ と固定する.このとき,動かないパルスが不

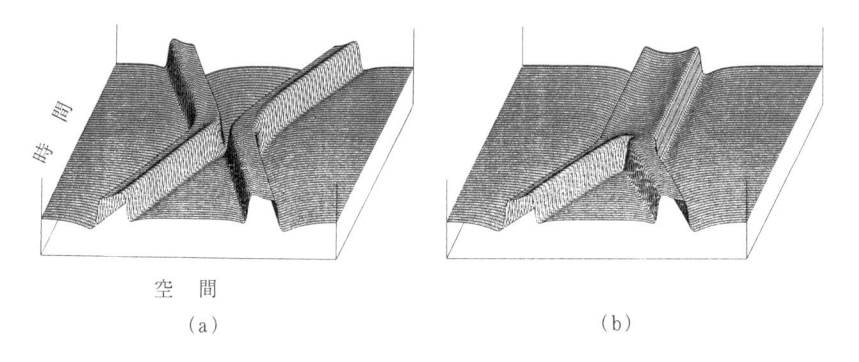

図 14.8 変数 u の時空間変化を表す.
(a) パルスの弾性的衝突,(b) 衝突におけるパルスの融合
(T. Ohta, *et al.*: J. Phys. Soc. Jpn. **66** (1997) 1551 による)

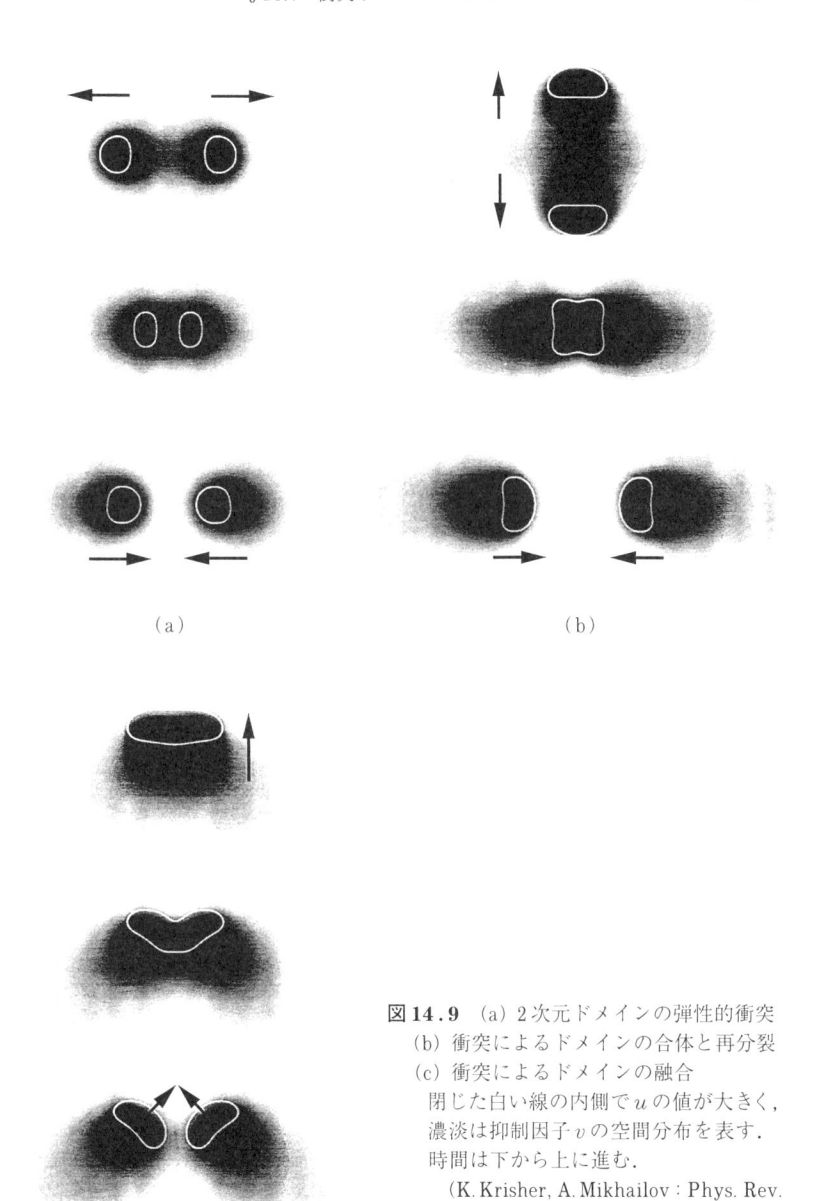

§14.7 衝突のシミュレーション

図 14.9 (a) 2次元ドメインの弾性的衝突
(b) 衝突によるドメインの合体と再分裂
(c) 衝突によるドメインの融合
　閉じた白い線の内側でuの値が大きく，濃淡は抑制因子vの空間分布を表す．時間は下から上に進む．
　　　(K. Krisher, A. Mikhailov : Phys. Rev. Letters **73** (1994) 3165 による)

安定化して動き出す分岐は $\tau \approx 0.53$ で起こることがシミュレーションで確かめられる．図 14.8(a) は $\tau = 0.4448$ における二つのパルスの衝突の様子である．u の時空間プロファイルを示してある．パルスは互いに近づいてきて，反発し，離れ去っていく．すなわち，弾性的反射が見られる．τ の値が小さいとき，$\tau = 0.3968$ では図(b) のようにパルスの完全非弾性衝突になる．対消滅を起こさず，二つのパルスの融合が起こる理由は，σ が十分大きいとき，拘束条件 (14.14) のためパルスの幅の和が一定でなければならないからである．

方程式 (14.10)，(14.11) のパルスは 1 次元系に限られるわけではない．空間微分をラプラシアンでおきかえた数値シミュレーションによって，2 次元でも円盤状に局在したドメインが安定に伝搬することが確かめられている．そのようなドメインを衝突させたときの振舞を図 14.9 に示す．(a) では正面衝突において弾性的な跳ね返りが見られ，本質的に 1 次元のときと同じである．しかし，パラメータを変えると正面衝突のあと (b) のように 90 度回転した方向にドメインが進んでいくこともある．この原因は抑制因子の分布が等方的でないためである．さらに，(c) の角度をもった衝突では二つのドメインの合体が起こっている．これら 2 次元円盤ドメインの相互作用に関する理論は，現在，完成していない．

§14.8 ま と め

第 9 章から第 14 章まで，非平衡開放系を決定論的力学系と見たとき，振動性と興奮性を中心にして運動形態を理論的に考察してきた．基本となる方程式は 2 種類ある．一つはホップ分岐点近傍での振幅方程式である．これは，もとの系を記述する方程式の詳細によらず，ホップ分岐で普遍的に成り立つ方程式である．振動性をもつ系の一般的性質を議論するのに威力を発揮するが，限界もある．たとえば，振幅方程式は界面，パルスなど空間局在構造に

§14.8 まとめ

対して解析的取扱いが一般に難しく，界面あるいはパルス方程式のような常微分方程式を振幅方程式から導出することに成功していない．それゆえ，大きな系での局在構造のダイナミクスを複素振幅方程式で調べるとき，もっぱらシミュレーションに頼っているのが現状である．その例として，次章で，らせん波の生成と相互作用に関する計算機シミュレーションを提示する．

　もう一つの基本的な方程式として，反応拡散系 (13.1)，(13.2) がある．反応拡散系では非線形反応項の形は無限に選択できる．その中で，特に (13.1)，(13.2) に興味をもつ理由は以下によるものである．

(1) ベローソフ‐ジャボチンスキー反応と神経膜興奮の簡単化したモデルである．

(2) パラメータを動かすことによって，振動性と興奮性の両方を容易に実現できる．

(3) 変数 u の拡散が小さいとき，界面，パルスなどの局在構造に対する運動方程式を求めることができる．

(4) さらに重要なことは，「動き出す」分岐点近傍では界面方程式 (13.67) やパルス方程式 (14.54) は $\eta = v$, $\dot{\eta} = u$ とおくと，本質的に

$$\dot{u} = au - bu^3 + g(v) \tag{14.58}$$

$$\dot{v} = cu \tag{14.59}$$

の形をしており (v が小さいとき $g(v) = -v + \text{const}$)，これらはもとの反応拡散方程式 (13.1)，(13.2) の反応項と同型である．反応拡散方程式は偏微分方程式であり，無限個の自由度をもっているが，それから局在構造のダイナミクスを表現する有限個の自由度のみをとり出す操作によって，もとと同じ非線形性が現れることになる．第6章では**パターンの自己相似構造**を議論したが，上の事実は**方程式系の自己相似的性質**を明示している．

　さらに，§13.5 で複素ギンツブルグ‐ランダウ方程式でも界面が

衝突において，方程式 (13.67) の解と同様な振舞をすることを示した．このことは，もし複素ギンツブルグ‐ランダウ方程式から界面方程式が導出できれば，それは (13.67) の形をしていることを強く示唆している．したがって，(14.58), (14.59) の構造をもつ方程式は非平衡開放系のある種のクラスにおいて普遍性をもつモデルとなっているのである．

15 らせん波と同心円波

　第9章から14章までは非平衡開放系の時空間秩序に対する理論を紹介してきた．しかしながら，非平衡系のダイナミクスでは理論的取扱いができるのはむしろまれであって，ほとんどは計算機シミュレーションに頼っている．この章と次の章ではそれらのうち，らせん波，同心円波，およびパルスの自己複製をとり上げよう．

§15.1　振動系のらせん波

　第10章では，非平衡開放系の重要な概念として振動性と興奮性を説明した．振動性の系のらせん波と興奮性の系のらせん波ではその性質に違いがある．この節ではまず，振動系のらせん波の生成を議論する．

　振動性の系として，反応拡散方程式

$$\frac{\partial u}{\partial t} = D_u \nabla^2 u + u(1 - u^2) - v \tag{15.1}$$

$$\frac{\partial v}{\partial t} = D_v \nabla^2 v + u - I \tag{15.2}$$

を考える．$|I| < 1$ の領域で，一様リミットサイクル解がある．

　しかし，拡散項があると一様振動解は常に安定ではない．(15.1) と (15.2) のパラメータを $D_u = 0.00165$, $D_v = 0$, $I = -0.5$ として2次元でシミュレーションを行うと図15.1の時間発展が得られる．ここでは時間依存しない不安定解の周りで少しゆらいだ u と v を初期条件としている．時

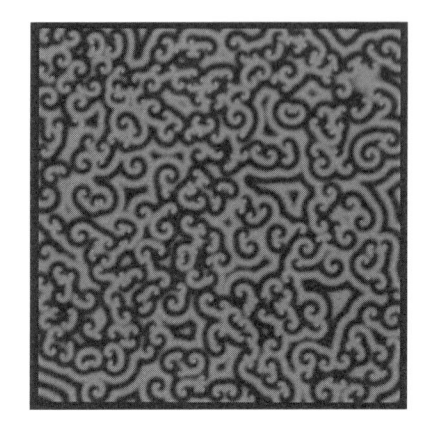

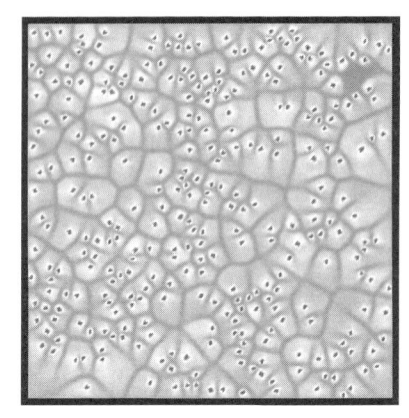

図 15.1 振動系のらせん波   図 15.2 らせん波の核の分布

間経過と共に空間的な非一様性が増幅され，らせん波が自発的に生成されている．しかもこれらのらせん波は安定ではなく，空間のあちこちで生成・消滅をくり返す複雑な時間発展をする．図 15.1 では u と v の周期軌道の位相に対応して連続的に色分けしている．図 15.2 は振動振幅の空間分布を表示している．白い点はらせん波の中心（核）を表し，そこでは振幅の大きさはほとんどゼロである．

振動系は第 11 章の結合非線形振動子でもモデル化できる．第 14 章で述べたパルス列の脈動では，位相のそろった脈動と隣り合うパルスの逆位相脈動の二つがあり，これらを記述するには空間を離散化したモデルでなければならない．[†]

方程式 (11.38) を少し変えて次のように書こう．

$$\frac{dW_n}{dt} = (\varepsilon' + ic_0)W_n - |W_n|^2 W_n + De^{i\alpha}\left(\sum_m W_m - zW_n\right) \quad (15.3)$$

[†] 以下の結果は，お茶の水女子大学大学院理学研究科 森 澄子さん (1996 年修士論文) によるものである．

§15.1 振動系のらせん波

第1項の係数の実数部分を ε'，第2項の係数の虚数部分をゼロ，第3項の係数を複素数として因子 $e^{i\alpha}$ (α は実数) を付けた．第3項の和は格子点 n の周りの最隣接格子点すべてにわたる．z は最隣接格子点の数 (ここでは2次元正方格子を考えており $z = 4$) である．

$$W_n = A_n e^{i\phi_n} \tag{15.4}$$

とおいて (15.3) に代入し，さらに $\theta_n = \phi_n - (c_0 - zD \sin \alpha)t$ を導入すると

$$\frac{dA_n}{dt} = \varepsilon A_n - A_n^3 + D \sum_m A_m \cos(\theta_n - \theta_m - \alpha) \tag{15.5}$$

$$\frac{d\theta_n}{dt} = -D \sum_m \frac{A_m}{A_n} \sin(\theta_n - \theta_m - \alpha) \tag{15.6}$$

となる．(15.5) の右辺第1項の係数を

$$\varepsilon = \varepsilon' - zD \cos \alpha \tag{15.7}$$

とおいた．これらの方程式は，脈動するドメインを正方格子上に規則正しく並べた場合のモデルとなっている．

すべての振動子が同位相で振動する解を求めるには $A_n = A$, $\theta_n = \omega t$ を (15.5) と (15.6) に代入し，A, ω を決定すればよい．隣り合う振動子が逆位相で振動する解は $A_n = A$, $\theta_n = \omega t$, $\theta_{n+\delta} = \omega t \pm \pi$ ($n + \delta$ は n の最隣接格子点) を仮定すればよい．また，それらの線形安定性を調べるにはこれまで何度も説明してきた方法を適用すればよいから，読者自身で行えるであろう．

方程式 (15.5) と (15.6) の計算機シミュレーションの結果を図 15.3, 15.4 に示す．2次元 64 × 64 正方格子でランダムな初期条件と周期境界条件を用い，$A_n \cos \theta_n$ の値を濃淡で表現している．$\varepsilon = 1.92$, $D = 1.6$ として $\alpha = \pi + 2.5$ の場合は図 15.3 のように，隣り合う振動子はほとんど同位相で振動するが全体としては空間的に一様でない．特に，図の中心付近にキノコ型のパターンが現れ，それが外向きに伝播するのがわかる．これはらせ

$t = 50$

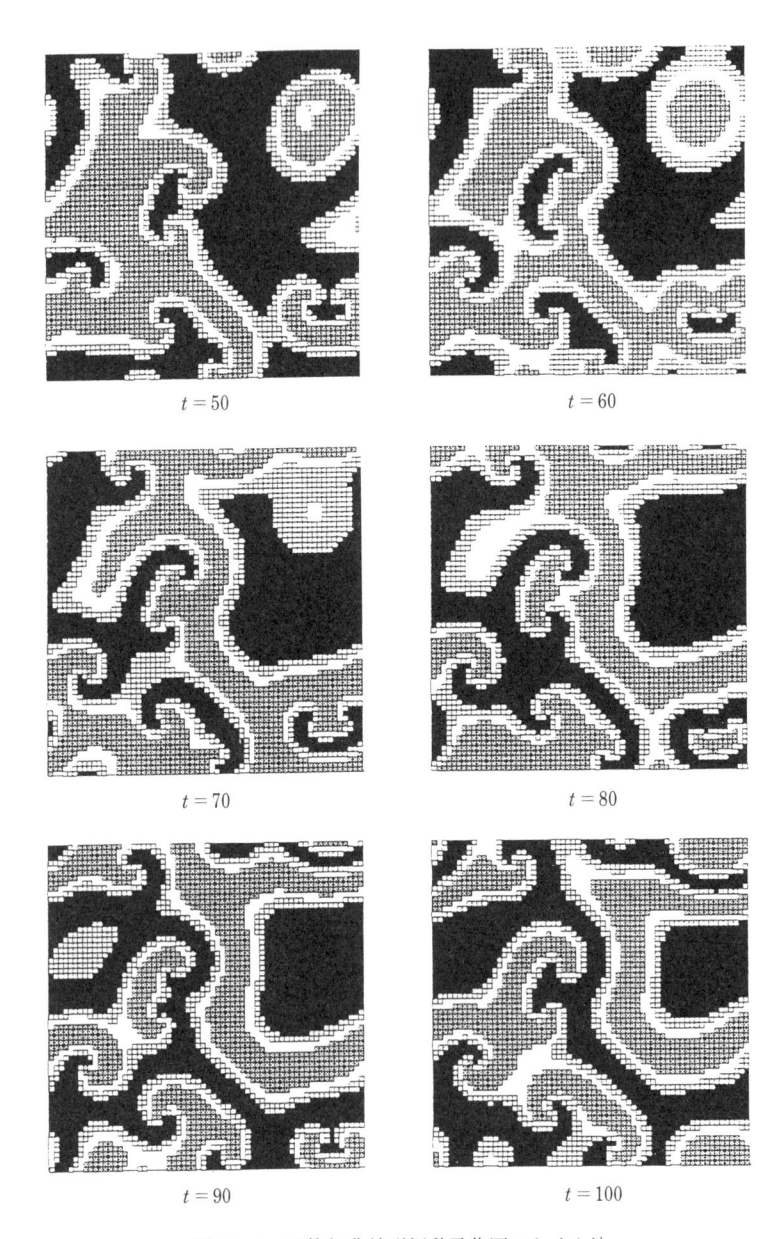

$t = 60$

$t = 70$

$t = 80$

$t = 90$

$t = 100$

図 15.3 同位相非線形振動子集団のらせん波

§15.1 振動系のらせん波

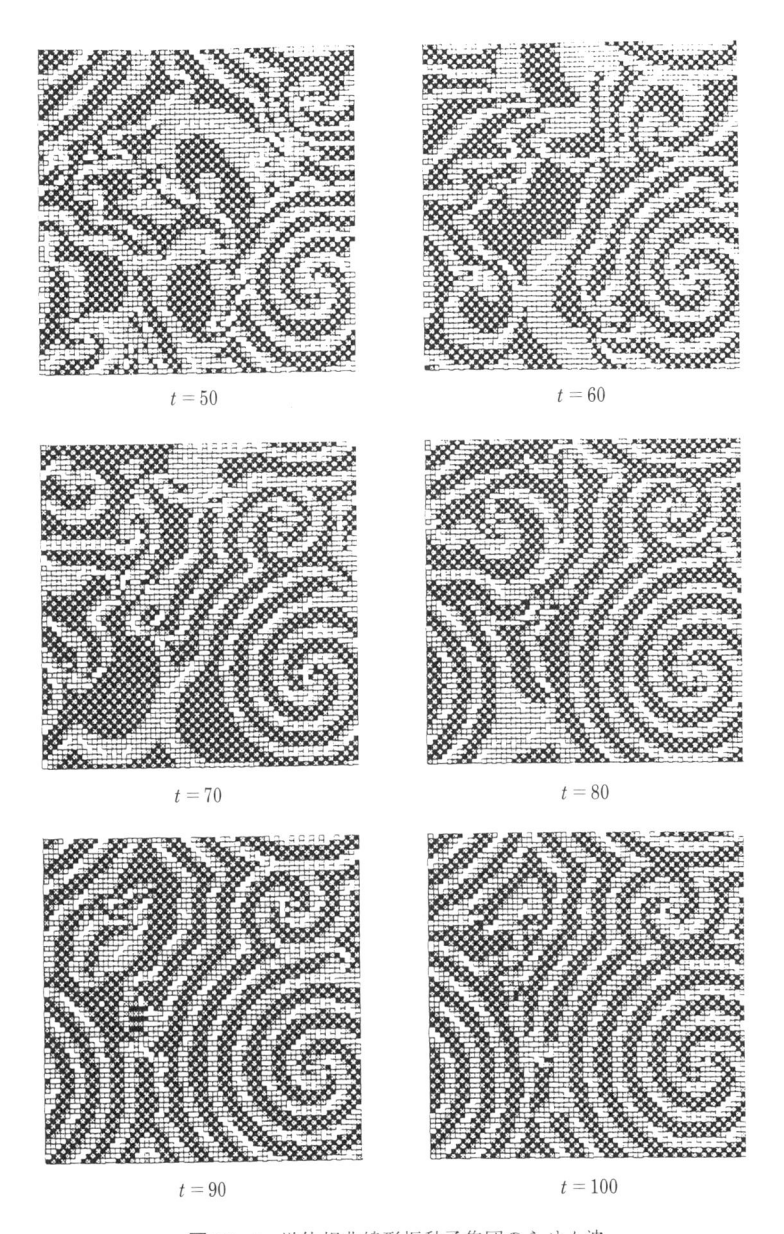

$t = 50$

$t = 60$

$t = 70$

$t = 80$

$t = 90$

$t = 100$

図 **15.4** 逆位相非線形振動子集団のらせん波

ん波がペアで生成されているものであり，図 15.1 と対応している．

ほかのパラメータを図 15.3 と同じにして，$a = \pi + 1.5$ のときの時間発展は図 15.4 のようになる．チェッカーボード様のパターンは隣り合うドメインが逆位相で振動していることを意味する．† 注目すべきことは，図の右下に二つの腕をもつらせん波が生まれ それがどんどん成長していることである．このような二つ腕のらせん波は，同位相で振動する系では乱雑な初期条件から出発したときには起こり得ないものであり，逆位相非線形結合振動子系の特徴である．

最後に，らせん波ができると，複素振幅方程式のホール解のように，その中心では振幅が急激に小さくなるから，注意深い数値計算が必要であることを指摘しておこう．

§15.2 興奮系のらせん波

興奮系では，乱雑な初期条件から出発して自然にらせん波が生成されることはない．興奮系の重要な性質は，パラメータを適当に選ぶと，伝搬するパルス波が安定に存在することである．2 次元空間を，反応拡散方程式

$$\tau \frac{\partial u}{\partial t} = D_u \left(\frac{\partial^2 u}{\partial x^2} + \frac{\partial^2 u}{\partial y^2} \right) + f(u) - v \qquad (15.8)$$

$$\frac{\partial v}{\partial t} = D_v \left(\frac{\partial^2 v}{\partial x^2} + \frac{\partial^2 v}{\partial y^2} \right) + u - \gamma v \qquad (15.9)$$

に従う 1 個のまっすぐなパルス波が伝搬しているとしよう．$f(u)$ は 3 次の

---

† チェッカーボード様のパターンは，偏微分方程式を粗い差分法で数値計算したとき数値的不安定性のためしばしば見られることがある．しかし，図 15.4 のチェッカーボードパターンはそのような数値計算上の欠陥とは無関係であり，系が固有にもつ性質である．

非線形性をもっており，系が単安定であるように γ の値を選ぶ．パルスの有限区間を切り取ると，端のある2個のパルス波ができる．図14.6から明らかなように，伝搬するパルス波では前面の抑制因子 v の濃度は小さく，後側では大きい．しかしながら，端では抑制因子がパルスのない領域を拡散して前面に回り込むことが可能である．そのため，端の伝搬速度は遅くなり，端を中心にしてパルス波が曲がっていき，その結果，らせんを描くようになる．

図15.5 興奮系でのらせん波（広島大学 三村昌泰氏らによる）

上に述べたことが実際，方程式 (15.8) と (15.9) で起こることが計算機シミュレーションで確かめられている．図15.5 はそのような過程を経て生成された らせん波である．活性因子 u の濃度の大きいところを表示している．

§15.3 同心円波の生成

外向きに拡がっていく同心円波は，ベローソフ‐ジャボチンスキー反応で観察されている．振動性をもつ系では，不純物などのため周りに比べて振動数が高くなると そこを中心に同心円波が発生する．すなわち，不純物が同心円波のペースメーカーとなっている．似た機構で同心円波を作るには，複素振幅方程式 (11.39) において空間の狭い領域で振幅を強制的にゼロとおけ

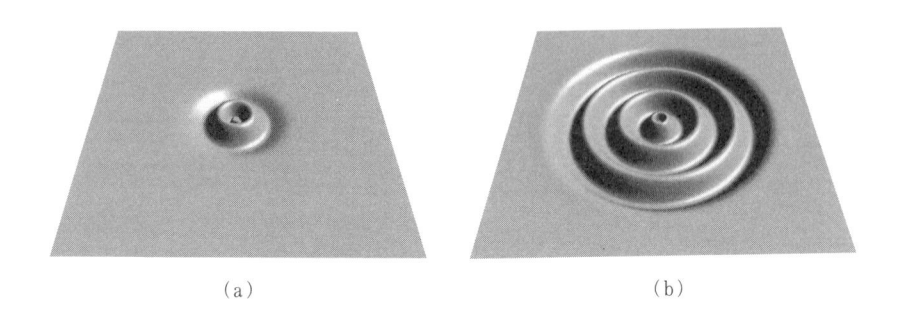

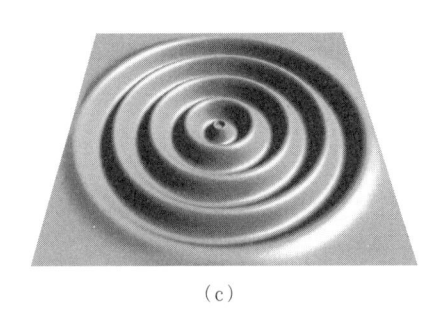

図 15.6 振動系の振幅を空間の一点で固定することによって生成される同心円波．Re W の空間変化の時間発展．（広島大学 上山大信氏による）

ばよい．図 15.6 はそのようにして作られた同心円波である．

反応拡散系 (15.8) と (15.9) でも振動性をもつときは複素振幅方程式の場合と同様，ペースメーカーをおくことによって同心円波を作ることができる．それゆえ，同心円波が外からの作用なしで自己組織的に形成されることはないと思われていた．しかしながら，もし非線形項を

$$f(u) = \frac{1}{2}\left(\tanh\frac{u-a}{\delta} + \tanh\frac{a}{\delta}\right) - u \quad (15.10)$$

と選ぶと，ペースメーカーがなくても同心円波が発生することが計算機シミュレーションで発見された．

a は $0 < a < 1/2$ を満たす定数，δ は正定数であり，以下では $\delta = 0.05$ とおく．$\delta \to 0$ の極限では，$f(u)$ は第 13 章で使った区分的に線形な関数に

§15.3 同心円波の生成

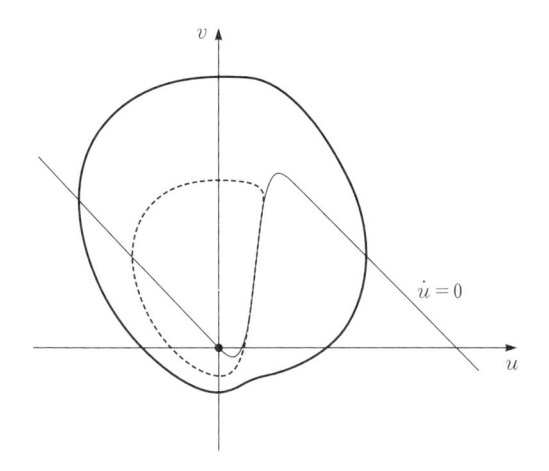

図 15.7 リミットサイクル解と一様解の共存（点線は不安定リミットサイクル）

なる．拡散項がないときの方程式 (15.8)，(15.9)，(15.10) の解の振舞を図 15.7 に示してある．時間によらない解 $u = v = 0$ は線形安定であるが，それ以外に安定なリミットサイクル解も存在する．図では $a = 0.15$, $\gamma = 0$ である．a の値が大きくなると，リミットサイクルは存在し得なくなる．このことから，リミットサイクル振動は a の値を小さくしたときサブクリティカル分岐として現れることがわかる．その上，軌道が安定平衡点の近くを通過するという特徴をもっている．それゆえ，単純な振動性ではなく，平衡点の近傍に近づくとそこからはじかれて一旦大きく迂回して再度平衡点に近づく，すなわち，興奮性的性質をも合わせもっているのである．そのため，この系では伝搬するパルス解も安定に存在できるパラメータ領域がある．

図 15.8 はシミュレーションの結果である．初期に空間の狭い領域の活性因子 u の濃度を平衡値より高くしておくと，そこを中心にして持続的に同心円波が生成される．これには，上に述べたように，一様平衡解以外にリミットサイクル解も安定であり，さらに伝搬するパルスも安定に存在すること

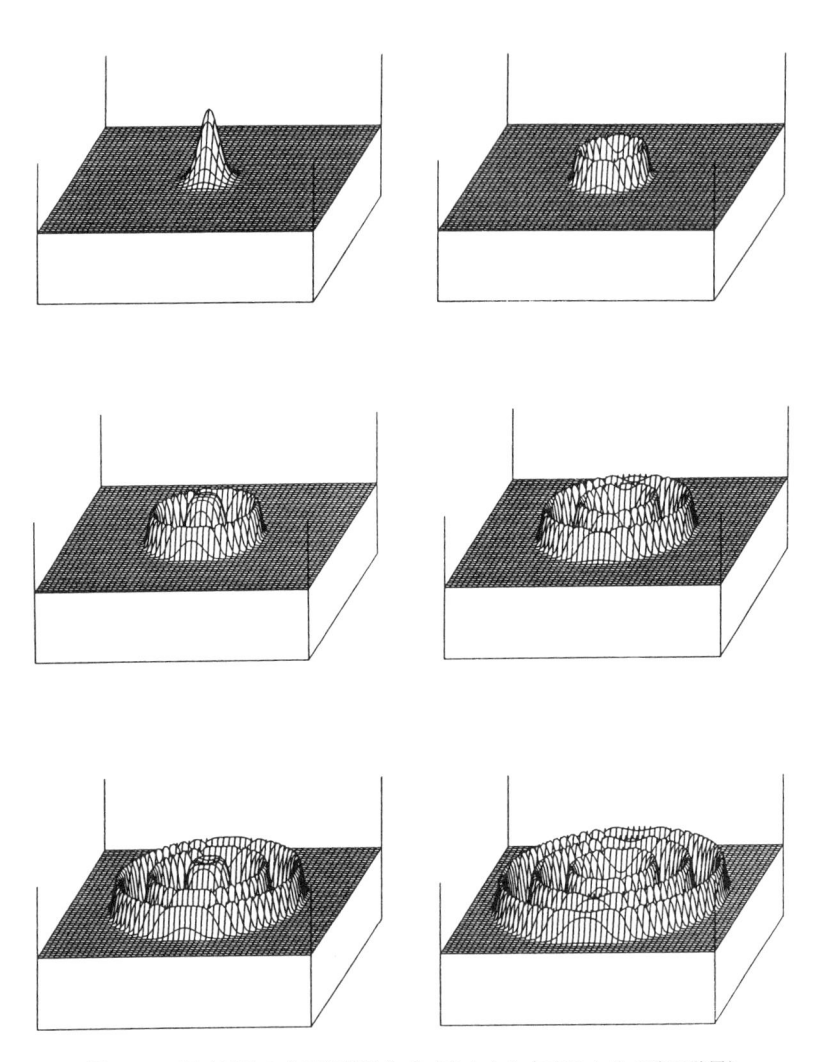

図 15.8 同心円波の自己組織的生成（左上から右下にかけて時間発展）
(T. Ohta, *et al.*: Phys. Rev. **E54** (1996) 6074 による)

が本質的である．すなわち，初期の濃度不均一が核となって振動するドメインが形成され，そこからパルス波が次から次へと放射されるのである．

16 パルスの自己複製

　第14章では,パルスが衝突において対消滅する場合と弾性的反射する場合の二つのケースがあり,それらが起こるメカニズムを明らかにした.ここではさらに,1個のパルスが自然に二つに分かれる,すなわち自己複製も可能であることを示そう.

§16.1　パルスの分裂

　図16.1はグレイ-スコットモデル[1]とよばれる次の反応拡散方程式の

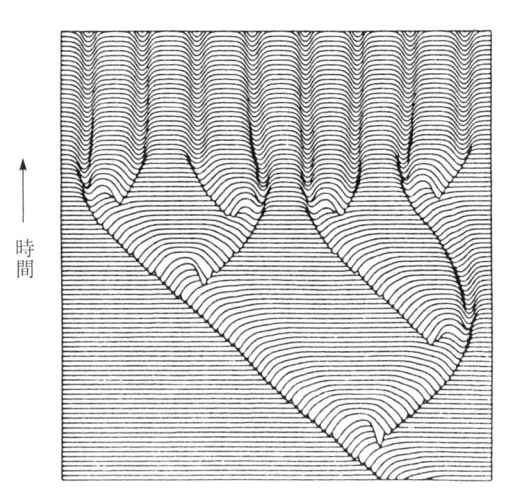

図 16.1　1次元グレイ-スコットモデル(16.1),(16.2)におけるパルスの分裂
(V. Petrov, *et al*.: Phil. Trans. R. Soc. London. **A347** (1994) 631 による)

§16.1 パルスの分裂

1次元シミュレーションである.

$$\frac{\partial u(\boldsymbol{r}, t)}{\partial t} = D_u \nabla^2 u - uv^2 + a(1-u) \tag{16.1}$$

$$\frac{\partial v(\boldsymbol{r}, t)}{\partial t} = D_v \nabla^2 v + uv^2 - bv \tag{16.2}$$

パルスが伝搬しながら二つに分裂していきパルスの密度が大きくなると,伝搬も分裂もしなくなり,ほぼ等間隔を保って周期構造をとる.[2] 図16.2は2次元でのこれらの方程式の計算機シミュレーションの結果である. パラメータは $a=0.02$, $b=0.079$, $D_u=2D_v=2.0\times 10^{-5}$ と選んである. 閉じた白い曲線は u の値が大きいところと小さいところの境界である. ドメインがひょうたん型にくびれ,分裂していく様子がよくわかる.[3]

注目すべきことに,図16.2と非常によく似たドメインの分裂が実際の化学反応,フェロシアナイド・ヨウ素酸・亜硫酸(ferrocyanide-iodate-

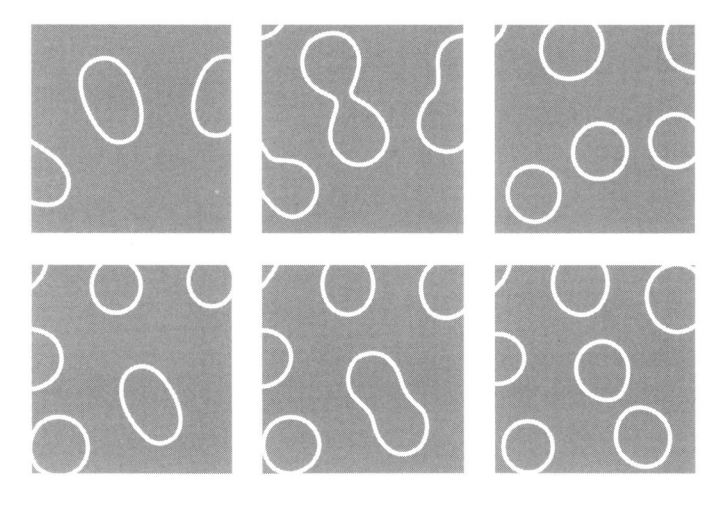

図16.2 2次元でのドメイン分裂のシミュレーション(左上から右下に時間経過)
(K-J. Lee, et al.: Nature, **369**(1994)215による)

sulphite (FIS)) の反応実験で観察されている．この反応では次の5つのプロセスが基本的である．[4)]

$$IO_3^- + 8I^- + 6H^+ \rightarrow 3I_3^- + 3H_2O \quad (16.3)$$
$$I_3^- + HSO_3^- + H_2O \rightarrow 3I^- + SO_4^- + 3H^+ \quad (16.4)$$
$$I_3^- + 2Fe(CN)_6^{4-} \rightarrow 3I^- + 2Fe(CN)_6^{3-} \quad (16.5)$$
$$IO_3^- + 3HSO_3^- \rightarrow I^- + 3SO_4^{2-} + 3H^+ \quad (16.6)$$
$$SO_3^{2-} + H^+ \rightleftarrows HSO_3^- \quad (16.7)$$

反応 (16.3) では2個の H^+ イオンから1個の I_3^- イオンが生成され，その I_3^- を使って反応 (16.4) で3個の H^+ イオンが生じる．したがって，この二つの反応で H^+ イオンが自己触媒的に増加する．この性質はグレイ-スコットモデルにおける (16.2) の非線形項 uv^2 に対応している．(ただし，この比較は定性的なものであって，FIS反応が完璧にグレイ-スコットモデルで記述されるわけではない．)

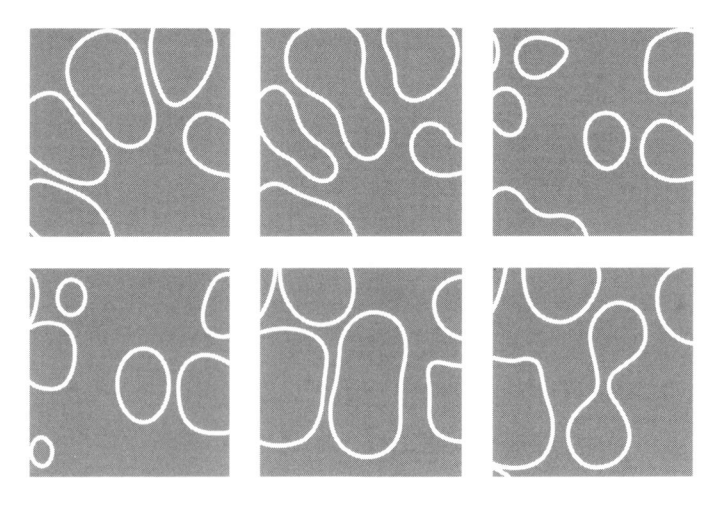

図 16.3 FIS反応におけるドメイン分裂 (左上から右下に時間経過)
(K-J. Lee, et al. : Nature, **369** (1994) 215 による)

図 16.3 はゲルの中で FIS 反応によって生じたドメインの時間発展を示している．[3) 四角の大きさは 7 mm × 7 mm である．白い曲線は pH が大きい領域の境界を表している．ドメインが密なところではそれらが縮小し，小さなドメインが成長して 2 個に分裂する．もしこの実験がなければ，ドメインの自己複製は計算機上の産物であるとしてそれほど注目されなかったであろう．この意味で，現実の化学反応で自己複製が観察されたことは大変意義深い．

§16.2 自己相似パターン

第 13 章と同じ方程式

$$\tau \frac{\partial u}{\partial t} = D_u \nabla^2 u + f(u) - v \qquad (16.8)$$

$$\frac{\partial v}{\partial t} = D_v \nabla^2 v + u \qquad (16.9)$$

を 1 次元空間で数値シミュレーションを行う．ただし，D_u は小さな量ではなく，ここでは $D_u = 1$ とおく．さらに，非線形関数 $f(u)$ は §15.3 と同じ

$$f(u) = \frac{1}{2}\left(\tanh\frac{u-a}{\delta} + \tanh\frac{a}{\delta}\right) - u \qquad (16.10)$$

の形に選ぶ．以下では $\delta = 0.05$ とおく．

§15.3 で述べたように，方程式 (16.8)，(16.9) は一様平衡解，リミットサイクル解，伝搬するパルス解の 3 種類の解が同時に安定となりうるという著しい特徴をもっている．[5)] $a = 0.1$ とおき，ほかのパラメータ D_v と τ を変えたときのさまざまな振舞を図 16.4 に分類分けしている．

点線より右側では，二つのパルスが衝突するとそこに局在した振動ドメインが形成され，ドメインの振動にともなって外向きのパルス列が放射される．これは §15.3 の同心円波の自己組織的形成に対応している．τ の値が小さいところではリミットサイクルは存在できなくなるため，破線の左側の領域で

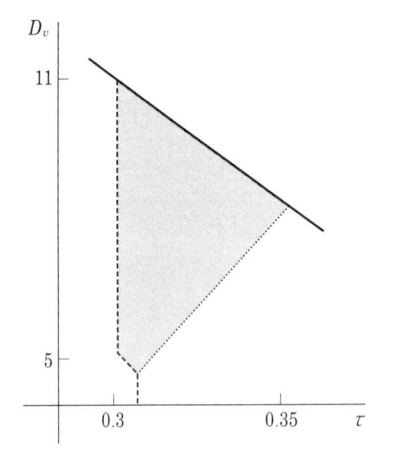

図 16.4 パラメータ D_v と τ 空間での相図
(Y. Hayase : J. Phys. Soc. Jpn. **66** (1997) 2584 による)

は二つのパルスは衝突によって単に対消滅を起こす．実線より上では定常に伝搬するパルスは安定でない．これは抑制因子 v の拡散定数が大きいとき，それがパルスの前面に容易に拡散し，パルスの運動を阻害するためである．

アミの領域ではパルスは衝突によって消滅せず個性を保つ．これをパルスの保存という．その例を図 16.5 に示してある．パルスは衝突において，一旦消滅したかのように振舞い，その後回復して左右に離れ去っていく．衝突におけるパルスの保存には前章で述べたパルスの弾性的衝突の理論は適用できない．図 16.5 で見られる"柔らかい"衝突の理論を作るのは今後の課題である．

実線より上ではパルスはいつまでも伝搬し続けることはできないが，しかし，ある有限の時間は伝搬できる．図 16.6 は $D_v = 10$，$\tau = 0.34$，$a = 0.1$ でのシミュレーションである．時間と共に形を変えていき，同時に速度が遅くなり，一旦消滅したかのように振舞ったあと，二つのパルスに分裂し，互いに逆方向に伝搬する．しかも，分裂によって生まれたパルスはある時間伝搬したあと，さらに自己複製をくり返す．

§16.2 自己相似パターン

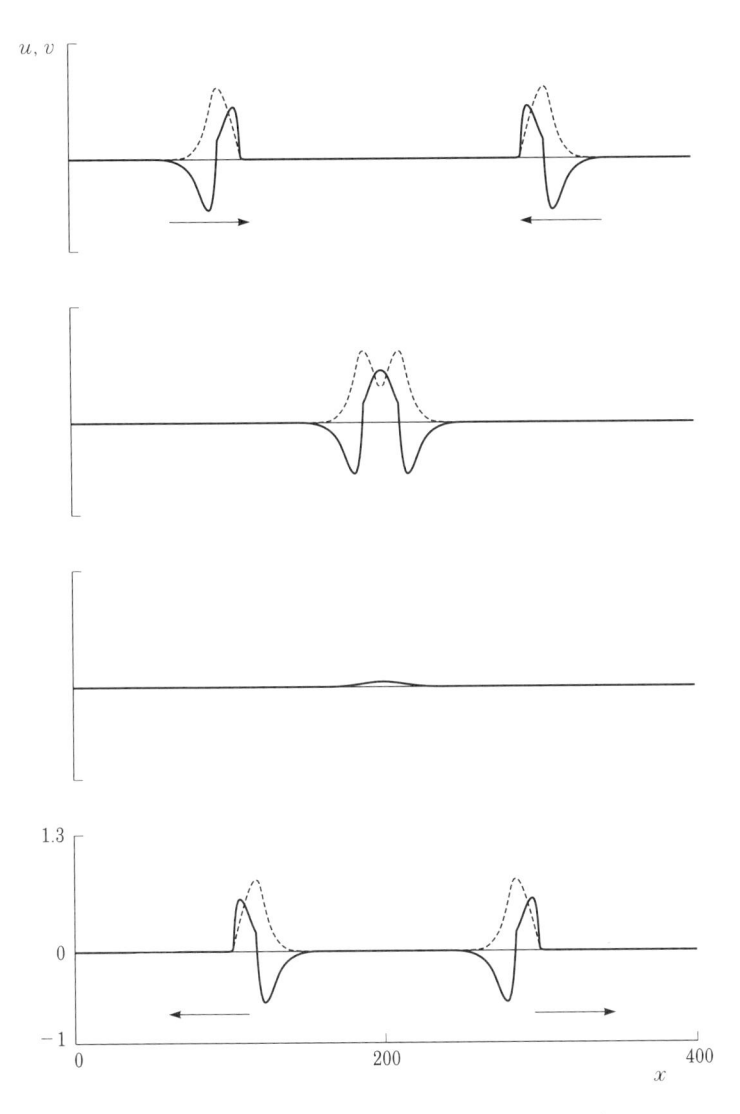

図 16.5 衝突におけるパルスの保存（実線 u, 点線 v）
(Y. Hayase : J. Phys. Soc. Jpn. **66**(1997) 2584 による)

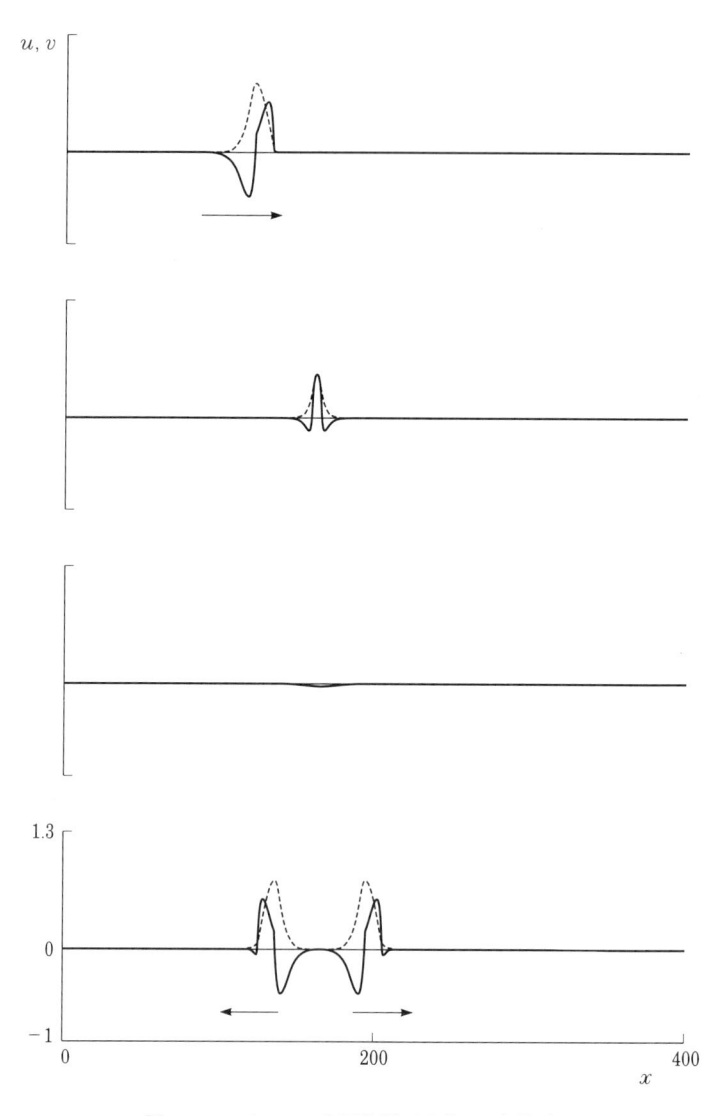

図 16.6 パルスの自己複製（実線 u, 点線 v）
(Y. Hayase : J. Phys. Soc. Jpn. **66** (1997) 2584 による)

§16.2 自己相似パターン

　図 16.1 で示したグレイ–スコットモデルでは親パルスが消えることなく 2 個に分裂するのに対し，図 16.6 では一度消滅したのち 2 個のパルスが回復してくる．このように，パルスの分裂にはパルスの衝突と同様，いくつか異なる型があり，これらに対する定性的な理解は可能であるが，分裂を表現する方法論が簡単ではないため定量的な理論は現在のところ存在しない．

　図 16.7 はこのようなプロセスで生じたパルスの時間発展の様子である．$u = 0.2$ の等高線を描いてある．パルスの自己複製，衝突による対消滅と保存の不思議なくり返しが見られ，しかもそれが規則正しい自己相似パターンになっている．このパターンは，たとえば $D_v = 10$ と固定したとき $0.338 < \tau < 0.342$ の範囲で観察される．

　図 16.7 で重要なことは，自己複製，対消滅，保存の 3 要素が同時に出現することである．隣り合うパルスの形と速度が非対称になったときは対消滅し，二つのパルスの対称性が良いときのみ保存が可能である．そのため，

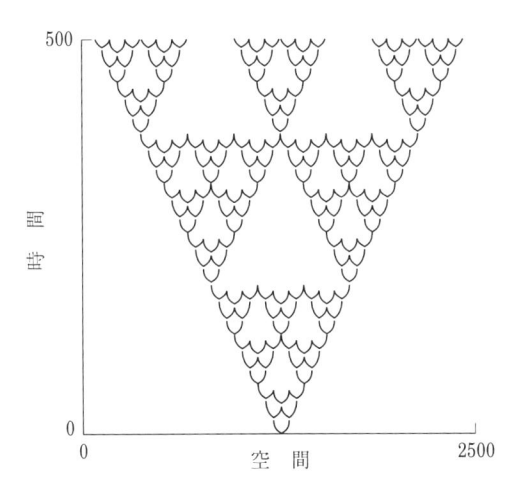

図 16.7　パルスの自己複製，保存，対消滅から生じる時空間パターン．$u = 0.02$ の等高線を表示している．
(Y. Hayase : J. Phys. Soc. Jpn. **66** (1997) 2584 による)

3世代ごとに，対称性の良いパルス以外の絶滅が起こる．

もし衝突においてパルスの保存が起こらず，分裂によって生じたパルスがすべて対消滅するならば，2世代を基本単位とする自己相似時空間パターンが実現するであろう．実際，このことを計算機シミュレーションで実現することができる．[6] (16.8)，(16.9)と似た反応拡散方程式

$$\tau \frac{\partial u}{\partial t} = D_u \nabla^2 u + f(u) - v \tag{16.11}$$

$$\frac{\partial v}{\partial t} = D_v \nabla^2 v + u - \gamma v + I \tag{16.12}$$

において，$f(u)$を3次曲線

$$f(u) = au(1+u)(1-u) \tag{16.13}$$

とおく．

```
伝搬するパルス           脈 動  動かないパルス
─────────┼─────┼─────┼────→
         τ_p         τ_B*   τ_B      τ
```

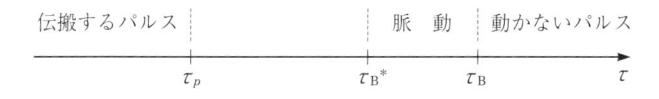

図16.8 パラメータτを変化させたときの分岐図
(Y.Hayaseによる)

この方程式で興奮性をもつ状況にパラメータを設定し，かつ$D_u \ll D_v$であるとする．図16.8はτの値を変化させたときの定性的分岐図である．τの値が十分大きいときは動かないパルスが安定に存在し，分岐点τ_B以下では脈動を起こす．さらにτの値を小さくしていくと，τ_B^*以下では定常な脈動も不安定化する．一方，十分小さなτでは伝搬するパルスが安定であり，それはτ_p以上で不安定である．安定な脈動も安定な伝搬するパルスも存在し得ない$\tau_p < \tau < \tau_B^*$では，複雑な現象が見られる．

図16.9はその一例を示す．1個の局在ドメインが2個に分裂し，さらにそれらが分裂して4個になり，真中の2対は衝突によって消滅している．このようにして2世代を単位とする自己相似パターンが生成されていく．パラメータは$\tau = 0.5$, $I = 0.1$, $D_u = 1$, $D_v = 10$, $a = 5$, $\gamma = 0.25$である．

§16.3　離散モデルによる自己相似パターン　　　　　　　　　　　　　241

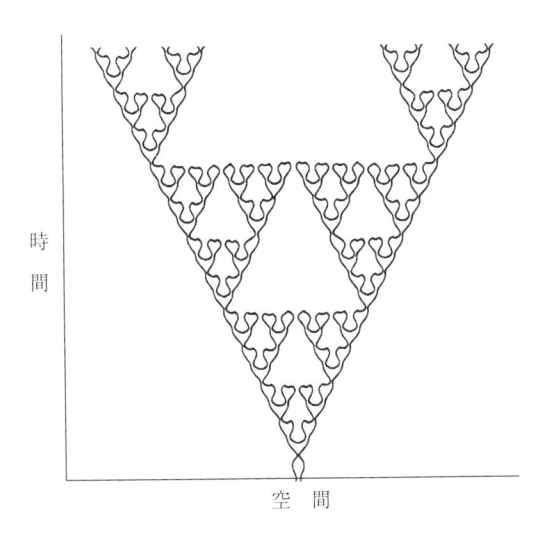

図 16.9　パルスの自己複製と対消滅のみから生じる時空間パターン
　　　　　　　　　　　　　　　　　　　　　（Y.Hayase による）

なお，図 16.7，図 16.9 の自己相似パターンは初期条件を多少変えても安定に出現するロバストな性質をもっている．

　図 16.7 と図 16.9 は時間空間的に連続な偏微分方程式から自己相似構造が現れた，おそらく最初の例である．これらのパターンは一方が時間軸であるから，現実に観測するのが困難であると思われるかもしれない．しかし，年輪のように時間発展の様子が空間的に固定される例はいくつもある．それゆえ，時空間自己相似パターンも実験的に観測される可能性が十分あることを指摘しておこう．

§16.3　離散モデルによる自己相似パターン

　図 16.7 の自己相似パターンにおいて，パルスの軌跡のあるところとないところに領域を分けると，§6.4 で述べたシェルピンスキー‐ガスケットパターンと酷似している．図 6.5 では正三角形から真中の正三角形をとり去る

操作をくり返してシェルピンスキー‐ガスケットパターンを生成した．一方，図 16.7 は微分方程式の時間発展によって得たパターンである．したがって，これら二つの共通性を議論するにはシェルピンスキー‐ガスケットパターンを時間発展によって作る必要がある．

図 6.5 のパターンは離散的であるから，これを生成するモデルも必然的に離散的でなければならない．1 次元空間を大きさ 1 のセルに分け，時刻 t において i 番目のセルの状態を正の整数 $a^t(i)$ で指定する．この状態の時間発展のルールを次のように導入しよう．

$$a^{t+1}(i) = a^t(i-1) + a^t(i+1), \quad \mod k \quad (16.14)$$

ここでは時間も離散化している．方程式 (16.14) の意味は，時刻 $t+1$ での i 番目のセルの状態は時刻 t での両隣の状態変数の和を整数 k で割った余りであることを表している．たとえば，時刻 $t=0$ で …000010000… のように状態が指定されていると $k=3$ の場合，時刻 $t=1$ では …000101000…，時刻 $t=2$ では …001020100… と変化していく．ある一つのセルのみが初期に 1 の状態で ほかがすべて 0 であったときの長時間発展の様子を図 16.10 に示してある．ゼロでない状態が占めるセルのパターンと図 16.7 のパルスの

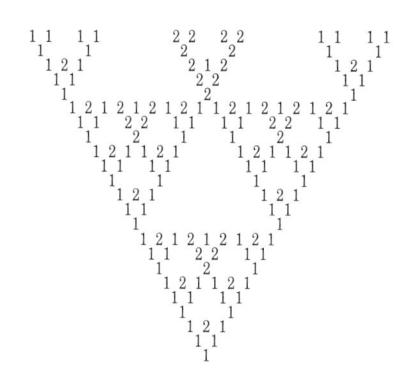

図 16.10 セルオートマトン (16.14) で生成されるパターン ($k=3$)

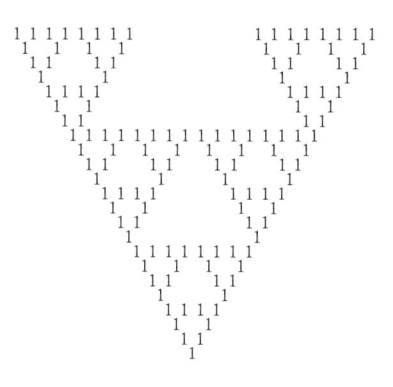

図 16.11 セルオートマトン (16.14) で生成されるパターン ($k=2$)

軌跡が描くパターンの共通性は一目瞭然である．

$k = 2$ の場合は図 16.11 の時空間パターンを描き，これは 2 世代を単位とする自己相似パターン図 16.9 と同等である．

方程式 (16.14) のように時間・空間のみならず，状態も離散的であり，近傍の状態によって時間発展の規則が与えられる系を**セルオートマトン**という．状態を離散的に指定するのは，情報量を落として系をみていることを意味する．たとえば，興奮性の系において興奮領域を 1，非興奮領域をゼロとして 0, 1 の二つの値でのみ系を表現するのがその例である．もちろん，このとき時間と空間も局所的な平均操作によって離散化しなければ発展法則が記述できない．

セルオートマトンの計算機シミュレーションによる研究は 1980 年前半に精力的に行われた．大きな特徴は，比較的簡単な発展規則にもかかわらず，非常に複雑な振舞が見られることである．それらが実際，自然あるいは生命現象の理解に直接貢献すれば大きな進歩であるが，ここではこれ以上深入りしないことにする．

§16.4　離散モデルとの対応

図 16.7 の自己相似パターンとセルオートマトンで得たシェルピンスキー－ガスケットの間の関係をもう少しくわしく考察しよう．[7]

まず，パルスの基本的性質，自己複製，対消滅，保存の三つからどのような運動形態が生じるかを整理しておこう．

(ⅰ) パルスは一定の時間 T および距離 X だけ進むと停止し，そこで二つに分裂する．パルスの速度は生まれてから停止するまで，時間の単調減少関数である．

(ⅱ) 二つのパルスが同じ速度（このとき必然的に鏡映対称な形）で衝突するときは距離 l まで近づいて，一旦消滅し，回復する．すなわち，

保存が起こる．
 (iii)　速度が異なるときは，l まで近づいて対消滅を起こす．
 (iv)　パルスの速度の時間変化は，分裂で生まれたパルスと保存によるパルスとで違いはない．

図 16.12 はこれらの性質を表示したものである．時刻 $t = 0$ に自己複製によって第 1 世代のパルスが二つ生まれ，時刻 $t = T$ にそれがさらに分裂し第 2 世代の 4 個のパルスができる．そのうち，真中の二つのパルスは同じ速度をもっているから衝突によって保存する（自己複製より衝突が先に起こることは性質 (i)，(ii) から容易に証明できる）．衝突・保存は有限の距離 l で起こるから，その時刻は両端のパルスの自己複製の時刻 $t = 2T$ よりもある時間 ε だけ早く起こることに注意しよう．そのため，第 3 世代のパルスの衝突では速度が異なるため対消滅し，両端のパルスのみ自己複製できる．これらがくり返され，6 世代ではパターンの対称性から，中心のパルス対のみ衝突において保存し，9 世代では両端のパルス以外は絶滅する．

これらの時間発展を定量化するため，g 世代目のパルスが空間格子 i で起

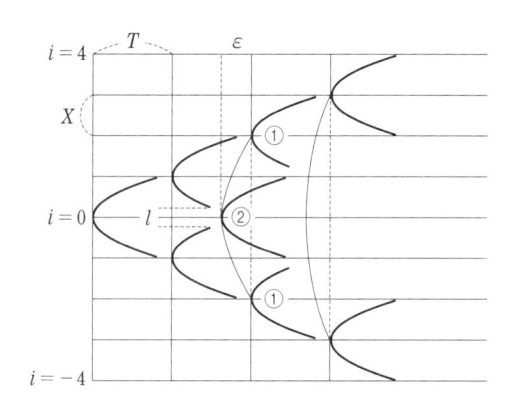

図 16.12　パルスの自己複製，保存，対消滅のプロセス
(Y.Hayase, T.Ohta : Phys. Rev. Letters **81** (1998) 1726 による)

§16.4 離散モデルとの対応

	規　　則		
自己複製	$\dfrac{0\,n\,0}{0}$	$\dfrac{00\,n}{n}$	$\dfrac{n\,00}{n}$
衝　　突	$\dfrac{n\,0\,n}{n+1}$	$\dfrac{n\,0\,m}{0}$	
その他	$\dfrac{000}{0}$		

こす事象 (自己複製, 対消滅, 保存) に対して変数 $b^g(i)$ を割り当てる. すなわち, 対消滅のときは $b^g(i) = 0$, それ以外に対してはその事象が $t = gT - n\varepsilon$ で起こったとき $b^g(i) = n+1$ とする. n は負でない整数である. たとえば, 図 16.12 の丸で囲んだ数字は $b^2(2) = b^2(-2) = 1$, $b^2(0) = 2$ を表している. このような変数 b^g の定義は, 表に示す g 世代から $g+1$ 世代への変換規則を与える. この規則では b^g の値は正の整数になるが, その奇数と偶数の配置はシェルピンスキー-ガスケットを生成する漸化式 (16.14) から得られる $a^t(i) = 1$ と $a^t(i) = 2$ の配列と同等である.

参考書 および 引用文献

第1章
北原和夫，吉川研一 共著：「非平衡系の科学 I」（講談社）

北原和夫 著：「非平衡系の科学 II」（講談社）

吉川研一 著：「非線形科学」（学会出版センター）

杉本大一郎 著：「エントロピー入門」（中央公論）

柳沢桂子 著：「いのちとリズム」（中央公論）

沢田康次 著：「非平衡系の秩序と乱れ」（朝倉書店）

大沢文夫 著：「講座　生物物理」（丸善）

H. L. Swinney, V. I. Krinsky (ed): *Waves and Patterns in Chemical and Biological Media* (MIT Press, 1991)

第3章
ランダウ，リフシツ 著，広重 徹，水戸 巌 共訳：「力学」（岩波書店）

戸田盛和 著：「振動論」（培風館）

ジェイムズ・グリック 著，大貫昌子 訳：「カオス ―新しい科学をつくる―」（新潮社）

山口昌哉 著：「カオスとフラクタル」（講談社）

金子邦彦，津田一郎 共著：「複雑系のカオス的シナリオ」（朝倉書店）

森 肇，蔵本由紀 共著：「散逸構造とカオス」（岩波書店）

P. ベルジュ，Y. ポモー，Ch. ビダル 共著，相沢洋二 訳：「カオスの中の秩序」（産業図書）

G. L. ベイカー，J. P. ゴラブ 共著，松下 貢 訳：「カオス力学入門」（啓学出版）

第4章

キャレン 著,小田垣 孝 訳:「熱力学(上)・(下)」(吉岡書店)

宮下精二 著:「熱・統計力学」(培風館)

阿部龍蔵 著:「熱統計力学」(裳華房)

香取眞理 著:「非平衡統計力学」(裳華房)

R. F. ファインマン 著,江沢 洋 訳:「物理法則はいかに発見されたか」(ダイヤモンド社)

第5章

藤坂博一 著:「非平衡系の統計力学」(産業図書)

鈴木増雄 著:「統計力学」(岩波書店)

柴田文明 著:「確率・統計」(岩波書店)

ファインマン,レイトン,サンズ 共著,富山小太郎 訳:「ファインマン物理学 II」(岩波書店)

北原和夫 著:「非平衡系の統計力学」(岩波書店)

1) S. N. Majumdar, C. Sire, A. J. Bray and S. J. Cornell: Phys. Rev. Letters **77** (1996) 2867
2) B. Derrida, V. Hakim and R. Zeitak: Phys. Rev. Letters **77** (1996) 2871
3) T. J. Newman, Z. Toroczkai: Phys. Rev. E **58** (1998) R 2685

第6章

J. Klafter, M. F. Shlensinger and G. Zumofen: Physics Today, February (1996) **33**

M. F. Shlesinger, *et al* (eds.): *Levy flights and related topics in Physics* (Springer-Verlag, 1995)

高安秀樹 著:「フラクタル」(朝倉書店)

高安秀樹 編著:「フラクタル科学」(朝倉書店)

J. フェダー 著,松下 貢,早川美徳,佐藤信一 共訳:「フラクタル」(啓学出版)

M. Schroende : *Fractals, Chaos, Power Laws* (W. H. Freeman Company, 1991)

P. Bak : *How Nature Works* (Springer-Verlag, 1996)

香取眞理 著：「複雑系を解く確率モデル」(講談社)

武者利光 著：「ゆらぎの世界」(講談社)

第7章

F. Julicher, A. Ajdari and J. Prost : Rev. Mod. Phys. **69** (1997) 1269

1) P. Hanggi, P. Talkner and M. Borkovec : Rev. Mod. Phys. **62** (1990) 251

2) L. Gammaitoni, P. Hanggi, P. Jumg and F. Marchesoni : Rev. Mod. Phys. **70** (1998) 223

3) R. Benzi, A. Sutera and A. Vulpiani : J. Phys. **A14** (1981) L 453

4) B. J. Gluckman, *et al* : Phys. Rev. Letters **77** (1996) 4098

5) C. R. Doering, W. Horsthemke and J. Riordan : Phys. Rev. Letters **72** (1994) 2984

第8章

C. Beck, F. Schloegel : *Thermodynamics of chaotic systems* (Cambridge Univ. Press, 1993)

梅垣壽春，大家雅則 共著：「確率論的エントロピー」(共立出版)

1) H. Goldstein : *Classical Mechanics* (Addison-Wesley, 1969)

2) M. Doi, in *Dynamics and Patterns in Complex Fluids* eds. A. Onuki and K. Kawasaki (Springer-Verlag, 1990)

第9章

Y. Kuramoto : *Chemical Oscillations, Waves and Turbulence* (Springer-Verlag, 1984)

第10章

A. T. Winfree 著，鈴木善次・鈴木良次 共訳：「生物時計」（東京化学同人）

蔵本由紀 他著：「パターン形成」（朝倉書店）

近藤孝男，石浦正寛 執筆：科学「特集：生命にとって時間とは何か」（岩波書店，1998年2月号）

松本 元 著：「神経興奮の現象と実体（上），（下）」（丸善）

三池秀敏，森 義仁，山口智彦 共著：「非平衡系の科学 III」（講談社）

第11章

1) D. G. Aronson, G. B. Ermentrout and N. Kopell : Physica. **D41** (1990) 403
2) Y. Yamaguchi, H. Shimizu : Physica. **D11** (1984) 212

第12章

甘利俊一 著：「神経回路網の数理」（産業図書）

第13章

太田隆夫 著：「界面ダイナミクスの数理」（日本評論社）

1) T. Ohta, J. Kiyose : J. Phys. Soc. Jpn. **65** (1996) 1967

第14章

1) T. Ohta, A. Ito and A. Tetsuka : Phys. Rev. **A42** (1990) 3225
2) T. Ohta, J. Kiyose and M. Mimura : J. Phys. Soc. Jpn. **66** (1997) 1551
3) M. Mimura, M. Nagayama and T. Ohta : SIAM (in press)

第16章

西浦廉政 著：「非線形問題 I パターン形成の数理」（岩波書店）

1) P. Gray, S. K. Scott : J. Phys. Chem. **89** (1985) 22

2) V. Petrov, S. K. Scott and K. Showalter : Phil. Trans. R. Soc. London **A347** (1994) 631

3) K-J. Lee, W. D. McCormick, J. E. Pearson and H. L. Swinney : Nature. **369** (1994) 215

4) V. Gaspar, K. Showalter : J. Phys. Chem. **94** (1990) 4973

5) Y. Hayase : J. Phys. Soc. Jpn. **66** (1997) 2584

6) Y. Hayase : (unpublished)

7) Y. Hayase, T. Ohta : Phys. Rev. Letters. **81** (1998) 1726

索　引

ア

安定性　stability　32
　　線形―― linear――　36

イ

イオンチャネル　ion channel　155
位相　phase　27
　　――ドリフト　――drift　159
　　――波　――wave　170

ウ

運動エネルギー　kinetic energy　13

エ

$1/f$ ノイズ　$1/f$ noise　95
エネルギーの散逸
　　energy dissipation　16
エントロピー　entropy　46
　　シャノン――　Shannon――　125

オ

オイラーの公式　Euler's formula
　　14
オンサーガの相反定理
　　Onsager's reciprocal relation　79

カ

界面　interface　188
ガウス分布　Gaussian distribution
　　58
カオス　chaos　43
カノニカル分布
　　canonical distribution　128
拡散係数　diffusion constant　175
拡散不安定性　diffusion instability
　　176
拡散方程式　diffusion equation　20
　　反応――　reaction-――　175
確率共鳴　stochastic resonance　108
確率的爪車
　　stochastic (thermal) rachet　119
確率の流れ　probability current　79
確率微分方程式　stochastic differential equation　77
確率分布
　　probability distribution　57
確率変数　stochastic variable　63
重ね合せの原理
　　principle of superposition　13
活性因子　activator　184
活性化エネルギー
　　activation energy　104
慣性項　inertia term　20

キ

軌道不安定性
　　orbital instability　43
共鳴　resonance　27
　　確率――　stochastic――　108

ク

空間相関関数
　spatial correlation function　87
グーテンベルグ - リヒター則
　Gutenberg - Richter law　96
クラマースの遷移率
　Kramers transition rate　104
グレイ - スコットモデル
　Gray - Scott model　232

　　　　　　　ケ

決定論的方程式
　deterministic equation　43
減衰率　relaxation rate　35

　　　　　　　コ

興奮系　excitable system　226
興奮性　excitable　153
固有振動数　eigenfrequency　27
孤立した系　isolated system　45

　　　　　　　サ

最小作用　least action　121
細胞性粘菌　slime molds　6
サブクリティカル分岐
　subcritical bifurcation　135
散逸関数　dissipation function　124
散逸力学系　dissipative (dynamical) system　22

　　　　　　　シ

シェルピンスキー・ガスケット
　Sierpinsky gasket　92
シャノンエントロピー
　Shannon entropy　125
時間反転対称性
　time-reversal symmetry　22
時間平均　time average　30
自己触媒的　autocatalitic　146
自己相似構造　self-similarity　66
自己組織化　self-organization　83
　——臨界現象
　self-organized criticality　98
自己複製　self-replication　235
自由エネルギー　free energy　52
持続性　persistence　70
周期境界条件
　periodic boundary condition　19
準安定状態　metastable state　100
状態量　state variable　48
常微分方程式
　ordinary differential equation　43
初期条件　initial condition　13
神経細胞　nerve cell　112
神経ネットワーク
　neural network　111
振動性　oscillatory　154
振動の同期　synchronization　161
振幅方程式
　amplitude equation　139

　　　　　　　ス

ステップ関数　step function　103
スーパークリティカル分岐
　supercritical bifurcation　133

　　　　　　　セ

生態系　ecological system　23
セルオートマトン　cell automaton

243
線形安定性　linear stability　36
線形応答理論
　　linear response theory　3
線形方程式　linear equation　13

ソ

双安定　bistable　157
相関　correlation　60
　　──関数　──function　70
　　空間──　spatial──　87
　　──距離　──length　87

タ

体内時計　biological clock　144
ダフィン方程式　Duffing equation　40
単安定　monostable　157
弾性衝突　elastic collision　46
断続平衡　punctuated equilibrium　98

チ

中立安定　neutral stability　15
チューリング不安定性
　　Turing instability　176
調和振動子　harmonic oscillator　18

ツ

対消滅　pair-annihilation　172
爪車　rachet　53
　　確率的──
　　　　stochastic (thermal)──　119

テ

δ関数　(Dirac's) delta function　60
定在波　standing wave　21
伝搬するパルス　propagating pulse　226

ト

統計的独立　statistical independence　60
同心円波　concentric wave　227

ナ

内部エネルギー　internal energy　48

ネ

熱雑音　thermal noise　96
熱伝導率　thermal conductivity　3
熱平衡系　thermal equilibrium　1
熱平衡状態
　　(thermal) equilibrium state　45
熱ゆらぎ　thermal fluctuation　9
熱力学ポテンシャル
　　thermodynamic potential　53

ノ

ノイマン境界条件
　　Neumann boundary condition　200
能動的秩序　active order　7
野崎-戸次解
　　Nozaki-Bekki solution　169

ハ

波数　wave number　19

波動方程式 wave equation 20
パラメトリック振動
　parametric oscillation 38
パルス pulse 204
　──ダイナミクス ──dynamics
　194
　伝搬する── propagating──
　226
反応拡散方程式
　reaction-diffusion equation 175

ヒ

引き込み entrainment 164
非線形散逸系
　nonlinear dissipative system 3
非線形シュレーディンガー方程式
　nonlinear Schrödinger equation
　166
非線形振動子 nonlinear oscillator
　158
非線形性 nonlinearity 3
非平衡開放系
　non-equilibrium open system 2
比熱 specific heat 49

フ

ファン・デア・ポル方程式
　Van der Pol equation 132
フォッカー - プランク方程式
　Fokker - Planck equation 78
ブラウン運動 Brownian motion
　10
フラクタル fractal 92
フーリエ級数展開
　Fourier series expansion 19

フーリエの法則 Fourier's law 2
フーリエ変換
　Fourier transformation 22
不可逆性 irreversibility 50
不変分布 invariant distribution 66
複素ギンツブルグ - ランダウ方程式
　complex Ginzburg - Landau
　equation 139
普遍性 universality 6
分岐 bifurcation 133
　スーパークリティカル──
　　supercritical── 133
　ホップ── Hopf── 137
分散 variance 66

ヘ

平均値 average 57
平面波 plane wave 169
ベキ乗則 power law 87
ペースメーカー pace maker 227
ベローソフ - ジャボチンスキー反応
　Belousov - Zhabotinsky reaction
　4
偏微分方程式
　partial differential equation 20
変分的 variational 22

ホ

ポアソンの総和則
　Poisson's sum rule 65
ホジキン - ハックスレーモデル
　Hodgkin - Huxley model 156
ホップ分岐 Hopf bifurcation 137
ポテンシャルエネルギー
　potential energy 7

索 引

ホール解 hole solution 169
ボルツマン定数
　Boltzmann constant 74
保存 preservation (of pulse) 236
―― 力学系 conserved (dynamical) system 22
―― 量 conserved quantity 13

マ

膜電位 membrane potential 177
マクロ非平衡系 macroscopic non-equilibrium system 10
摩擦 friction 16

ミ

ミクロな可逆性
　microscopic reversibility 81
ミクロ非平衡系 microscopic non-equilibrium system 11
脈動 breathing motion 200

ヨ

揺動散逸定理 fluctuation-dissipation theorem 74
揺動力 fluctuating force 70
抑制因子 inhibitor 184

ラ

ラグランジアン Lagrangian 121
ランジュバン方程式
　Langevin equation 70

ランダムウォーク random walk 62
らせん波 spiral wave 4

リ

力学系 dynamical system 22
　散逸 ―― dissipative ―― 22
　保存 ―― conserved ―― 22
力学的平衡 mechanical equilibrium 18
リズム rhythm 9
リミットサイクル振動
　limit cycle oscillation 40
臨界現象 critical phenomena 84
　自己組織化 ――
　self-organized criticality 98

ル

ルジャンドル変換
　Legendre transformation 51

レ

レイリー - ベナール対流
　Rayleigh - Benard convection 4
レヴィ分布 Levy distribution 89
連続極限 continuum limit 20

ロ

ロール構造 roll structure 8
ロトカ - ヴォルテラ方程式
　Lotka - Voltera equation 24

著者略歴
1949 年　香川県に生まれる
1977 年　京都大学大学院理学研究科 物理学第一専攻博士課程修了
　　　　（理学博士）
1987 年　お茶の水女子大学理学部助教授（物理学教室）
1992 年　同 教授
1999 年　広島大学大学院理学研究科教授（数理分子生命理学専攻）
2004 年　京都大学基礎物理学研究所教授（物質構造研究部門）
2006 年　京都大学大学院理学研究科教授（物理学・宇宙物理学専攻）
2013 年　京都大学定年退職
2014 年より 2017 年　豊田理化学研究所客員フェロー
2020 年より現在　京都大学高等研究院医学物理・医工計測グローバル拠点
　　　　特任教授
　現在の専門は，非平衡系および相転移ダイナミクスの理論的研究

非平衡系の物理学

	2000 年 4 月 30 日　第 1 版発行
検　印 省　略	2008 年 3 月 20 日　第 6 版発行 2025 年 1 月 25 日　第6版5刷発行

定価はカバーに表示してあります．

著　者　　太　田　隆　夫
発 行 者　　吉　野　和　浩
発 行 所　　〒102-0081 東京都千代田区四番町8-1
　　　　　　電　話　　（03）3262-9166
　　　　　　株式会社　裳　華　房
印 刷 所　　横 山 印 刷 株 式 会 社
製 本 所　　牧 製 本 印 刷 株 式 会 社

増刷表示について
2009 年 4 月より「増刷」表示を「版」から「刷」に変更いたしました．詳しい表示基準は弊社ホームページ
http://www.shokabo.co.jp/
をご覧ください．

一般社団法人
自然科学書協会会員

JCOPY〈出版者著作権管理機構 委託出版物〉
本書の無断複製は著作権法上での例外を除き禁じられています．複製される場合は，そのつど事前に，出版者著作権管理機構（電話03-5244-5088，FAX03-5244-5089，e-mail:info@jcopy.or.jp）の許諾を得てください．

ISBN 978-4-7853-2092-8

© 太田隆夫，2000　　Printed in Japan

統計力学 【裳華房フィジックスライブラリー】

香取眞理 著　Ａ５判／256頁／定価 3300円（税込）

ミクロ（微視的）な粒子の運動を記述する物理学である力学や量子力学と，系のマクロ（巨視的）な状態を記述する熱力学をつなぐ理論である統計力学の，独特な考え方や手法に慣れてもらうことを目指し，この分野の標準的なテーマ・題材について，なるべく丁寧に説明した．各章末には「本章の要点」と豊富な演習問題を用意し，巻末の解答も丁寧に詳しく書かれている．

【主要目次】1. 統計力学の基礎（力学・熱力学・統計力学／ミクロカノニカル分布の方法／カノニカル分布の方法／グランドカノニカル分布の方法）　2. いろいろな物理系への応用（理想気体／２準位系／振動子系）　3. 量子理想気体（理想ボース気体／ボース粒子とフェルミ粒子／理想フェルミ気体）

エッセンシャル 統計力学

小田垣 孝 著　Ａ５判／218頁／定価 2750円（税込）

取り上げるテーマを精選し，初心者がスモールステップで学べるように各章の順序も工夫を施した．

統計力学では，微視的状態の数を求めるというなじみの薄い手続きが必要となるため，物理学を専攻する学生にとっても取りかかりにくい科目となっている．そこで本書では，基本公式の導出をできるだけ簡明に行い，またバーチャルラボラトリー（Webを用いたシミュレーション）とも連係させて直観的な理解を助けるようにした．

【主要目次】プロローグ　1. 熱力学から統計力学へ　2. ミクロカノニカルアンサンブル　3. カノニカルアンサンブル　4. いろいろなアンサンブル　5. ボース粒子とフェルミ粒子　6. 理想ボース気体　7. 理想フェルミ気体　8. 相転移の統計力学

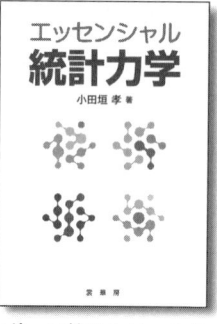

統計力学 【裳華房テキストシリーズ - 物理学】

岡部　豊 著　Ａ５判／138頁／定価 1980円（税込）

著者の講義ノートを基に，学生がつまづきやすいところのポイントを押さえて解説した教科書．多くの学生が苦手とする確率的な扱いに慣れてもらえるように，また物理的な意味をきちんと考えることができるように配慮して書かれている．

【主要目次】1. ミクロとマクロをつなぐ統計　2. 統計力学の原理　3. 統計力学の方法　4. 統計力学の応用　5. ボース統計とフェルミ統計　6. 理想量子気体の性質　7. 相転移の統計力学　8. シミュレーションと統計力学

大学演習 熱学・統計力学 [修訂版]

久保亮五 編　Ａ５判／532頁／定価 4840円（税込）

多くの例題・問題を収め，詳しい解答と解説で定評を得てきたロングセラー．1998年発行の修訂版では，全体を再検討し，記述が荒削り過ぎたところ，読みやすさに対する配慮が足りなかった点などを修正し，また図も描き改めて見やすくし，数値，術語，記号などで更新する必要のあるものは改めた．

【主要目次】1. 熱力学的状態，熱力学第１法則　2. 熱力学第２法則とエントロピー　3. 熱力学関数と平衡条件　4. 相平衡および化学平衡　5. 統計力学の原理　6. カノニカル分布の応用　7. 気体の統計熱力学　8. Fermi統計とBose統計の応用　9. 強い相互作用をもつ系　10. ゆらぎと運動論

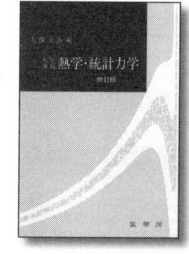

裳華房ホームページ　https://www.shokabo.co.jp/